U0262573

Splendid Landscapes by Imaginative Designs

【第一部】

檀 馨 著
Tan Xin

檀馨谈意
——我的园林情怀

Tan Xin's Sense of Landscape
—— My Affections upon Landscape Architecture

中国建筑工业出版社
China Architecture & Building Press

图书在版编目（CIP）数据

檀馨谈意——我的园林情怀 / 檀馨著. —北京：中国建筑工业出版社，2013.10
（梦笔生花　第一部）
ISBN 978-7-112-15850-8

Ⅰ. ①檀…　Ⅱ. ①檀…　Ⅲ. ①园林设计－研究－中国
Ⅳ. ① TU986.2

中国版本图书馆 CIP 数据核字（2013）第 219467 号

责任编辑：杜　洁
责任校对：刘梦然　党　蕾

梦笔生花
第一部　檀馨谈意——我的园林情怀
檀　馨　著
*
中国建筑工业出版社出版、发行（北京西郊百万庄）
各地新华书店、建筑书店经销
北京雅昌彩色印刷有限公司制版、印刷
*
开本：787×1092 毫米　1/12　印张：28⅔　字数：830 千字
2014 年 1 月第一版　2014 年 1 月第一次印刷
定价：199.00 元
ISBN 978-7-112-15850-8
(24607)

檀馨75岁寿辰
北京创新景观园林设计公司
成立20周年纪念

立说筑梦　长宜子孙

——祝贺檀馨专著问世

檀馨在园林设计方面的贡献与成就，除了中国自然山水环境给予她的感染和熏陶，父母传承给她的聪慧基因外，北京林业大学园林专业本科学习也是至关重要的。特别是与孙筱祥教授、金承藻教授等优秀的老师执行全面系统的园林规划设计理念和基础教育息息相关，饮水不忘掘井人。1951 年汪菊渊先生和吴良镛先生联名上书教育部建议成立园林教育专业以适应中国社会主义城市建设的需要，这才有了而今成为一级学科的风景园林，檀馨的成就堪称这株浓荫大树上的一颗硕果。

她在校学习时就是高才生，从小爱画画练就了“心手相印”的功夫，毕业进入社会以后她是个业务尖子，迄今完成了 500 余项园林设计项目，其中有些荣获至高的奖项。她有园林的情怀，更情有独钟地热爱我们的首都北京。人民培养了她，她又通过开展工作培养了下一代的年轻人，再把成功的设计实践提升为理论进而著书立说。作为综合国力组成之一的风景园林事业，能有这样的支撑和投入，共筑中国梦，这是值得大家庆贺的。

檀馨一辈子所宗的是“道法自然”的中国园林文化传统，园林设计与时俱进，而中国文化传统始终万变不离其宗地传承和发展。檀馨数十年的积累和发展说明《园冶》的“时宜得致，古式何裁”是循时代发展的真谛。时代前进，与时俱进的创新也就在其中了。意在笔先、借景随机是中国文人写意自然山水园的核心，她在元大都城垣遗址公园设计的海棠花溪就是很好的范例。

植物专类园是体现“因地制宜、物以类聚”的中国传统园林特色之一。当年学校迁到云南，我们曾在那里饱赏过昆明圆通山“三八”妇女节时的夹道樱花。“花木情缘为逗”的浓烈感染令人终生难忘。而北京春季里的海棠也同样达到这种境界。2003 年，她利用北土城改建为滨河公园之机，构思了海棠花溪的意境。此处以河代溪，花容倒影亦可成景。南岸凭借土城，北坡人工堆成土丘，创造出两山夹水，“景以境出”的时代新景，海棠花溪景、境自出。花正当期时我曾游赏，人花两旺。人在花下逛，隔水对岸亦红白春花。可视空间蓝天衬花，常绿树衬花，鲜花怒放，赏心悦目。这才是真正的为民造福。我们的中国梦不仅要在园林中体现国家的综合实力，还要为了我们的子孙后代建设更加美丽的中国，让我们共同投入追求这个伟大的理想吧！

纵观 500 多个项目，我们看到她无不在科学方面追求更大的绿量，在艺术上追求美轮美奂的无尽效果，而且将二者融为一体。体现的重要手法之一是塑造自然地形地貌。不论建筑、园路、场地和各种类型的植物都是建造在地面上，我国国土 60% 以上是山，所以才有“文似看山不喜平”之说。清代才子张潮有言：“文章是案头之山水，山水是地上之文章”。各种类型的绿地都要根据造园目的不同而创造各自的山水间架。历年被评上高奖的项目多因地形取胜，现代结合体育锻炼的公园以自然土丘划分空间可以相得益彰。自然山水和绿色植物何来偌大功力呢？盖因城市建设太人工化了，建筑、道路、广场甚至电线杆、邮筒、垃圾箱都是直线、等距，甚至对称地布置。混凝土块、玻璃幕墙，不锈钢和五颜六色的广场把城市生活空间逼得喘不过气来。因此，必须用自然山水和绿色植物的清幽自然之气调剂一下，古人揭示园林的特色："盖以人工之美入自然故能奇，以清幽之趣药浓丽故能雅。"这是符实的。"绚丽之极归于平淡"，城乡建设和大地建设都必须"道法自然"。城市发展至今日，是人类聚居借以生存、生活和发展的环境。环境建设必须和经济建设同步、协调地发展。园林是科学的艺术，将社会美融于自然美而创造风景园林艺术美。"人与天调而后天下之美生"，这是永恒的真理。

成功的实践要提升为相应的理论，以为后代研究和学习的依据。理论和实践反复螺旋上升，中华民族风景园林艺术的传统就在传承中得到持续的发展。民族文化艺术的长河将永远流淌。作为沧海中的一粒水滴，我们将为汇水成川，长宜子孙而感到欣慰，中华儿女没有虚度此生，"天道酬勤"是我们应争取的人生。

孟兆祯
（中国工程院院士）
癸巳盛夏

陈 平

（国家大剧院院长）

祝贺檀馨著书立说

時代造就英才
英才反映時代
夢筆生花更美
永葆園林情懷

陳平

祝福檀馨

我和檀馨相识已有 57 年，我们既是同学也是同事。1956 年和 1957 年我俩前后入学，同学一个专业。那时我们专业学生很少，三个年级加在一起才 150 余人，所以彼此间都比较熟悉，毕业后我俩又都留校，虽然不在一个教研室工作，但曾住在一间宿舍，朝夕相处。在我记忆里檀馨是一位非常勤奋好学的人，除了学习就是画画，很少和人聊家常。每逢假日她也很早起床，拿着一个速写本离开宿舍一去就是一天。为了尊重别人，我没有翻过她的速写本。但我猜想那个普普通通的速写本，一定记载着她看到的并令她感悟的每一幅图画，也会有她自己理想的园林意境的表达，这个速写本记载着她青年时代的理想和抱负。随手勾图是她多年的习惯，一直沿袭至今，这个良好的习惯为檀馨打下了扎实的绘画和设计功底，成为她后来成功的宝贵财富。

1983 年我调到市园林局工作分管规划设计，和设计室在同一楼层办公，当时的北京市园林设计室（今天称古建园林院）是全国园林行业人员结构最好、实力最强的设计队伍。时值改革开放初期，园林行业开始复苏。那时檀馨已步入中年，是设计室的主要成员。她做事认真，有思想有魄力，对每项工作都全力以赴力求完美，她主持或参与的许多重点设计项目均得到了各界的高度评价。檀馨是幸运的，在她最佳的年龄段遇上了园林大发展时期，她在这个平台上充分展现了自己的才华。1984 年，第十一届亚洲运动会确定于 1990 年在北京举办，这是我国第一次承办大型国际运动盛会，各方面都十分重视，北京市成立了亚运工程指挥部，下设园林绿化分指挥部，统筹全市与亚运会有关的园林绿化工作，檀馨被安排在规划设计部和我一起工作了 4 年，主要任务是负责重点园林绿化工程的方案策划和规划设计工作，并负责一般项目园林绿化规划设计方案的审查工作。方案审查能集中众人之智，对提高设计水平至关重要，在这项工作中檀馨充当两个角色，一是审查组成员，一是被审查者。在审查她主持的方案时，她的汇报思

路明确、条理清楚、重点突出、具有很强的说服力。评审中她认真听取评委的意见和建议，并作记录。答疑时她能把大家好的意见归纳表述并在方案修改中认真吸收，作为一位出色的设计师，檀馨很有功力，有口才，有悟性，是青年设计师的榜样。

迈入 20 世纪 90 年代，我国园林事业进入了大发展时期，但檀馨已到了退休年龄。按她当时的资历和成就可以继续留在院里做二线工作。但她不愿过“松心”的日子。毅然下海两次创业，创业是艰难的，但檀馨以她坚强的性格和锲而不舍的精神闯过重重难关，把创新景观园林公司办得有声有色，取得了令人瞩目的成就。檀馨是一个追梦者，也是一个实干家。她能够根据社会发展的需要不断吸取相关学科的知识，拓展园林设计行业的领域。现在檀馨已到了颐养天年的年龄，但她还保持着充沛的精力和不断学习、探索的活力，其动力是她对终身从事的园林事业有着深厚的感情。一个人生理年龄是自然规律，但心理年龄是一个人的精神境界。有梦想才有追求，有追求的人是幸福而充实的。祝老友檀馨健康快乐。

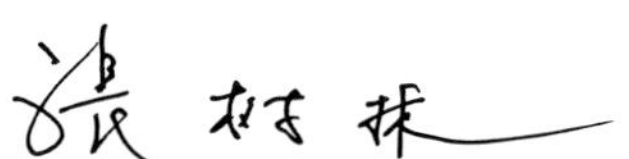

（原北京市园林局副局长、北京市原园林协会理事长）

2013 年 7 月 8 日

为了心中的园林情怀

认识檀馨是在1957年秋季开学的迎新活动中，她给我的第一印象很好，是一个文静而乖巧的女孩子，个子不很高，但机敏、灵活，又非常懂礼貌。大学一年级时，就成为美术课代表，课余时间经常随老师在公园速写风景，或者参观书画展览等活动，使得她当年就练得一手好画。这也就为她以后从事风景园林事业打下扎实的功底。

20世纪70年代初，檀馨随“北林”搬迁到云南办学。为准备“工、农、兵”学员教学的需要，学校的老师队伍分为两组，赴华南为编写教材收集资料。在2个多月的时间里，几乎跑遍珠江沿线，在生活及工作条件比较艰苦的条件下，收集并编辑整理完成了“园林设计”和“园林建筑”图册。当年的檀馨是队伍中的骨干。无论是在现场测图、查阅资料，还是访问专家学者，她都是在第一线。在完成任务的同时，也学到许多书本上学不到的知识，这使她在业务的提升过程中，又跨出一大步。

檀馨在经过多年的锻炼后，已经成为成功的风景园林设计师。20世纪80年代中期，她已是北京园林古建设计院副院长。临近退休时，她毅然提前退休。无疑这是当年“第一个吃螃蟹的人”。回想20年来，在自由竞争的市场经济中，所承受的种种阻力，她说，“创业是一件艰苦但却非常有吸引力的事”！

在经过20年的努力后，以檀馨为首的“创新景观园林设计”团队，也先后完成一大批精品的“名园”设计，如皇城根遗址公园、菖蒲河公园、元大都城垣遗址公园、通州大运河森林公园、大兴南海子公园等等。这些是檀馨团队在数十年的设计生涯中，应用了成熟的设计方法，而且随着历史的发展、社会的进步，艰辛而大胆地走出一条较为系统、具科学文化创作理论及技法的道路。

檀馨在工作中不求任何虚幻的名誉地位，20年来默默地耕耘。在《梦笔生花》系列计图文集中，汇集了檀馨50多年、公司20多年的设计作品，它反映檀馨及其团队独特的设计思想及手法。事实上，我们应该看到前期许多作品，是诞生于尚未广泛应用电脑的时代。那些手工制图体现的美感和绚丽的色彩，都属于上乘的作品。在他们的诸多项目中，不乏具有实验性之作，更有各个时期的创新及代表之作。

从另外的侧面看，檀馨从小就生活在皇城根下，她在老百姓世代生活的地方，对北京人生活的地方知之甚深。在她的记忆中，有曾经在金水桥旁，观星、放灯的乐趣，也有到菖蒲河边采过菖蒲经历。对北京风土人情和古都文化，她十分熟悉并倾注了浓厚的感情，这是任何东西永远不能替代的。对于传统优秀历史文化的继承与创新，是她们这一代人不可推卸的责任。檀馨及其设计团队之所以能取得成功，除了深入理解设计对象丰富内涵及文化价值外，更是充分了解其构成类型的不同特征，不同文化性质，并且具有一种宏观的开阔视野，在学科发展基础上不断吸纳时代需求，拓展系统。每一个成功人士，同时都会在对国外理论及优秀作品的学习过程中，辅之以对国情深刻地关切！

作为檀馨的大学时代老师，我不仅要衷心地祝贺檀馨和她的设计团队在过去的时间里所取得的成绩，也要衷心地祝愿他们：为了中国风景园林事业美好明天，为了实现“生态文明”和“美丽中国”的梦想而走向更广阔的大地！

（北京林业大学园林学院教授）

2013年8月

山川荣发　岁月如歌

1957年，峥嵘岁月，来自长城内外、大江南北的60位莘莘学子，跨进了北京林学院的大门，迈入了园林学这个神圣的殿堂，探索如何改善和美化人与自然和谐关系这个既古老而又是当代前沿的学科。斗转星移，倏忽间56年过去了，我们的青丝都已染上白霜，但求学时代的青春岁月犹在眼前，同学间那种清澈纯净的友情并没有随着时间的流逝而淡去。这些年，从北京到杭州，从上海到深圳，我们欢聚在一起，回忆那个年代的情景：不论是人工湖畔的朗朗诗声，还是那黄土岗乡间的莳花种草；不论是颐和园昆明湖岸的潇洒写生，还是那天安门长安街上的挥锹植树，“一串红”这个红艳亮丽的集体，无法让人忘怀。天若无情人有情，我们珍惜同学间经过历史洗涤的弥足珍贵的情谊，我们也为同学中事业有成的佼佼者感到欣喜，檀馨，就是值得我们庆贺并为之骄傲的一位。

檀馨，学生时代就以她出色的学业而被同学所称道，她的艺术才华和学习的执着精神，使她在园林这个学科中驰骋天地，游刃有余，她以自己优秀的天赋和勤奋，奠定了事业发展的基石。毕业以后，她克难攻坚，百炼成钢，一步一个脚印，成为首都园林领域的领军人物，她设计的许多作品成为当代北京园林的代表作。天命之年，正当她事业走向巅峰的时候，她毅然走上自主创业的道路，她的勇气、“牛气”，她在事业上不知疲倦的进取，使我们感佩不已。20年来，她凭着智慧、才能以及创新精神，使自己的团队由小变大，由弱转强，成为风景园林领域极具影响力的设计公司。檀馨不仅自己出类拔萃，而且培养了一批虎虎生威的生力军，为公司的未来设计了一条健康发展的广阔之路，对于这种远见卓识，我们更要为之庆贺！

半个世纪前，我们共同怀着“让山川锦绣、大地披绿”的宏愿，今天，迎着晚霞，我们说檀馨壮志已酬而壮心不已。我们祝愿她老而弥坚，在祖国的大地上绘出更为瑰丽的山水，在人生的道路上谱写出更加华丽的乐章。

北京林业大学绿五七班“一串红”集体共贺

2013年7月

谈笑筑园林　温馨点苍山

师恩如山，高山仰止；师恩似海，浩瀚无垠。

有人说：读万卷书行万里路，阅人无数不如名师指路。无疑我是幸运的，有幸早早遇上檀馨老师。虽然出身江南叠山世家，但作为青年人，能够在20世纪80年代初入叠山道时，就得到名师熏陶教诲，让我少走许多弯路，受益匪浅。

源园之缘，筑成梦圆。

人生难得最是缘。我世家叠山修园，也总梦想做出好的园子，希望圆个好梦，但这一切都离不开一个缘字，特别是与檀馨老师的缘分让我今生梦圆。

香山饭店园林是檀馨老师的成名大作，得到主设计美籍建筑大师贝聿铭和各界的高度赞誉。本人有幸参与其中，在檀馨老师的指导下完成了假山的叠造。她带我亲自去云南石林考察，要我亲身见识和感受自然中的竖向山峰的样子，告诉我如何才能外师造化，内得心源，教会我怎样以自然为师。在这其中，我体会了檀馨老师对自然生态的尊重和理解，体会了檀馨老师在设计中"胸有丘壑、意在笔先"，"咫尺千里、起伏开合"的气势和手笔。使我这一见惯江南私家园林的叠山新手，初识北方皇家风格园林的气韵、气派和气度，如沐春风。与其说皇家园林让我感到香气氤氲，不如说檀馨老师的气质、做派、修为和技艺温如香檀，馨沁我心。

缘深似河，师恩似海。

檀馨老师总是给我机会，提携我增慧长艺，在我信心不足或思路不开的关键时刻激励我，使我茅塞顿开，技艺精进。记得20世纪90年代，檀馨老师设计北京奇石馆项目，指定由我叠山。起初我见场地狭小，甲方又要求堆成竖向的门山，山体不仅有园子的大门，还有叠水和水池，心中没底，檀老师看出我有几分犹豫，立即鼓励我，说你没问题，大胆干吧，并与我讨论思路。使我立马底气充满，思如泉涌，

精神大振。最终山体叠成，甲方十分满意，我也收获了技艺的增进和信心的成长。

檀馨老师创作运用画理诗意，讲究章法布局，毫不拘谨，老师的佳作总是出神入化。无论是皇城根遗址公园、元大都遗址公园，还是菖蒲河遗址公园，抑或南馆水景园、地坛园外园、北京经济开发区国际企业文化园、龙泽苑、香山清琴等等，大凡檀馨老师主持设计的许多著名项目，本人大都有幸参与，并担任假山掇叠这一重要景观任务。每每进入设计施工，檀老师总是将她的设计意图交代给我，同时她也总说假山是传统技艺，需要你们的二度创作，我相信你的能力和水平，你尽可以放心大胆创作。她总是用启发和激励来提携和奖掖后学，正是在檀馨老师的真诚鼓励和宽松氛围下，我和伙伴们才得以深入解读和把握大师设计的精髓，大胆创作出一些叠山作品，取得了一些成绩。每当我取得哪怕一点成绩，檀老师总是像妈妈看到儿子进步一样由衷的高兴，和我分享成功的那一刻总会化作我更加进步的动力。

普师传技，大师传德。

檀老师不仅针对具体项目指导、点化我的技艺，更重

要的是影响我如何做事做人。

记得檀老师总是说做园就是做人，教诲我做一个对国家、社会、百姓有用的人才。她常说：无私才能无畏，你不仅能传家学，更要做有良知的实践家，把好的作品和人品一并留传给后人。跟随老师几十载，我品味出她的设计作品都是以人为本、关心人、尊重人的具体体现。处处把握关注生态、传承文化的要义，处处体现对山水万物的敬畏、摹造，对优秀文化的崇敬和传扬。也正因如此，檀馨老师才能视野扩展，襟怀广博，博众家之长，成为大家。檀老师的园林与公园设计既保留了大自然原生态的粗犷与野趣，又传承了历史文化精髓，同时还融入了现代美学与科技，实现了源于自然又高于自然。她的作品往往既有江南的美丽、富足，又有北国原生态山河的粗犷、大气，将南北优势熔于一炉，打造恍如人间仙境的园林，并且包含极其深刻的内涵与深刻的哲理。

檀馨老师历经人生曲折大彻大悟，因而乐观、豁达、大度，看淡看透功名、是非和恩怨。但她总说不惑并不是没有追求，与世无争，而是上升到实现更完美的自我境界层面。面对老师的言行，我深为叹服，更感到找对榜样，值得我摹学永生。

谈新、创新更励新。

檀馨老师多年来创新不断。她一直在继承中不断地创新，这不仅从檀馨老师创办的公司名称可以感受到，更体现在她总将情感、智慧与才华融入每一次创作之中。檀馨老师强调，园林是中华优秀文化的载体，民族的根基是园林的"魂"，既有现代意识，又能体现中国传统文化和民族历史文脉的后现代主义创作原则才是当今中国园林设计的主流。她主张在"旧格局"中提炼"新主题"，把国外先进手段融入传统文化，力求"洋风华魂"。从我几十年跟随老师的历程中，深深地得以感受、感叹、感佩，以至于感染、感动和感悟。在每一个新的项目中，她总希望我有所创新，无论叠山理水还是我所创办的公司，檀馨老师始终引导着我扬鞭奋进。

山贵有脉，水贵有源。作为园林叠山家，我从艺几十年了，深知源和脉的重要，明白缘分的深浅。从檀馨老师对我的栽培中，我体会到山的高度，源的深度，感悟到老师的温度和风度，她有一颗洒满阳光的心，她有一副云淡风轻的宽广胸襟，她总在谈笑间成就新时代的园林，也总用温馨的巨掌提携学生、指点苍山。

韩建伟

（中国园林叠山大师）

2013 年 8 月

品“意”

《檀馨谈意》初次听来，只觉得朗朗上口，而后仔细品味，方觉其用“意”之巧妙。可谓“意在言外，妙意无穷”。

檀工古稀之年仍不辞辛劳将创作理念和心得与大家分享，正是她对园林人的“心意”表达。七十多年的人生风雨，五十多年的园林生涯，娓娓道来，洋洋洒洒浓缩于十余万字，读来耐人寻味，给人“言近意远”且“意犹未尽”之感。

檀工话语间所流露出的对人生不断追求的“意念”，对事业执着的“锐意进取”，对待挫折与困难永不退缩的坚定“意志”和坦然面对“意气自若”的生活态度，与时俱进、不断创新的“时代意识”以及尽心尽力培养扶植年轻人的“意界”造就了今天事业的辉煌和社会声望。

对传统园林文化和造园艺术的深刻理解与“意会”，设计思想内涵深厚的“意蕴”，每个作品所传达出独特的“意境”，展现了她深厚的艺术造诣。字里行间凝聚着她老人家对园林事业的“情深义重”，对青年设计师的“殷切情意”……。

当然，不同的读者读后会有各自不同的感受，但相同的一定是从中有所感悟与收益。

辛奕

2013 年 7 月 23 日

我印象中的檀馨教授

我最初认识檀馨教授是在 20 世纪 70 年代末，但真正了解她则是我退休之后在创新公司工作的这几年。

在我的印象中，檀馨教授早已是蜚声业界的设计大师，但我 6 年前第一次来到创新公司时，最初所见却令我不解：公司既不挂牌子，也不印宣传材料。一次，我在公司突然遇到了过去在工作中认识的河南修武县副县长，他告诉我，县里准备搞几项园林重点工程，派他带队来京考察物色高水平的设计队伍，在几乎走遍了北京后，认定皇城根遗址公园等几处的设计符合要求，一打听，原来都是创新公司设计的，于是找到了这里。我恍然大悟，原来这就是公司的经营之道，公司的客户或是慕大师之名，或是凭作品引路而来。这使我很是钦佩。

公司是企业，应以赢利为目的，但公司在承接设计任务时常常考虑更多的倒是项目的公益性和社会性，反倒不太在意设计费的多少以及给付时间的迟早。公司在现场服务方面更是令人称道，甚至在鄂尔多斯这样比较偏远的地区，公司还专门派设计人员常驻，及时有效地帮助甲方处理现场发生的问题。

公司不仅业务工作生气勃勃，党务、政务、财务工作也是规范有序，这在民营公司中并不多见。

在我的印象中，她又是一个实干诚信的企业家。

檀馨教授已年过七旬仍然亲笔设计方案，亲自向甲方汇报，全然没有大师的架子。她的敬业精神可见一斑。

为了保持创作的活力她仍然孜孜不倦地学习，她汇报方案时对诸如解构、植物大景观、低碳、土地整合、生态文明等概念娓娓道来的背后，是她在每天高强度工作之余利用晚间和休假时间的刻苦学习。这就是她的作品能够紧跟时代，保持生命力的源泉。

她不仅在设计创作中汲取先进理论，创作之余还讲学、著书。

在我的印象中，她更是一个谦虚好学的学者。

公司里年轻人多，每年都有新鲜血液补充。对这些员工檀馨教授如同对待自己的儿女，在政治上、工作上、生活上以及身体健康上都关心备至。她对刚刚走出校门、初入社会的年轻人悉心指导，往往从最基本的知识技能开始入手，不厌其烦。我经常看到她搬个小凳坐在实习职工的旁边，对实习设计作品进行指导、点评、讲解，态度和蔼，俨然一个指导教师的角色，根本就感觉不到她是公司的董事长。

她深知一个好的现代设计不仅仅是凭着园林专业单打独斗可以完成的，她的公司求贤若渴，招聘了包括老、中、青在内的各专业人才，还与有关单位建立了良好的协作关系，开拓公司的业务范围。对于受聘的退休人员，不但放手使用，她还特别支持他们继续参加社会上的其他工作。

在我的印象中，她还是一个备受尊敬的师长。

作为设计大师，她坚持走设计创新之路，从不为外界的各种干扰所动。檀馨教授强调“场地决定风格”，“坚持开放的传承观，与时俱进”以及“个人风格服从社会责任”

的创作原则，在这个原则指导下所创作的设计方案佳作良多。这也正是公司的作品往往可以同时让以评委为代表的业内人士、以甲方为代表的政府意志以及以当地居民为代表的大众诉求均得到满足的"绝招"。

我把这些原则归纳并称之为"适地、适时、适用"的"三适律"。

檀馨教授的经历并不复杂，却充满传奇，为众多业界人士所景仰。但她自己把这一切都看得很平淡。檀馨教授很喜欢晚唐著名诗人杜牧的七言绝句《江南春》中的"千里莺啼绿映红"诗句，借以抒怀，既是她几十年工作的凝练，也表达了她几十年追求的归宿，更恰如其分地成为她创办创新公司及其发展历程的写照。檀馨教授自喻为黄莺，飞遍大江南北，所到之处唱洒绿荫浓浓，而黄莺却从不争功，始终把自己的工作看作是衬映红花的绿叶。

我又一次为她广阔的胸怀和谦和的精神所感动。

在今后建设美丽中国的伟大事业中，我们期盼得到檀馨教授的更多佳作，也期盼听到更多的黄莺"啼千里"，看到祖国处处"绿映红"。

愿黄莺唱绿华夏，祝创新美丽中国！

（北京创新景观园林设计公司总工）

自　序

我的名字——檀馨两个字，与园林有着与生俱来的缘分。我这粒种子播种到北京林业大学这片沃土之中，得以生根发芽开花，并结出了硕果。我已从业52年，至今仍然颇有兴致地亲手创意设计。55岁开始“下海”创办园林设计公司，至今也有20年整。50多年之中，经我亲自设计和管理的项目已超过500余项。其中许多项目产生了很好的社会影响力，获得各种奖项的设计也有数十项。这首先要归功于时代和社会给予我的机遇，也要归功于我的母校，当然，这与我一生的勤奋和努力也是分不开的。一个人的成功，就是机遇加努力，更需要有一个支持系统。

以我的个人经历和大半生所取得的成就，本应早就出书与大家交流，但是我更喜欢承接项目、创意思考，把“文章”落实到大地上。因此，就有人形象地表达了我的园林情怀：是“心中锦绣，大地文章”。我们把设计都写在大地上，让后人去评论吧！不过也有许多同行对我提出了建议：“还是写点东西吧，自己也要总结总结。写书不是为了自己，是为了风景园林行业的发展。为承上启下，为后继人才的成长。”于是我就利用公司的资源，靠大家的力量，编写了《檀馨谈意》、《创新景观园林》这2部书。总的名称称之为“梦笔生花”。希望以后还有第三部、第四部出版，使“梦笔”永远写下去，永远画下去，能够代代相传。

在书中，我将自己的人生、事业、成功、挫折，用比较自由随意的方式写出。其中我在园林本质是“创造第二自然”方面，进一步阐发了我的观点。

园林本质是“创造第二自然”，作为这个行业的基础理论，具有普遍的适用性。我认为“第二自然”在不同的空间可以有不同的表达：

在园林中，表现为诗情画意的自然山水园；

在城市开放空间里，则表现为山水城市的人工自然；

在城乡大地中，则表现为城乡近自然的山水林原；

在自然风景区中，则表现为回归自然的真山真水。

那么，都是在创造第二自然，由于时间、空间场所的不同，有的地方以诗情画意为尚，有的空间则强调与城市和谐的人工自然。在城乡大地，则是突出近自然以生态效益为目标的大面积的“森林”。在风景区则是体验真山真水回归自然。虽然它们的表现形式和侧重点不尽相同，但本质是相通的。它们相互之间不应有严格的界限，而是相互影响，相互交融，相互补充的。只是因场地和时空的不同，才有了多种多样的形式和风格。

当前，风景园林正处在大发展时期，党的十八大“生态文明”和“美丽中国”的提出，不仅为园林行业的健康发展指明了方向，也提供了前所未有的机遇。面对着大好的事业前景，我们要坚持创新无止境，敢于承担社会责任，一切都要有辩证思维，不能绝对化，把党的十八大提出的“生态文明”体现在园林之中，才能立于不败之地。

书中在介绍一些优秀的设计项目时，特地将项目过程和成功原因作为重点和大家交流，希望《檀馨谈意》、《创新景观园林》，能起到承上启下的作用，与大家共勉。

中国现代园林作为一个完整体系，还需要我们几代人不断地以开放性的思维，以“继承、创新和发展”为理念，不懈地、精心地、创造性地去共同努力追求。“梦笔生花”作为一个“舞台”，有待更多的园林人，以“梦笔”为北京，为祖国大地，画出最美丽的图画。

2013年7月12日

前　言

檀馨这个名字，无疑是与中国现代景观园林密切联系在一起的。她是我国20世纪50年代培养的园林设计师，从1961年大学毕业一直到今天，她几乎经历了中国现代园林发展的完整过程，重要的是她从来没有停止过对于园林绿化的设计实践。始自于1978年的改革开放，使中国社会快速发展并发生了翻天覆地的变化。社会的发展变化也反映到她的思想和行动中。作为一名中国园林的设计者，作为一位女性，半个多世纪以来，无论风云如何变幻，始终站在园林事业前列，她的传奇密钥到底是什么呢？这恐怕是很多人都想探寻的。

她始终坚持走继承传统、融合东西方文化、反映时代、以实求适的中国现代景观园林创作之路；坚持以自然为师，向生活学习。这样的话，说起来容易，其实是知易行难的。她主张开放的文化传承观，认为设计师个人风格往往需要服从于社会责任，认为园林设计师就是在为人们创造第二自然，为人们创造最宜居的生存环境。纵观由她设计的几百个设计案例，无不以“反映场地所应当具有的精神特质”和“地域应当出现的风格”而绝少雷同。这与当下有些人以追求繁多的“主义”和标志新奇的“风格”是迥然不同的。应当说，她关于园林的设计思想和创作理念，源于伟大的中华民族的哲学思辨与智慧。

她的园林情怀，表达了她对中国现代园林发展的无私贡献。作为“世界园林之母”的中国，需要更多像她这样的人。檀馨自身具有的平实而出众的传奇，足以令人深思后而赞叹不已。

纪念文集的书名与她在1984年在黄山对“梦笔生花”的速写巧合。

梦笔神造天成，授之于黄山女儿，从此祖国大地流淌出多少最新最美的图画！她的几百个作品，似朵朵奇葩，编织着她心中的梦。选它作为书名，表达了她对祖国山水的敬畏和热爱之情，对园林人生的梦想和追求之志，对一生奋斗的成功和成就之慰以及作为黄山女儿的自豪和感恩之心。

这是园林的梦，也是中国的梦；是檀馨的梦，也是创新的梦。神笔将在创新公司一代一代的设计师手中传递下去，用心去描绘美丽的公司梦、园林梦、中国梦。笔将不停，梦将延续，花将永馨。

编者

目录
Contents

檀馨简介

檀馨（Tan Xin）女，汉族，祖籍安徽安庆。1938年11月生于北京。1961年毕业于北京林业大学，原北京市园林古建设计研究院副院长，教授级高级工程师。中国当代知名风景园林规划设计师。1993年创办北京创新景观园林设计公司。从业至今已届50余年，仍然活跃在设计创作第一线。她始终致力于中国风景园林继承、创新和发展的创作实践并带领年轻人为实现有中国特色的现代园林而奋斗。她的设计作品涵盖城市绿地规划、历史文化名园、现代城市景观、主题公园、国家森林公园、郊野公园、大学校园、住宅、别墅区以及大型公共建筑环境等多种类型。与国际建筑大师贝聿铭合作的香山饭店庭院是她的成名之作。其代表作品还包括：华夏名亭园、日本天华园、人定湖公园、朝阳公园、皇城根遗址公园、元大都城垣遗址公园、菖蒲河公园、圆明园遗址公园山形水系修复设计、大运河森林公园等。她还致力于对青年设计师的教育和培养，她培养的许多设计师已经成为行业内骨干和带头人。多次获得省、部级和国家大奖。曾荣获：全国绿化劳动模范、有突出贡献的中青年专家、享受国务院津贴和北京景观之星等荣誉称号。

檀馨谈意

一、我的园林之缘

1.祖父的才学和品格

2.慈爱和有才华的母亲

3.我的小学和中学

一、我的园林之缘

我的命运，与园林似乎是一种缘定。我一生从事园林，也一生爱好园林。

我的名字，被很多人认为是一个很有中国园林感觉的名字，这是我的祖父根据家谱给我起的，注定了我与中国园林的不解之缘。

我1938年11月出生在北平西城，祖籍是安徽安庆。我的家在清光绪二年（1876年）随祖父担任清政府翰林院编修来到北京定居，至今已经快有140年的时间了。我的家庭不仅是旧时官宦人家，也是书香门第。祖上们曾经建立的功业和留下的家风，使我从小生活在一个平和、温馨，很有文化气氛的家庭环境当中。

1. 祖父的才学和品格

我的祖父檀玑(1851～1922)，字汝衡，号斗生，一字霍樵。安徽安庆市望江县新坝乡人。是清末民初饱学之士。官居二品，为官清正，以德显世，以文见长，曾任光绪翰林院和民国政府国史馆编修。主持编修了《光绪会典》，有《菉竹斋诗集》、《鄂游草》、《击钵吟》、《史记杂咏》等著作传世。民国初，任国史馆编修。

我虽然没有见过我的祖父，但我感到在我的血脉和性格里，在我的品格与道德追求上，有很多优秀的东西正是来自他那里。

无疑，祖父的品德与才学对我的影响是深远的。

2. 慈爱和有才华的母亲

我的母亲关德筠，是一位不但为人善良、贤惠持家，而且很有绘画天赋的女子，我对她的思念之情是永远无法淡化与逝去的。

我小时候最快乐、最幸福的时刻就是依偎在母亲身旁，看她提笔蘸墨、下笔作画。母亲会画山水，画湖泊，画绿树红花。母亲每一次作画时都会那样的认真、那样的投入，她那充满自信的神态，给幼年的我留下了深刻的记忆。我记得每一次看母亲作画都会从心底涌起一股对她的崇敬之情。我想，我什么时候才可以成为她那样的人啊！幼年的我站在母亲的身旁看她作画，这幅人生最美的画卷永恒定格在我的回忆之中。每每想起这幅画卷，我的心就会十分的温暖。我真希望还能真的回到那幅画卷中与母亲重逢。但我清楚，这样相依相伴的重逢，只能在我的梦中、在我的记忆里了！

还有我的奶奶，也是一个会画画的人，家里的门帘、床帏等绣品的纹样都是她自己描绘。

我的母亲不仅画得一手好画，还有作诗的才气，非常可惜的是她生活在“女子无才便是德”的年代，没有机会像北京、上海这样的大城市里的极少数女性那样，接受正规的文化教育，因此她的聪慧、才华完全被埋没了。

可以说，我的热爱绘画，正是从我母亲那里耳濡目染而来的。母亲对我幼年时的启蒙与影响是不可小视的，她是我人生的第一位老师。

现代社会的母亲不是都非常重视对自家宝贝的早期启蒙教育吗？学绘画、学钢琴、学英语，家长们不惜花重金，也不怕

搭上孩子与自己的休息时间，就是希望儿女们从儿童时期就能受到艺术的感染，打下最初的基础。因为从现代教育的理论上分析，儿童的早期智力开发确实是极其重要的。

我今天在进行园林规划、设计时能画出一手令同行、专家赞誉的好画，与我小时候受母亲的言传身教是分不开的，是母亲培养了我喜爱绘画的爱好；是母亲将她在绘画上的禀赋和才气遗传寄托到了我的身上；也是母亲将善良做人、贤惠持家的品德遗传给了我。在此，我要发自内心深深地说一声：谢谢您，我最亲爱的妈妈，是您在天堂中保佑女儿一帆风顺、事业成功。

我有时还会想到，我的母亲若是赶上了今天的好时代，她若从小到大能接受像我这样全面、系统的教育，她的才华、她的能力、她的业绩或许还会超越我。我为母亲那一代人深深地感到惋惜，也非常庆幸自己能够赶上今天的好时代。

由于我从小生长在官宦世家的书香门第，小时候，家里有很多的藏书。这对年少的我影响至深，每当对书中的事情不明白、不理解时，父亲都能成为我的老师，他会认真、耐心地加以教导。可以说，这样的家庭对于我一生品格和性格的形成，具有十分重要和有益的影响。

3. 我的小学和中学

1946～1957年，我先后在北京绒线胡同小学、北京女一中完成了我的基础教育。

绒线胡同小学的记忆（1946～1951年）。这是一所教育有方、管理严格的北京市中心小学。由于受到了母亲的影响和启蒙，我从小学时候就表现出了绘画的天分。

记得我的第一张绘画是小学上二年级的时候。那一次，我在老师指导下，在图画纸上画了香蕉，又画了倭瓜。不仅我的香蕉、倭瓜外形画得很真，最重要的是我将香蕉与倭瓜的色彩上的非常真实、自然。老师对我的画作非常赞赏，她不仅在班上公开表扬了我，还将画作贴在墙上展示。

我当时作为一个9岁的孩子，第一次感受到了获得荣誉后的幸福；第一次品尝了被大家羡慕的喜悦；第一次懂得了要想得到荣誉、赞誉，自己就一定要努力。

小学时代的这一次经历，为我后来加强对绘画的系统学习，对日后我报考林业大学，选择园林设计专业都起到了潜移默化的作用。我至今都能时时感念这位在我绘画道路上给予我第一次荣誉与鼓励的老师。

北京女一中对我的性格形成，影响很大。我当年（1952～1957年）就读的“北京第一女子中学”，就是现在的161中学。这是一所历史悠久、具有光荣革命历史传统、师资力量强、教育教学特色突出而质量很高的优质示范学校。算起来，由民国初京师学务局于1913年创建，今年该是她100年华诞了。

从1952年上初中一年级开始一直到1957年高中毕业，在这所学校里接受了良好的教育，度过了自己初中和高中6年的中学时光。

可以说，这所学校浓烈的爱国精神和令人自豪的校史多少年来一直是我心中的骄傲。

1911年建立民国之后，进步学者蔡元培于1912年4月出任教育部总长，他发表的《对于教育方针之意见》，提出符合共和精神的教育方针。同年5月教育部撤销清政府在北京设置的京师督学局和八旗学务处，改设“京师学务局”。

1913年京师学务局创建京师公立第一女子中学，1931年改

名为北平市立第一女子中学。1952年，改名为北京第一女子中学，是北京市最早的市属重点中学之一。

中国共产党创始人之一李大钊先生曾在这里任教，在李大钊革命精神的影响和鼓励下，女一中革命活动一直非常活跃。当“中华民族到了最危险的时候”，这里的学生，巾帼不让须眉。1935年，华北发生水灾，北平市各大中学校学生代表汇集在女一中，成立了“黄河水灾赈济会”，随后又成立“北平大中学校抗日救国学生联合会”，办公处设在女一中。因此这里也是学生运动的策源地。

我是在1952年入的校。

我的绘画才能从小学延续到了中学。进入初中后，老师很快就发现了我，要我承担起班级黑板报的绘画任务。当时，一般的黑板报都是用彩色粉笔直接画，虽然比较方便省事，但有一个最大的缺点，画面的色彩不够真实、鲜艳。于是我采用水粉来调配颜色。我从小就是一个非常懂事，知道珍惜机遇的人。对每一期板报我都会认真构思，从版面总体布局，图画、文章的配置，花边的选择，题头花的确定，直到色彩的搭配，我都要认真琢磨、反复调配，小心眼里只想着把每一期黑板报办好，办出水平。那时候，我虽然不懂得功夫不负有心人这样的道理，但我设计绘画的每一期黑板报，都受到了大家的欢迎与好评，这是足够让我充满信心的事情了。

老师见我很有美术天赋，就推荐我去了少年宫美工组。我十分珍惜这个能在课余时间进入少年宫学习的机会。少年宫位于北海公园后门，而我家在宣武门，两地坐公交车相距有十多站。

十多站，现在的中学生要么会选择乘公交车，要么会骑自行车，更有一些父母会用私家轿车或公车相送。然而，我那时虽然十分瘦小，但对每次步行十多站前往少年宫，并未感到是什么了不起的负担，也未感到艰苦，哪怕是风霜雨雪的坏天气，我背着书包一路走去都会兴高采烈。

我当时为什么能如此乐观地长期坚持步行前往少年宫呢，现在回想起来，原因很简单，首先我从心里喜爱绘画，每次前去都是要去做我最喜爱的事情，人若自愿要去干自己喜爱之事自然就不会感到苦和累。

我在少年宫里接受了最基本但正规的美术训练，这无疑为我日后在北京林业大学美术课上的深入、系统学习打下了坚实的基础。

在少年宫的美术学习，是我人生道路上值得回味、值得纪念的一个重要的阶段。我不会忘记那些教我绘画基本功，并将我引入绘画艺术世界的最初的老师；我也不会忘记行走往返在家与少年宫这条道路上的辛苦但却很幸福的少年岁月。

在女一中上学时，我的学习不错，身体素质也很好，再加上身体十分小巧灵活，老师就让我参加了校体操队。各种体操锻炼与活动，不仅锻炼了我的肌肉，健美了我的体型，强健了我的体能，还极大地提高了我身体的柔韧与灵巧。使我拥有了一个健康，具有韧性，经得起折腾的好身体。而正是因为有了这样一个好身体，我后来才能经得住不分春夏秋冬、走南闯北、全国各地的出差奔走，夜以继日的创意策划与连夜挑灯的构思绘图，长时间的谈判竞标与废寝忘食的对公司的管理。对此，我深深地感到，没有少年、青年时期锻炼带来的好身体，也就不会有我今天事业上的成功。

在高中阶段，国家正在推行“劳卫制”。今天的年轻人也许并不懂得什么叫“劳卫制”。“劳卫制”，就是新中国成立后，为改变中国“东亚病夫”的不良国际形象，党和国家确立了重视国民体质健康的指导思想。当时由于中国与苏联两国关系十分亲密，于是中国就将苏联的“准备劳动与保卫祖国体育制度”移植到了国内。其目的是在全国大、中学生中开展加强体力、体能、速度与韧性的体育教学与锻炼，培养与造就千百万在和平时期，能胜任劳动、建设祖国；战争时期，能承受重担、保卫祖国的年轻一代。

我的跳高、跳远成绩都很优秀，但我的长跑成绩总是提高不上去，虽然我下功夫进行了锻炼。但几次考核还是未能过关。这时，我突然想到我的滑冰很不错，于是经我提出，学校同意，我就以滑冰代替了长跑，通过了考核。

为此，我获得了国家颁发的“劳卫制”金质奖章，至今仍然保存在我的书房中。

我在黄山速写

檀馨谈意

二、在北京林业大学这片沃土中成长

1.师资方面的优势

2.我的几位老师

3.我在国家困难时期加入共产党

二、在北京林业大学这片沃土中成长

是哥哥檀先昌的引导，直接影响了我进入园林设计这个行业。

我的哥哥1955年毕业于北京农业大学。他也爱好美术绘画，但是他在大学学的的专业是土壤化学。当时，北京农业大学的校址就在今天的玉渊潭公园，自然风光十分优美。1955年他在北京农业大学读书时，看到园林系的同学带着画夹经常外出到各地画画写生上课，非常羡慕他们，知道自己没有了机会，1957年，就在我准备考大学的时候，他便开始鼓动我学习园林专业。

当时，我从北京女一中高中毕业，因为我各科成绩都是优等，又喜爱美术，所以我当时面临着是报考美术院校，还是理工大学的重要选择。我哥哥说，女孩子学美术有几个能成为画家的？你一定要以美术为基础，再学一门其他专业的自然科学。你不是很喜欢大自然、很喜欢旅游吗，那好，我看北京林业大学的园林专业就很好，很适合你。你既可以发挥、施展自己的美术才华，还能学到许多新的美术知识与技巧。特别是你高中的中文、数学、物理、化学与生物知识也都可以用上，真正可以做到一举而多得。哥哥还对我说，他自己以前不了解这个专业，现在一直感到非常后悔。我仔细考虑了哥哥的话，感到说得很有道理，于是我选择报考了北京林学院城市及居民绿化专业，这就是今天北京林业大学园林专业的前身。

1. 师资方面的优势

北京林业大学，简称北林，原名北京林学院，创办于1952年，是我们国家的重点大学之一。北京林业大学被称为“中国林业和生态环境的最高学府”，在全国同类院校中享有非常高的声誉。

有较高声誉的关键所在，是师资力量上。

北京林学院园林专业，由最初的三校合一而来。1951年，北京农业大学园艺系与清华大学建筑系合并成了造园专业，1956年，造园专业被高教部更名为城市及居民绿化专业，合并归属北京林学院，其后，又改为园林专业。

第一，作为三校合一形成的专业，本身就具有较高的师资质量。第二，20世纪50年代，国家百废待兴。1956年，党和政府发出了让知识分子归队的号召，当时，各地有许多曾经在其他大学教过园林园艺专业的优秀教师，正苦于国家取消了设置，而没有发挥作用的机会。恰在此时，北京林学院应运而生，一下子就聚集了全国各地优秀的专业人才。

说到这里，我们不能不深深地感谢汪菊渊先生。他作为中国园林（造园）专业的创始人，不仅专业造诣和道德文章为我们树立了楷模，在奠定林业大学雄厚的师资力量方面，更是泽被了所有的林大人。

汪菊渊先生当时（1956年）任北京农业大学造园专业负责

人，他响应党的号召，积极向组织部门推荐和网罗各地人才。先后为今天的林业大学引荐了四川大学的李驹，沈阳农学院的宗惟城，浙江大学的孙筱祥，山东大学的周家琪，华中农学院的陈俊愉、余树勋，清华大学的金承藻等教授。这些人的到来，从基础课到专业课形成了比较完善和高质量的教学构架。此外，学校还以开设讲座的方式，外出实地考察和实习的方式来补充课堂教学。这样做，一方面，吸引了更多的优秀人才，叫“请进来”，另一方面，开拓了学生视野和实践能力，叫“走出去”，并由此形成了比较科学合理的教学体系。可以说，是人才的凝聚，使得北京林业大学这么多年来在全国相关院校中一直处于先进的行列，成为培养专业人才的一片沃土。

2. 我的几位老师

杨赉丽先生。在大学时代，我遇见的第一位老师是杨赉丽先生，她教授的课程是园林规划。她设计和绘制的插图画都很棒，人也很漂亮。她不但能画一手好画，也是一位有学识人品、专业造诣，关心帮助学生的好老师，是出了名的热心人。我从杨先生那里学到了许多园林专业知识，她是将我引入园林设计这个丰富灿烂世界的恩师，也是介绍我入党，使我获得政治生命的引路人。后来，在我几十年的从业生涯中，我与杨先生亦师亦友，更是学术上的知音，对于她，我心永存感念。

我跟杨先生的关系，也是和我哥哥檀先昌分不开的。我哥哥和杨先生是北京农业大学同一届但不同系的同学，我哥哥读的是农化系，但他更喜欢杨先生所学的园林专业，每当看到园林系的学生在教室里作画，或是在野外写生，他就非常羡慕。杨先生曾经告诉我：“你哥哥不止一次地对我说，‘我是没办法了，但我有一个妹妹，她不但学习很好，而且非常喜欢画画，我一定要让她考北京林学院园林专业。’”

北京林学院是从1956年开始招生的，连同我们1957年入学的只有两个班，人本来就不多，况且北京的生源又极少，再就是我哥哥早就向杨先生介绍了我。由于我们之间的这层关系，杨先生从一开始格外地关注我，她在后来回忆时说：“檀馨给我留下的第一印象是，这是一个非常可爱、非常懂事、非常听话的年轻姑娘，个子不很高，但很机敏、很灵活，她不太爱说话，人很老实，初次见面时是她哥哥带着她来见我的。”

杨先生还回忆说：“许多时候，一些大学生从最初踏进大学校门后，几星期，或一两个月后，他们就发现自己选错了学校或是选错了专业，每天面对自己不喜欢的专业知识，那种枯燥乏味，那种心急无奈，实在让教师和学生都非常痛苦与焦虑。”

“可是檀馨正好相反，当她在上绘画课时，面对青山绿水、飞瀑溪流写生时，我感到小姑娘心情的舒畅与快乐真是很感染人的。

檀馨不仅美术学习成绩优异，她还有一个最大的优点就是不偏科，各门学科能够均衡发展，成绩都很优秀。她的数学、几何、语文、生物等基础课都很强，这对学习大学园林专业各门功课大有帮助。

以园林美术作画来说，园林美术是要与园林设计相结合，并为今后园林设计打基础的。园林设计一方面与建筑学有着紧密的联系，建筑学又与理科的数学、几何、立体几何、物理相关联；另一方面园林设计又与历史、地理、中文、文学、美术、古诗词等文科课程相关联，因此，实际上园林设计是跨越文、理科的一门综合学科。

一些纯学习美术专业的学生虽然美术很好，但他们在作画时考虑、构思的只是艺术性、层次感、图画结构、色彩搭配，他们不会想到建筑力学、材料力学、地基深度、植物对于气候的适应性等其他方面因素。而檀馨不仅要能画一手好画，并且在画画时还能联系历史、中文、数学、几何、生物等相关的知识。她在大学里专业知识学习得很扎实，是一个知识涉及面广、绘画能力很好、动手能力强的优秀学生。”

是啊，我学的是自己喜欢的专业知识，画的是自己酷爱的山水园林，我的大学学习生活很轻松，很愉快，我选对了学校，选对了专业。

宗惟城、李农和谢叔宜先生。在对我的美术教育里，宗惟城、李农和谢叔宜先生是非常值得怀念的。刚一入学，首先接触的就是美术老师，我本身就喜欢美术，又是班里的美术课代表，所以学习非常有热情，跟着他们画素描、外出写生。宗惟城先生先是从复旦大学到的沈阳农学院，因为沈阳农学院没有美术课程，1956年来到了北京林学院。记得宗先生擅长的是钢笔素描，风格基本上属于现代派，不但很有技巧，手来得也很快，几乎是眼到手到，很让我佩服。后来，我跟贝聿铭打交道，靠的就是宗先生教授的一手钢笔画。但是宗先生钢笔画的表现也会有构图碎细、概括不足的地方。李农老师1955年毕业于鲁迅美术学院绘画专业，一直在北京林业大学园林学院教授素描、水彩、速写等课程。当年，他是北京美术家协会会员、北京水彩画学会会员，他的美术作品多次参与韩国和我国香港、台湾地区的展览并在刊物上发表。李先生教的是水彩，后来发展到了水粉、油画，他教了我许多速写、写生的技巧，使我积累不少创作的素材。当时，完全没有现在的条件，靠的就是随机的徒手表现和沟通，这些童子功，在20世纪90年代科学技术，特别是计算机制图大发展以来，曾经受到了很大的冲击，不会计算机绘制效果图简直就太out了。其实我认为，作为园林设计，手绘效果图是永远不会过时的基本功。除了宗先生和李先生以外，还有一位谢叔宜先生，记得在外出写生时，他会踱步到我面前或背后，在我的写生本上，偶尔点上那么一两笔，于是，我和老师就有了相视会意的默契。这些都足见他们对我的喜爱。这几位老师中，宗先生对我的影响最为深刻，他是一位自学成才的大学教授。在李农老师的课堂上又可以欣赏到一些外国的作品，受他影响，对苏联风景画的欣赏成为我一直到现在的情愫。

我的家里，一直摆着一幅希什金列唯尼坦的表现森林群落的苏联风景画作，几年前，因为我丈夫的苏联朋友来家里做客，他们看到这幅画时非常惊奇和感动。我到现在还是非常留意类似的画作。

孙筱祥和周家琪先生。我能有今天，还是要感谢孙筱祥先生的。1960～1961年间，我在读大三时，经常帮助教花卉的周家琪先生画插图和花卉色谱。那时，就是从花圃中摘下花朵，做成钢笔画卡片，画12个月中每个月开什么花。记得我还因此得到过10块钱的勤工俭学费。当时，系里把我从班里调出来，作为学校的培训师资，周老师就想把我留在花卉教研组。这时孙筱祥说话了，他说，檀馨是人才，这得让我培养，她画画好，规划设计更需要，不能给花卉，应该放到我这里，等于是把我从花卉教研组给抢了过去。孙筱祥先生是一个非常自信的人，一直认为园林规划设计专业，是学校里最优越的专业，孙先生的性格颇有一些“霸道”，在当时是一个说了算的人物。但我当时还没有进入园林规划专业课学习阶段，怎么能一下子进到专业教研组呢，在孙筱祥先生的提携下，我在上大四时，就进入规划设计教研组，孙先生非常看重我，他让我一方面听课，一方面进行规划设计，给我很多机会，着力地培养我。这对我的一生转折起到了关键的作用，他对我的影响是很大的。

郦芷若和曹慧娟先生。今年已经84岁的郦芷若先生，是我国园林专业的先行者之一。她在1949年成为北京大学农学院最后一届的学生，1951年被选送到清华大学，又成为我国造园专业的第一届学生。1953年，作为我国首批造园专业的毕业生留在北京农业大学任教。1956年开始到北京林学院任教。郦先生是一位思想比较全面的人，对学生的素质教育很有主张，她要求学生在上正规课程基础上，要多听多走，广为涉猎。多听，就是多听讲座，比如，他提到吴冠中的讲座中介绍如何鉴赏西方的油画对她本人的启迪。多走，就是强调实践教学对于园林专业的重要性，我在校时期，园林实习曾经一度被认为是“游山玩水”而中断，但从1961年，也就是我毕业以后，园林实习课才在郦先生、陈俊愉先生的努力下恢复和坚持了下来。从这一点可以看出郦芷若先生在育人方面的见识。当时，不少人觉得我是个好苗子，都愿意培养我，郦先生更是要求我做到思想和学业的全面发展。此外她还是我的婚姻介绍人。

我在大一时，有一位曹慧娟老师，是搞植物的，是她带着我们在野地认花、认草，教给了我很多植物学基础知识。想不到的是，多年以后我们见面时，她告诉我她一直保留着我的学生作业，尤其是那些细胞和花卉插图，居然成为给后来的学生们使用的观摩样板。

陈俊愉先生。陈俊愉先生对我最重要的影响，是他对于工作的执着和满腔热情的投入。我想这是陈先生之所以成为学

界泰斗的重要原因之一吧。1958～1959年间，他当时是园艺系主任，和于静姝老师（汪菊渊的夫人）组织我们许多同学深入到花乡的黄土岗和草桥一带，拜花农为师学习各种技艺。当他了解到这里栽培鲜花有悠久历史，花卉种类繁多，而且栽培技术特别时，便提出要写一本花卉栽培的书。当时大约用了半年多的时间吧，就写成了《黄土岗花卉栽培》一书。这本书先后于1962年、1963年两次出版，受到广大读者的欢迎，并于1981年、1983年再次大量印刷出版。该书简述了黄土岗花卉栽培的历史、环境、条件、生产设备，详细总结了花卉栽培经验。其中的一些章节都是陈先生让我作的总结并参与其中。陈俊愉对于工作的认真和对于花卉事业的热爱，使所有接触他的人都会被深深地感染。

3. 我在国家困难时期加入共产党

在上大学的最后两年，赶上了三年自然灾害，大学里虽然也实行了严格的粮食定量配给，肉蛋等也很难吃到，但大学生们，特别是女大学生基本上还能吃饱肚子。不仅国内经济形势十分严峻，国际政治形势则更加严酷。苏联单方面撕毁了援建中国项目的合同。

在这样一个国内国际形势都十分险峻的历史时刻，当一些人对国家前途失去坚定信心时，我却提出了入党申请。我相信中国共产党的领导，相信中国一定能战胜艰难险阻。我的入党介绍人是杨赍丽老师和苏雪痕，在他们的帮助下，我于大学毕业前加入了中国共产党。

腾龙阁〈钢笔〉
龙潭公园

1990.9. 檀.
随笔.

“文化大革命”时期的油画

檀馨谈意

三、在园林设计中锻炼成才

1. 我最初的园林设计——中国美术馆

2. 园林离不开政治经济发展

3. 贝聿铭对我的影响

三、在园林设计中锻炼成才

1. 我最初的园林设计——中国美术馆

1961年9月，我22岁时毕业于北京林学院城市居民区绿化专业，就是今天北京林业大学园林专业。先是被留在学校园林规划设计教研组做助教，不久又被选中去中南海做园林工作。但是，由于家庭中有一个在香港的社会关系，不适合进入中南海工作，所以就被分配到北京市园林局工程科设计室工作。由于我有较好的专业基础和绘画才能，又是党员，在当时被认为是“又红又专”的人才。所以，很快就接受了当时的市重点工程——中国美术馆庭院绿化设计任务。我知道领导对我的期望，但是自己心里却不是十分有底，为了完成这项设计，我认真查阅了许多资料，并对多个方案进行反复比较，在其他老工程师帮助下，终于比较圆满地完成了这项设计。现在，半个世

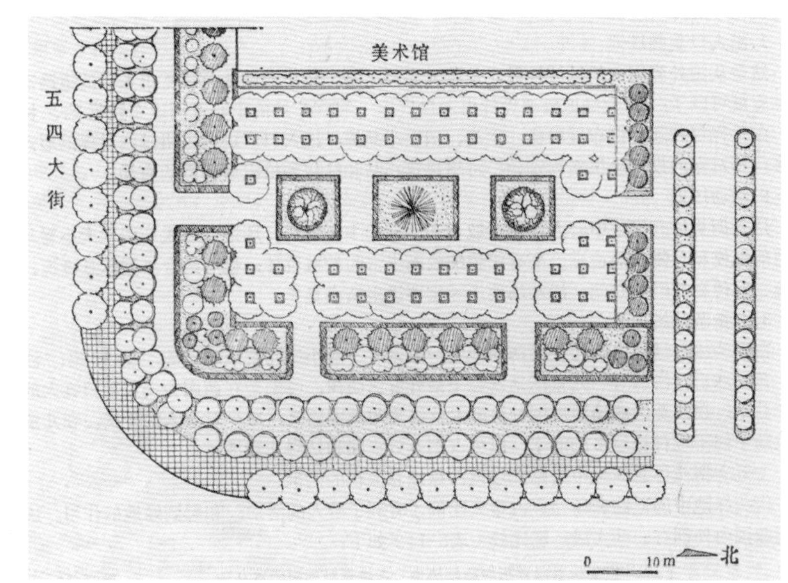

50年前的手绘图

美术馆东侧花园设计

中国美术馆庭院照片

纪过去了，美术馆的许多乔木已经长成了参天大树，原来的西府海棠被更换，但洋槐、油松仍然是主要树种。这些应该说是得益于学校老师关于适地适树的教导，在城市下垫面多是渣土的条件下种树，一定要选择耐瘠薄抗盐碱的树种，才能更好地生长。

2. 园林离不开政治经济发展

园林，作为社会基础和文化建设的一部分，它的兴盛离不开国家政治经济的发展。当时“文革”刚刚结束，国家财力尚未复苏，北京也是百废待兴，那时候北京最大的园林工程也就是个前三门大街和三里河道路绿化改造。应该说，对于中国现代园林来说，那时还是一个很初步的时期。后来有人专门评论前三门大街时这样说道：“任何一个重大城市规划建设工程，都是受当时当地的社会需求、用地条件、经济状况、政治环境、文化、科学技术等要素的促进和制约，都是时代的产物。”园林绿化也是这样的。

（1）三里河路及前三门大街道路绿化

三里河路北起西直门外大街，南至木樨地大街，全长3.7km，沿街西侧有钓鱼台国宾馆、中央国家机关、商场和饭店，东侧大部分为住宅楼，道路南段是外宾进入国宾馆的必经之路，是市内连接南北的一条重要街道。

1979～1980年，北京对三里河路进行绿化改造，市政府下令去掉一些长势不好的树木，重新绿化。当时路道绿化形象很差，南段5m宽的分车带内密植了三行乔木，中间为加杨，两侧是白蜡，慢车道边种的也是加杨，株行距均为2m，一是由于密度过大引起的长势衰弱，二是由于保证架空电线安全，而进行的强修剪导致树冠生长不齐。这段路树木品种单调，却是各种规格都有，有粗有细高矮不一，既不整齐也不美观。为此，我提出建议最好全部伐除，整个见新才会整齐好看。

完整的思路是：多品种，使景色不断变化；多层次，垂直和水平层次分明。经过研究，领导批准了我的建议。没想到，刚伐完树，就赶上春天刮大风，立刻，人大代表就扬尘之事提出质询。于是从区长、局长、科长层层开始作检查，可以想象，压力最终会延伸到我这里。人大质询我时，我有口难辩，也无法解释。有的领导就开始批评我。看，不让你伐，你非要伐。一时间，仿佛整个责任都是我的。第一次挨批评，有些害怕。怎么办？只能赶快种树，把树种好，改变眼前光秃秃的窘境。按照设计，国槐间距7～8m，2株乔木之间配植了经过修剪的黄杨球，这是北京在行道绿化中第一次种植黄杨球。两侧种植毛白杨、绿篱和各种花灌木。当时，在街道上种植黄杨球和花灌木也是没见过的新鲜事。第二年春天，各地代表来到建设部开会，大家都说，这条路的绿化确实有新意，很好看，这个设计应该得奖。就这样，我这边刚刚作完检查，那边就传来项目获奖的讯息。结果，这个项目获得了全国城建系统第二届优秀设计二等奖。这是我在作检查的同时，获得了嘉奖的第一个例子。生活的经验就是这样，虽然方向没错，但也会遇到这样或那样的不理解，在这种情形下，往往是不需要更多解释，只要赶快做，把事情做好，让结果替自己说话，用事实说明自己是正确的。

前三门大街绿化也是园林局的重点工程。当时还没有公园设计任务，一个冬天就设计一条道路的绿化，时间上非常充裕。于是我用纸板制作了立体模型，可变化，有色彩，不同的方案和构思，只需要用手翻上翻下，就可以表达得一清二楚。另外，在树种选择上，我也力求与众不同。首先，一定要区别于与它平行的长安街，以求得道路的可识别性。我舍弃了那时常用的毛白杨、国槐，采用了银杏、小叶白蜡、雪松、白皮松和各色花灌木，春景花开时此起彼伏，秋景树叶一片金黄。在乔木之间，配植了黄杨球和使人愉悦的榆叶梅、连翘，以及月季等灌木，用色彩给城市带来生机。我还采用2km一个节奏变化，打破了当时道路绿化单调的一贯做法，给城市道路绿化带来了新鲜感，一时引起各方的好评。相声演员还把这条道路的景观编到相声小品中，前三门大街一时名冠京城。

“文化大革命”结束后的3年内，北京也只有这2条道路的绿化设计任务。我抓住了机会，做出了精彩点。这两项设计完成之后，我参加了全国的绿化考察学习。回到北京后，我们设计室几个人还合编了一本名为《城市道路绿化设计》的书，多年来一直在行业中发挥着很好的指导作用。

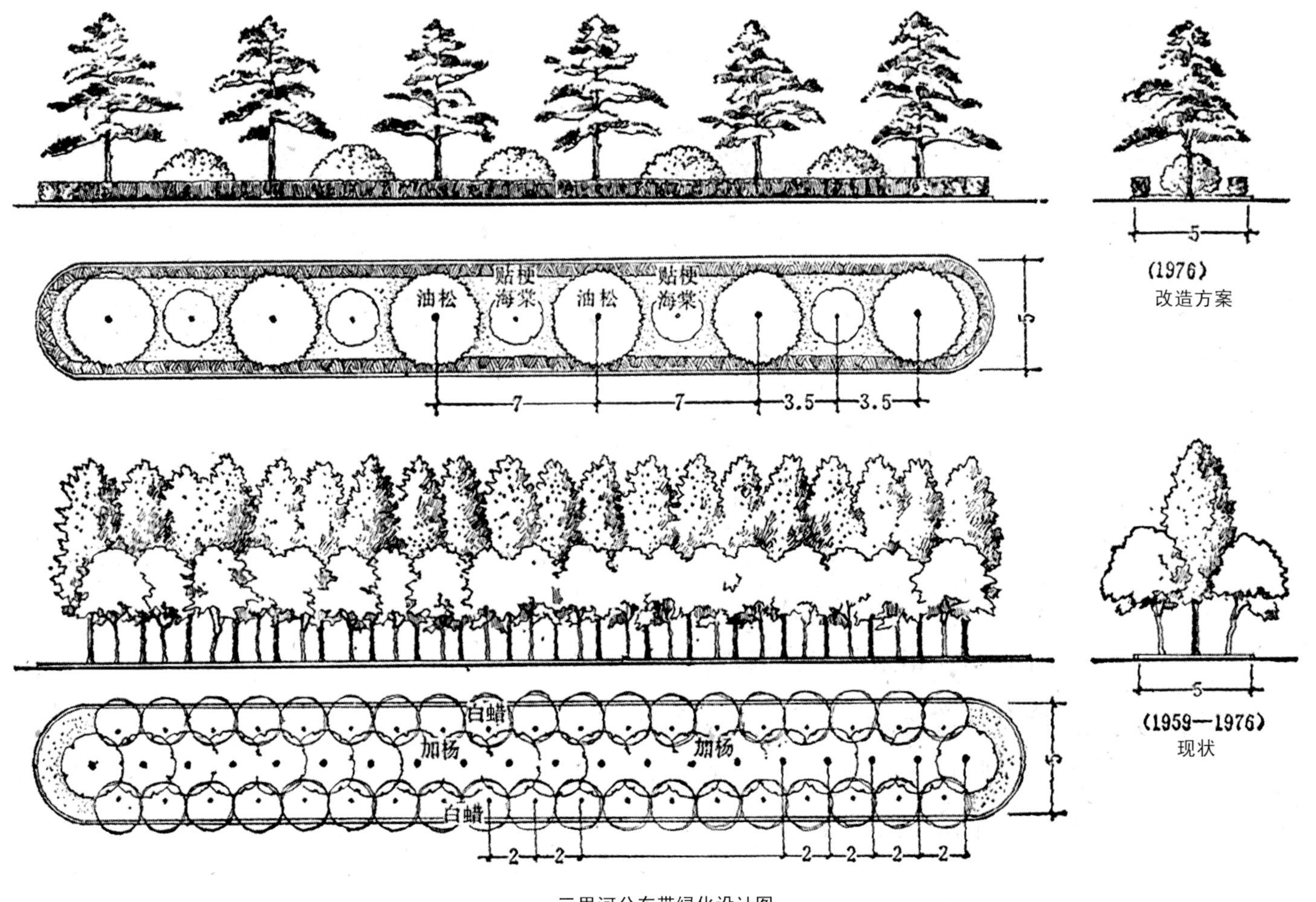

三里河分车带绿化设计图

（2）玉渊潭留春园

1980～1981年，我设计了玉渊潭中部的留春园，园子不大，只有5000㎡。主题留春，意在讴歌科技的春天。园子的主景是一个飞天的壁画，题名为“科学的春天”。这本来是很好的题材，却没有想到一些人提出了意见：画的人物居然没有嘴，只有眼睛没有嘴，还会飞，完全是资产阶级的妖魔鬼怪，这反映了资产阶级的思想意识。“文革”的思想残余，一下子给我们扣上了资产阶级的大帽子，现在的人恐怕想不到吧。这个项目受到上级批评后，宣传部要求拆除。这时，是局长采取策略顶住了压力，由于当时拆与不拆是两种意见，局长就说：“你们要拆，请下发一个文件，光嘴说，我们是不敢拆。”从这里，我们不难看出那时对于园林创新的社会阻力。这个项目后来也获得了设计奖。这说明什么呢？说明创新是一个不断被认识和理解的过程，一方面，相信社会还是要变化，要前进，要和过去不同；另一方面，人们的理解往往是不同步的。在社会创新意识整体滞后时，有前瞻目光的人一定要有敢于坚持的勇气。如元大都遗址公园，我在设计大型雕塑中反映了开放的民族政策，反映元太祖忽必烈为中华民族大家庭和建设北京城建立的丰功伟绩，这个项目也获得了设计大奖。我感觉，从皇城根遗址公园后（2001年），对于这些创新，社会乐于接受，也没人再批判我了。到了现在，社会整体创新意识更是得到了空前提高，但一些人的知识积累和储备却来不及跟上。前些年，园林中曾出现了一些来不及消化的“标新立异”。现在大家非常希望我们能在景观园林中多拿出一些真正意义上的创新点来。

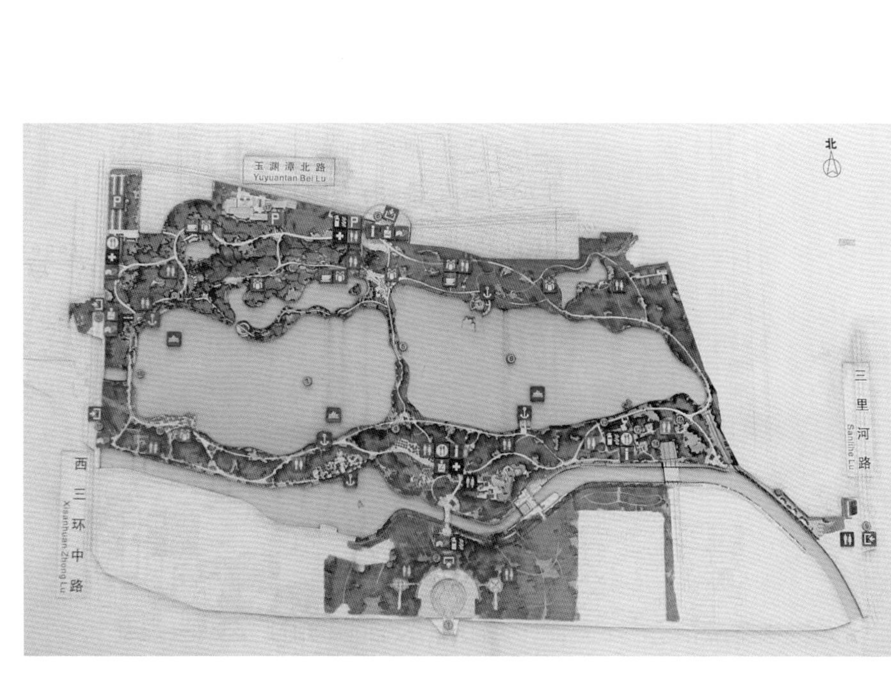

“科学的春天”壁画

3. 贝聿铭对我的影响

我是通过1981年修建香山饭店庭院认识贝聿铭先生的。作为国际著名的建筑师，美籍华人，他对东、西方文化发展有着自己独到的见解，并对中国的传统文化怀有深切的感情。他认为，中国的建筑，需要走民族传统文化的创新之路。他对我说："中国建筑有两条根，一是中国民居丰富多彩，二是皇家建筑已经登峰造极，借民居建筑的根，发展有中国特色的现代建筑十分重要。香山饭店的设计，就是体现这种精神。"他的这种思想观念，对我影响至深。可以说，我么多年来一直倡导的中国园林创新，就是那个时候播下的种子。

（1）命运之神走近了我

1983年的夏天，命运之神走近了我，一项令人瞩目、轰动全国的重点建筑工程准备在香山动工，那就是以国际著名建筑大师贝聿铭为总设计师的香山饭店。

之所以会引起轰动，有两个主要原因：

其一，这是中国改革开放后建设的第一座花园式饭店。

其二，香山饭店的设计者为美籍华人、国际著名建筑大师。

贝聿铭，作为建筑设计大师而享誉世界，是国际公认的世界顶级建筑设计泰斗。但他对于建造中国传统园林却并不熟悉，为了配合他对于香山饭店的设计，上级就将相关园林设计的任务交给了北京园林局。

我当时42岁，只是北京园林局里一名普通的园林设计师，单位里有经验和有水平的工程师很多，所以，即便是论资排辈，这样重大的设计也根本轮不上我。

可能是由于贝聿铭的名望太大的缘故，竟然使单位里一些资格老的工程师顾虑重重，他们感到配合好了是功绩，配合不好也有风险，更多的中青年设计师也由于自己没资格而不敢上前，因此面对这一重大国际合作项目，竟无人主动请缨。在这种情况下，领导提出通过方案竞赛的方式，让每位设计师做一个方案，公开评选而确定。

我经过认真构思和设计，提交了自己的方案。在这次设计中，非常重要的是我只有激情而没有压力。我的激情主要来自于我对园林的喜爱和对这个项目本身的兴趣。因此，我放开思路，轻装上阵，放手设计。

世界上的许多事情就是这样奇妙，往往你急于得到的，却常常得不到。而你心态上没有压力，越放松反而可以得到。我在香山饭店的园林设计方案评选中，做到了在心态上完全放松，不抱过大希望。而在设计上却高度重视，集合了自己的知识，表现了自己的真实水平。评选的结果是出人意料的，不仅我自己没有想到，就是其他许多人也没有想到。我的设计方案在评选中脱颖而出，被园林局领导与众多设计师一致选中。

设计方案确定后，我成为与贝聿铭大师合作设计香山饭店的园林设计师。

可以想见，我的心情非常兴奋和激动，但也有一些紧张。

兴奋和激动的是，自己能与国际著名设计大师一起工作，零距离的接触、交流，可以向他请教、学习，这可真是一个提高专业技术与业务水平的绝好机会。紧张的是，万一由于自己的专业知识、工作能力的不足，影响了工程质量，那我可就成了一个有过之人，甚至是有罪之人了。

（2）激情产生的原动力

现在，机遇就放到了我的面前。由于香山饭店是中国与美国两个国家在中国改革开放之后在园林建筑工程中的第一次合作，也是新中国成立后的首次合作，虽然贝聿铭是美籍华人，但此时他还是代表了美方，从这个层面上分析，这次合作意义就非同一般了。

1）我的领导和同事

在与美方合作中，大家非常团结，纷纷表示：只能成功不能失败。北京园林局的新老设计师、工程师们都能做到将国家利益放在第一位，以祖国荣誉为重。大家说："你放心大胆地干吧，我们都支持你。"

我想，在这次合作中，我绝不仅仅代表了我个人，而是代表了中国与中国的园林建筑界。这个工程也是中国改革开放、敞开国门、走向世界的一个先期探索工程，这个工程若合作成功，将给今后的许多工程带来经验。反之，若合作失败，他们一定会说中国园林设计没有水平。

2）我的能力与才华

外因条件具备之后，就要看我自己的了。"你的能力和才华能承担如此的重任吗？"

当时，我站在即将建设的香山饭店地基前，望着苍翠的山峦和杂木丛生的场地，我认真地问我自己：

檀馨啊，你行吗？

你能不辱使命，为美丽的香山公园锦上添花吗？

你能为中国，为北京，为中国园林建筑界、为北京园林局与你的同事们赢得光荣吗？

你能为你的母校、你的多位老师赢得荣誉吗？

我对着茫茫山林，充满激情地从心底里呼喊出一句坚定的话语：我行！我一定能行！我一直是最优秀的！

在合作的起初，我面对这位世界级大师心中十分紧张，不知对方的水平到底有多高。“文革”十年动乱，中国的园林设计差不多完全处于停顿状态，现在改革开放刚刚起步，中国的园林设计水平与国际一流水平到底相差有多大？我本人与国际优秀园林设计师的才华、能力又有多大差距？这一切，在当时都是未知数。知己知彼，才能取胜，而不了解、不知道合作方的真实水平与能力，这让我的心中十分不安。

我很快从贝聿铭那里得到了一份由他及助手画的香山饭店园林设计草图。在这张设计草图上只画了一座月亮桥，一个水池，几棵大树，整体结构十分粗放、简单，既看不到精深高雅的园林设计理念，也未见到奇思妙想的创新亮点，更没看出中国园林文化艺术的气息与韵味。于是，我一颗悬着的心才算平静下来。要坚定信心相信自己，自己在中国传统园林设计上是有能力、有才华的。在设计建设中既要学习贝聿铭的强项与优势，更要大胆、勇敢地发挥自己的特点与特长。

进入工作阶段后，我有一种即将冲上战场搏杀的冲动与激情，“文革”压抑了我们整整十年，如今展示自己构思、设计园林的时机终于来到了。我感到此时周身上下有使不完的力量。我首先归纳了自己多年来累积起来的大量相关素材、知识，认真筛选出有用的资料与素材。

我在学习园林设计，以及在实践中体会和钻研中国传统造园理法过程中，不断领悟了许多重要的理念。中国传统造园理法的最高境界是“虽由人作，宛自天开”，中国的园林文化艺术十分注重“相地”和“借景”。讲求的是“园要有水”，“水要有源”，“源要有山”，“山要有脉”，这些对于香山饭店园林设计，是完全适用的。

于是，我从“相地”入手，巧妙采用“借景”的艺术手法，利用香山深、幽、古的自然优势，把山泉、松涛和漫山红叶作为背景，在园林中点缀了曲桥、亭子、假山、平台、湖池等。

当客人从房间凭窗远眺时：

清晨，晨曦熹薇、薄雾缭绕；

傍晚，霞光似锦、残阳如血；

春季，绿草如茵，层峦叠翠；

秋季，远山红叶，如烟如霞。

我们将这一美景取名为“烟霞浩渺”。

就这样我们给香山饭店园林设计了“海棠花坞”、“金鳞戏波”、“晴云映日”、“松竹杏暖”等13个景点。

（3）“你们画的，正是我想的”

一套用钢笔在硫酸纸上画的方案图、十几处富有诗意的景名，传到纽约贝先生处。一周刚过，贝先生对方案有了回音——“你们画的，正是我想的。”这句话怎样理解呢？确实不愧国际大师，他一语双关，既肯定了我们的方案，又表达了他的设计思想。得到贝先生的肯定，我们心里就有了一些底。

后来贝先生来到北京，曾专门问起方案中各种景名的含义？他特别问到“烟霞浩渺”是什么意思。我说，这个景名是我们领导品题的，表现了很深的中国园林文化。我进一步解释说：烟霞——是指总统套间向外眺望，远处满山红叶，晨雾笼罩，如烟似霞，有如仙境。实际上，考虑山体距离饭店有一定的距离，因此需要采用的是“借景”的手法，浩渺就是深远之意。贝先生听了我对景名字义的解释，兴奋地说：“我就是这个意思，把总统套间设计在二楼正中，就是因为那里能看见最好的远山红叶。”几次交谈，我们彼此加深了理解和信任，合作的气氛有了很大改善。贝先生是现代国际建筑大师，作为长期旅居海外的美籍华人，对中华文化，尤其是对园林方面的理解和修养，有些隔行如隔山的感觉，这使我们明显增加了自信。

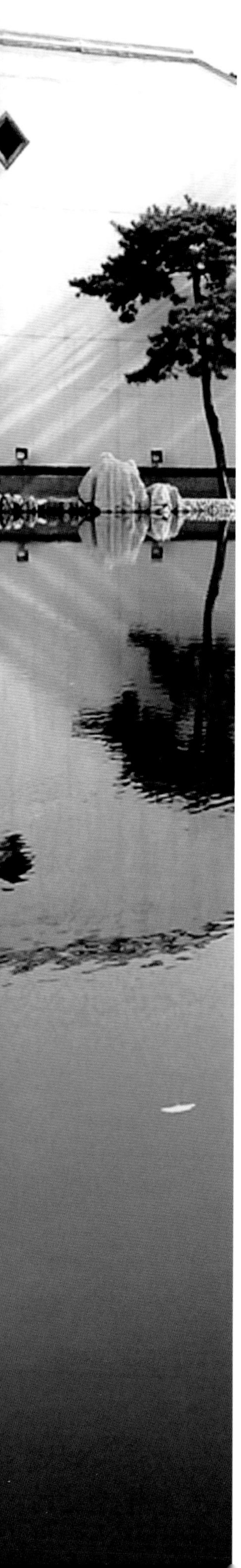

（4）理解贝聿铭，为他补台

贝先生是香山饭店的总设计师。他以中国传统民居建筑文化为“根”，设计出具有民族风格的中国现代建筑。那么，与之配套的庭园设计自然也不例外，要在传统园林基础上进行创新。为了使庭院与饭店主体建筑和谐一致，贝先生经常向我介绍他的创作思想以及对园林的设计要求。

香山饭店建筑形式与色调由苏州民居原型提炼而成，色彩以黑白灰为基调。其中，菱形窗、月洞门是他所提炼的基本语言。在庭园设计中，我们尊重理解他的基本语言或称之为“建筑母题”，因此，我们对园林中各种设施的式样及色彩作了精心的选择，例如：铺地石子也选用了黑白灰色彩，并且按菱形图案铺砌，这些很好地呼应了“建筑母题”，表现了建筑和周边环境整体的和谐，这些令贝先生很满意。为了表现水池的石板曲桥简洁明快的格调，贝先生坚持不设栏杆，并将原有的“曲水流觞”改为了赏景平台，平台上的栏板，被设计成实体方形条石，尽管显得简洁，但实体栏板遮挡视线，我们打趣称之为“白内障”。园灯是简化了的中国传统宫灯的式样，灯外形是方的，中心有镂空的圆洞，很有中国传统韵味。在主庭园设计中，原准备放置一座有创新元素的苏式亭子，遗憾的是，最终也没有设计出来。后来，贝先生的儿子在苏州博物馆中设计了一个玻璃质感的钢架重檐亭，褒贬不一。

当时我们国家的整体施工技术水平不是很高，经验也不足，贝先生对饭店建筑的质量也有一些不满意的地方。这些，我看在眼里，记在心上。例如，四季厅建成后，外部的沉降缝很难看，工地上为了解决这个难题，竟然用“马口铁”来遮挡，结果更是弄巧成拙。对此，贝先生无奈地摇摇头。怎么帮助贝先生去掉这块“心病”呢？我想了一个好办法，在植物园的树木园里，我找到了一株7～8m高的直立形大油松。我想，以树遮挡视线的方法应该是很自然的，如果把它种在建筑的沉降缝前，人们从树下经过时，就不会关注这个缝隙了。经过一番努力和交涉，植物园贡献了这株大油松。不久，贝先生在现场巡视，突然发现沉降缝被挡住，极为喜悦。再见到我时，他不断地重复：“谢谢你，谢谢你！”

贝先生很关心庭园中的绿化种植，他在百忙中亲自去苗圃，请我介绍北京常见的一些树木。他很喜欢盆景式的松树和修剪的黄杨大色块这些具有日本风格的一些东西，并亲自动手，为园中种植了几株大树，都是一些珍贵树种，如玉兰、海棠、元宝枫、合欢、竹子、油松、白皮松等。几十年来，这些树生长健壮，直到如今，一直保持着良好的设计的效果。这说明了北京的一些珍贵乡土树种的生命力是很强大的。

贝先生是香山饭店总设计师，他关注建筑和庭园中每一个细节，为了实现他的设计构思，他总是耐心地介绍他的想法和意图，同时也对我们一些好的施工建议和想法，给予快速而明确的肯定。

在与贝先生的合作中，我学习了他将“传统作为根”的设计理念，精益求精的工作作风，作为大师却不摆架子、平易近人的工作态度。这些为我后来取得成功铺垫了良好的基础。

（5）我们之间的分歧

在堆叠香山饭店园林假山的过程中，说起搬运这些山石尤其是巨石，中间还有一段真实的故事。

1）清音泉

香山饭店庭园定位是中国现代自然山水园，在继承中有创新。主庭园的中心是“流华池”，水池的南面是香山公园的红叶山，庭园进深只有50m，因此，需要采用借景的手法，来扩大空间，而巧妙利用水景，也可以帮助扩大空间。一般来说，池中有水是顺理成章之事，然而贝先生原有方案是只有池，没有水源，只有草地没有山坡。为此，我们按照中国传统名园“山要有脉”、“水要有源”的基本理法提出了自己的方案：在庭园西南角设计了一组高9m

的三叠泉山石——清音泉，既是水之源，又能体现中国园林中精彩的山石艺术。但是，正当我们在仅6m²的地基上，准备叠山时，纽约贝先生事务所通知说不让堆山。我们考虑这座庭园除了水池，主景就是假山和置石，没有了假山，没有了泉水，庭园肯定会失色不少，更谈不上是有文化的高档自然山水园了。我想，在这个问题上我要坚持自己的主张。在领导和专家们的支持下，我们日夜赶工加紧堆山，想在贝先生到来之前完成堆山。小曹是贝先生留下的助手，虽说贝先生是让他向我们学习，但他会把工地上的情况随时向纽约报告。之后连续两次电话，贝先生仍然反对在园中堆假山。大家正徘徊在停不停工，听不听贝先生的意见的为难时刻，贝先生突然又来了电话，小曹向我们传达："贝先生说，等他来，他要参加堆山"。这下把我们弄糊涂了，不太明白贝先生的意思。原来，小曹看到这座假山效果越来越好，消息早就传过去了。

我们找来的山石数量不多，质地也不理想，堆山的基底又太小，却还要堆成那样的高度，遇到的困难是可想而知的。当年老师傅堆山，为了安全，一般都以横向置石为主，这次只能以陡峭山壁的竖向手法才能达到设计意图。为此，我专门带了几位年轻的、容易接受新事物的、敢于创新的山石师傅，去云南石林中观察真山去找感觉。峭壁山、三叠泉、飞梁、步石、断水石、封顶石，如何在小空间中做大文章，竖向叠山也是向自然学习得来的。十几年一直没有机会堆山石，如今一旦堆山，竟然也堆出真山的效果。这样一座美丽的假山，确实为庭园增色不少，大家都很兴奋。不久贝先生从美国来到中国，向我们解释道："不是我不想堆假山，因为我考虑，如果假山堆不好，不如不要。"为什么可能堆不好呢？我考虑：第一，山里已经没有好的山石了；第二，堆山石的师傅"文化大革命"给批倒了；第三，现在的园林设计师懂得堆山的不多。应该说，贝先生的考虑还是很有经验的。后来在我的设计中，也经常使用这样的原则：做不好、没把握的设计不如不做。接着，贝先生进一步解释，是小曹在向他作汇报时说"山石堆得很好"，于是他改变了主意，并想亲自参加堆山工作。

这座假山的构图，非常符合中国画的"画理"，高峰秀丽，十分得体，特别是泉水声，给静静的庭园增添了生机。假山虽然不大，但在20世纪80年代，"文化大革命"刚结束，人们的思想尚未解放时，以山石拼接竖向叠出真山的效果，也算是"惊人之举"了。虽然10年"文化大革命"期间我们没搞过什么工程，但是在这个项目中，我们仍然表现出了过硬的创造能力。如今的清音泉，还是那样的自然和美丽，泉水仍然流动，山水清音的意境永在。这个过程也被传为佳话。

2）飞云石——云南石林选奇石

贝先生也认为，中国园林无园不石，山石是园林重要的元素之一，更是山地园林所必须有的。不过他认为北京地区的山石品质不好，就是有好的石头也早已被皇家搜罗完了。他思考后决定使用云南石林的山石。我们听后不禁一愣，真敢想，比皇帝的手笔还大。当然，一座创意新奇的建筑，如果环境元素也有特点，必然能给建筑增色，"园有奇石则名"。不过，云南石林是国家级风景区，怎么可能让你去挖石头？另外，每吨石头的造价也是一个未知数。还有，我们在园林中的置石，一般都采用就地取材的原则。就在我们讨论使用云南石林石头的可行性时，领导说贝先生为了香山饭店能采用云南石林的奇石，已经说服了我们国家的一位副总理。有了副总理的批示，我作为园林设计的主要负责人，必须带着施工队去云南石林选石头。

我们千里迢迢来到石林。石林属于少数民族彝族自治县的属地，有几十平方公里大，奇石就是风景区主要的旅游资源。怎么才能把我们需要的奇石顺利地运到北京呢？少数民族不好打交道，他们带着我们看了一整天石头，可一块石头也没落实。

正在困难之时，我想到了当年北京林业大学迁往云南时，我教过的两个学生正是在这里工作，于是我便找到了他们。两位学生对我说：您一是不能取石林旅游景

点与通往旅游景点公路两旁的石头，那些石头属于景观用石，任何人都是不会给的。二是要将注意力集中在开挖水库周边生产队的石头上，这些石头的质量与旅游景点是一样的，但由于所处位置不同，当地人对其关注度也会小很多，难度会小许多。三是您必须请生产队长喝酒，请当地人喝酒是看得起人家，尊重人家，愿与人家交朋友的意思。您能按这三条去认真找，相信是会成功的。

于是，我按照学生教的办法，自己掏钱买了酒，还记得当时自己的月工资只有55元，但是有酒就好办事，我这个人平日并不喝酒，但真要喝起酒来也一点不含糊。少数民族的性格果然十分豪爽、真诚，我们开怀痛饮之后，他们当即就在开采搬运山石的单子上盖了章。

在他们真诚的帮助下，我挑选了大小不等、形状各异的一堆山石，总重量达到了50t，其中有一块宽2～3m，高约4m，重达13t的山石，是一块绝顶上等的好石头。

俗话说，多个朋友多条路，这一次幸亏有我当年的学生真诚相助，否则采集这样的好石头实在是一件很难办到的事。

石头是找到了，可是怎样才能将这块巨石从万里之外的云南安全完整地运到北京呢？重达13t的巨石，无法用汽车运输，一方面，是一路上盘山公路，汽车无法爬坡，另一方面，公路上隧洞、桥梁太多也无法通过。用铁路运输，铁路部门考虑火车过山洞时，巨石体积太大，容易发生危险也拒绝运输。情急之下，我们托人找到了铁道部长，说明原委，由铁道部长亲自特批了专门的车厢。由铁路部门小心装运、精心护送，最终安全地将巨石运到了北京。

回想起此次云南石林巨石的运输过程，说明在当时的中国要做成一件事多么的不容易，上到副总理、铁道部长亲笔批示，下有自己教过的学生和农村生产队长鼎力相助，我自己也出钱周旋。可以说，官的民的，公的私的，我们用尽了各种关系，才促成此事。在整个过程中，我在面对任何一个困难时有一点退缩，都不可能将云南“石林” 的巨石运到北京。

要想干成一件事，没有顽强的意志、坚定的决心是肯定不能成功的。特别是我们这一代，20世纪50年代受到国家培养，60年代在三年困难时期中吃过苦，特别是在10年“文革”中受过政治、经济、生活各方面艰苦磨炼的中国知识分子，就是具备了这种坚韧不拔、百折不挠的精神与意志。

历经千山万水，好不容易将石头运到北京后，却又遇上了更大的困难。巨石被运到香山脚下后，离香山饭店只有几千米的距离，可一路都是上坡。山路坡陡，道路狭窄，大型机械无法施展，安全生产又怕发生重大工伤事故，施工队因为有这么多的理由，工程不得不停了下来。

此时，一种强烈的使命感与责任心鞭策着我，“文革”已使中国等了10年、我个人也已经等了10年，国家不能再等，我个人也不能再等。无论如何，等待不是办法。等待，不能创造奇迹；等待，也不会有好办法从天而降。奇迹与好办法只有靠自己努力开动脑筋去想。此时的主要矛盾是，山路走不了吊车，没有吊车巨石也搬不动。

于是我想到了历朝历代修建宫殿、石桥、假山时，用民间起重队搬运巨石的老办法。这个办法从我脑海中闪现之后，我立刻付诸行动，找到领导请来了民间起重队，向工人们讲清了搬运巨石工作的重要性。工人们用绞盘、绞链、滚木、木板、撬杠这些最原始的器械与工具，采用了最古老传统的搬运办法。他们推动着绞盘，绞盘转动着绞链，绞链拉动着巨石，巨石则在临时铺起的厚木板上向山上一厘米一厘米艰难地挪动，尽管每天只能移动几十米，但到底还是在向上移动，与停顿在那里寸步不动有了本质的不同。我们和民间起重队的工人们就这样每天向山上移动几十米，锲而不舍、顽强坚持，终于将巨石运进了香山饭店庭园中。

从这件事中我得出了一个道理：任何事情不能互相依靠推诿，更不能无限期、无结果地等待。哪怕每天只干一点，都比原地等待强得多。

巨石运到了香山饭店庭园中后，最后一步，也是最关键、最危险的一步就是将巨石竖立起来，并放置到位。由于重型起重机无法上山，也无法在庭园狭小空间中作业，于是还是要用祖先的老办法，搭起铁架，用滑轮倒链一寸寸将巨石吊起、竖正、入位，整个吊装过程惊心动魄、惊险万分，稍有不慎，就会架倒石歪、链断人伤。

竖起巨石的情景至今还历历在目，回想起来，让人感到后怕。用这种原始的器具和方法让十几吨重的巨石上山，还要竖立入位，随时都可能发生危险。可以说那时的人胆子可真大。但这种胆量也是被逼无奈的，我们被“文革”压抑、耽误的时间太长了，因此，我身上有一股使不完的干劲，敢想、敢干，胆子特别大。就是希望早一天建成香山饭店的园林，真心要干出一番事业，为国家贡献力量，这就是我当时压倒一切的信念。

当“飞云石”立好后，我用手抚摸着这块巨大的山石，心中百感交集，所有的困难、冒险，一时间都被成功的喜悦所代替了。

我想，这里的游客们在欣赏这块奇石时，会想到它是怎样被发现的吗？能知道它是怎样运到这里的吗？人们常说，“前人栽树，后人乘凉”。这块巨石默默地矗立在这里，并不会将它从云南来到北京香山的故事告知后人，但一定会有人从这块巨石的体积、重量与质地上看到前人艰难与不易。贝聿铭先生只是点了“石林山石”，但却不知道在当时技术落后的情况下我们所承担的巨大风险。

我并不希望后人能记住我的名字，我只希望年轻的人们懂得前人艰苦奋斗的不易，希望他们从我们这一代人身上传承一种精神，只有这样，一个民族才会兴旺，一个国家也才能强盛。

3）三影树

香山饭店的建筑风格具有中国徽州民居的一些特点，因此留下了一面10多米高的山墙。由于徽州民居与北方园林在大环境上的区别，这面很大的粉墙在这里就给人以空旷和突兀的感觉。我意识到了这一点后，决心要用自己的园林设计来进行弥补。

我多少次来到这面山墙前进行考察，经过反复思考，我认为，空间感缺失和色彩单调是主要问题。为此，我提出了一个大胆而巧妙的想法：利用山墙前面的水池，在水池与墙壁之间栽植了一株12米高的大油松，当这株大油松一种下，这里的空间感和色彩立刻丰富和鲜活起来，原本高大的白墙顿时有了生机与画意，令在场的人无不喝彩。一株大树，在水中、墙壁和地面都有影像而又各自不同。后来许多大学教授、园林专家、学者与游客来到此处景观时，他们依据景观的现实与艺术效果，将这一景观取名为“三影树”。

起初，我也不明了为何将这个景点起名为“三影树”， 后来得知，在阳光下，高大的油松树在白墙上留下一个影子，形成了墙影；油松树又在水池的水面上留下一个影子，形成了水影；油松树还在地面上留下了一个影子，又形成了地影。墙影、水影、地影这三影都是由油松树投下的轮廓，因此就被称之为‘三影树’。

我听了‘三影树’景观的来历，心里真是又钦佩又感动。我这个香山饭店的园林设计师，自己在设计时也未尝想到一棵油松树会产生这样完美的艺术效果。由此看来，对于园林意境来讲，既可由造园者造出，也可由欣赏者赏出，从某种意义上看，造园者和欣赏者同为园林文化的创造者。

（6）造园初成的愉悦

1981年初秋，当漫山红叶尽染时，贝聿铭大师携夫人来到了香山饭店。他坐在大堂中欣赏着如诗、如梦、如画的美景，观赏着园林主景“清音泉”——这座高达9m的假山时，心情格外激动，他走上前真诚地向我表示祝贺，并对我说：“太好了，太感谢您了！”

因为香山饭店工程，当时的副市长张百发注意到了我。在那个时期，他为我提供了多次出国考察学习的机会。我考察游历了法国、美国、英国及其他国家和地区的园林，这使我的眼界大为开阔，我开始有了把中国园林放到世界这一层面进行比

较和思考的机会。这对我的影响，无疑是深刻和深远的。

一个人的成功，往往被大家认为机遇很重要，赶上了、抓住了就能成功，其实不然。在我看来，一个人要获得成功，除了机遇以外，与个人的勤奋和努力是密不可分的。我能够参加香山饭店园林设计与建设，就是属于在个人勤奋努力基础上又获得机遇，我认为自己是幸运的。就像歌唱家，唱好了一首歌，大家就接受了你，自然就有了知名度。

香山饭店建成后，有一次我在这里开会，当我漫步在饭店的园林中时，一位正在这里拍摄风景照片的青年专业摄影师，发现我站在“流华池”中央的平台上，正在用一架傻瓜相机非常认真地拍摄。于是他就走近我并十分热情地对我说：

香山饭店的建筑与园林是巧妙地融为一体的，早晨日出之后，您可以借日出东方，顺光由东向西北角拍摄，将香山饭店的主体建筑与西北角的“海棠花坞”、“金鳞戏波”等景致一并拍摄进去，当然前景一定要将“流华池”的池水、微波与池中央的平台也一并拍摄进去，这样拍出来的照片可以真实、完整地展现出香山饭店园林与建筑的组合之妙、和谐之美、层次之丰，这是拍摄香山饭店美景的最佳角度。

稍倾，他又带着我来到园林的东北角，继续传授摄影技巧与经验：还有一个非常好的角度，就是站在园林东北角向西南方向拍摄，这个画面的构图可以反映香山饭店美丽园林的全貌，将“流华池”南岸的“飞云石”与“飞云石”东侧的那块巨石，以及两块山石之后的假山定为远景，“流华池”与池中央的平台以及池畔的古松、古柏与古银杏树定为中景。拍摄时间以上午为佳，也要用固定三脚架拍摄。

在介绍完最佳拍摄角度与时间后，摄影师说：“香山饭店及其园林为香山公园锦上添花，设计师不仅美化了香山、也美化了众多游客的生活，更给我们摄影师带来了进行艺术创作的美妙景致。美的摄影作品与人们美好的生活都是离不开这美丽园林的，我真诚地感谢香山饭店的建筑师与园林设计师，听说建筑师是世界知名的贝聿铭先生，但园林设计师我就不清楚了。但我想能与贝聿铭大师一起工作的设计师也绝非等闲之辈。”

这位青年摄影师的这番话让我十分感动。当时很多人都非常喜欢香山饭店的园林，但并不熟悉园林界工作，所以一般人只会知道了香山饭店的设计师是贝聿铭。但我并不看重这些，当入住在这里的游客赞美饭店的园林时，当人们兴高采烈地谈论这座园林之美、之雅、之秀时，我就十分满足与欣慰了！

（7）我向贝聿铭学习了什么

香山饭店园林设计的成功，不仅确立了我在这一行业的地位，更为我后来的事业发展开辟了道路。同时，我的思想观念也发生了重要的转变。第一，贝聿铭关于“民族传统文化创新”的观念，深深根植在我的头脑中，一直影响着我对于中国现代园林的设计实践。第二，我认识到，园林设计需要特别理解和尊重建筑物的语言和符号，相对而言，建筑一般在先，园林一般在后，有时候，园林与建筑、建筑群体相比，的确是绿叶与红花的感觉，一味地喧宾夺主，真的不如各得其所、相得益彰来得美妙。第三，贝聿铭谦虚、务实的品格确实让我感受到了一代大师的风范，这种感受在和有些所谓的“大师”对比时，尤其感到深刻。第四，虽然贝聿铭对中国传统文化有很深的感情，但是长期旅居西方，必然导致对本土缺少更实际的了解。例如，香山饭店的选址以及在北京采用了徽派民居白墙黑瓦的格调，就表现了东、西方文化的差异，给人一些“水土不服”的感觉。

后来，我又通过中日青年交流中心（1990年）、国家大剧院（2006年）和国子监艺术馆（2013年），与黑川纪章、保罗·安德鲁和安藤忠雄等国际知名大师有过不同程度的合作与接触。

黑川纪章当时对中日友谊桥的构思是：将桥下的绿地隐喻为大海，在地上用植物组成图案采用渐变的形式来表现建筑的倒影。但是国内有些人，尤其是总设计师对这个构思和表现形式不太理解。为此，甲方专门找我咨询评论。首先，我对黑川纪章先生开创并坚持倡导“共生”理论很是理解。第二，我觉得黑川纪章的方案是有创意的。表现了日本园林深得中国传统园林的真谛，又有自己鲜明的风格。这样一来，不但解决了国内甲方的疑虑，黑川先生也通过我实现了他的想法。

在我后来的许多设计中，都适当借鉴过黑川纪章的思想和理念，使用了这种隐喻和象征的手法。如在东二环商务绿地中，高大的现代建筑下面，又是阴面，怎么设计？我利用建筑窗户倒影的符号，形成了建筑肌理和绿地语言的呼应。一般来讲，园林景观设计需要在创意中考虑建筑作为城市景观母题的问题，无论是对比还是相谐，总是要相得益彰才好。又比如，六边形是首都饭店建筑群的一个母题，我在做环境时，铺地材料和相关设施也适当采用了六边形，这表明，我和建筑在唱一出戏，它是C调，我也是C调。还有长富宫饭店、长城饭店等也是这样设计的。

保罗·安德鲁设计的国家大剧院。由于这个公共建筑以“独特”形式，摆放在长安街人大会堂的西侧，在很长时间里引起了强烈的社会反响。就是保罗·安德鲁也不能不考虑这种建筑文化所表现的形式与环境产生的现实矛盾，为了缓和这些矛盾，安德鲁总设计师也想了不少办法。比如，试图在入口的矮墙用天安门红墙的暗红色，在北侧临长安街种植一片大油松，以求达到对主体建筑的遮蔽……这就难以自圆其说了。为此，国家大剧院领导请我来收拾这样的局面。我仔细审度了设计条件和现状问题之后，提出了“犹抱琵琶半遮面”的处理手法。重新设计北部环境，最大限度地缓冲这个异型现代西方建筑与人民大会堂、长安街的视觉冲突。具体手法是：在大剧院西侧以遮挡为主，在剧院正面以露为主，并选择与长安街基调树种相近的树种，以求统一。这套方案很快得到各方面的认可并得到实施。

最近，日本著名国际建筑大师安藤忠雄在东城区国子监设计了一组艺术馆，为了展现构思的完整性和设计风格，他在国子监人行道上，设计了一组类似围墙形式的“壁泉”。对此，我明确表态这将又是一个“风险太大”的项目。

通过与他们的合作、交流与对比，我很认同他们的一些理念和做法，如黑川纪章的“共生”理论，安藤忠雄 “东方美学与西方建筑理论”的巧妙融合，以及保罗.安德鲁“没有限制的自由想象”。但是，我最深的体会是什么呢？那就是，他们作为各自国家的文化代表，都在顽强地表现着自己民族的精神特质，无论他们的设计怎样国际化，都能使人更加鲜明地看到和体会到他们的民族之魂。无论黑川纪章那种简约中蕴含着隐喻的风格，还是安藤忠雄在建筑和环境中表现静谧而明朗的风格，当人们看到这些现代化作品的时候，一定会同时反映出，这属于日本，至于知不知道设计师本人的名字，对于他们来说，或许真的不是那么重要。对于国家大剧院的设计者，法国的保罗·安德鲁，也是同样。因此，从“根”上说，文化是不同的，冲突也很大。而贝聿铭则与他们的不同，贝聿铭有中国的“根”，又有引导中国建筑走创新之路的心愿，因此他的作品就会更接近中国人的需要。

国家大剧院北部景观设计

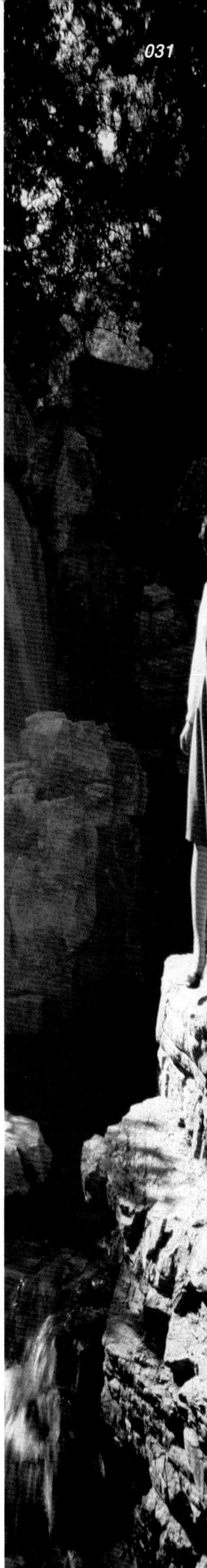

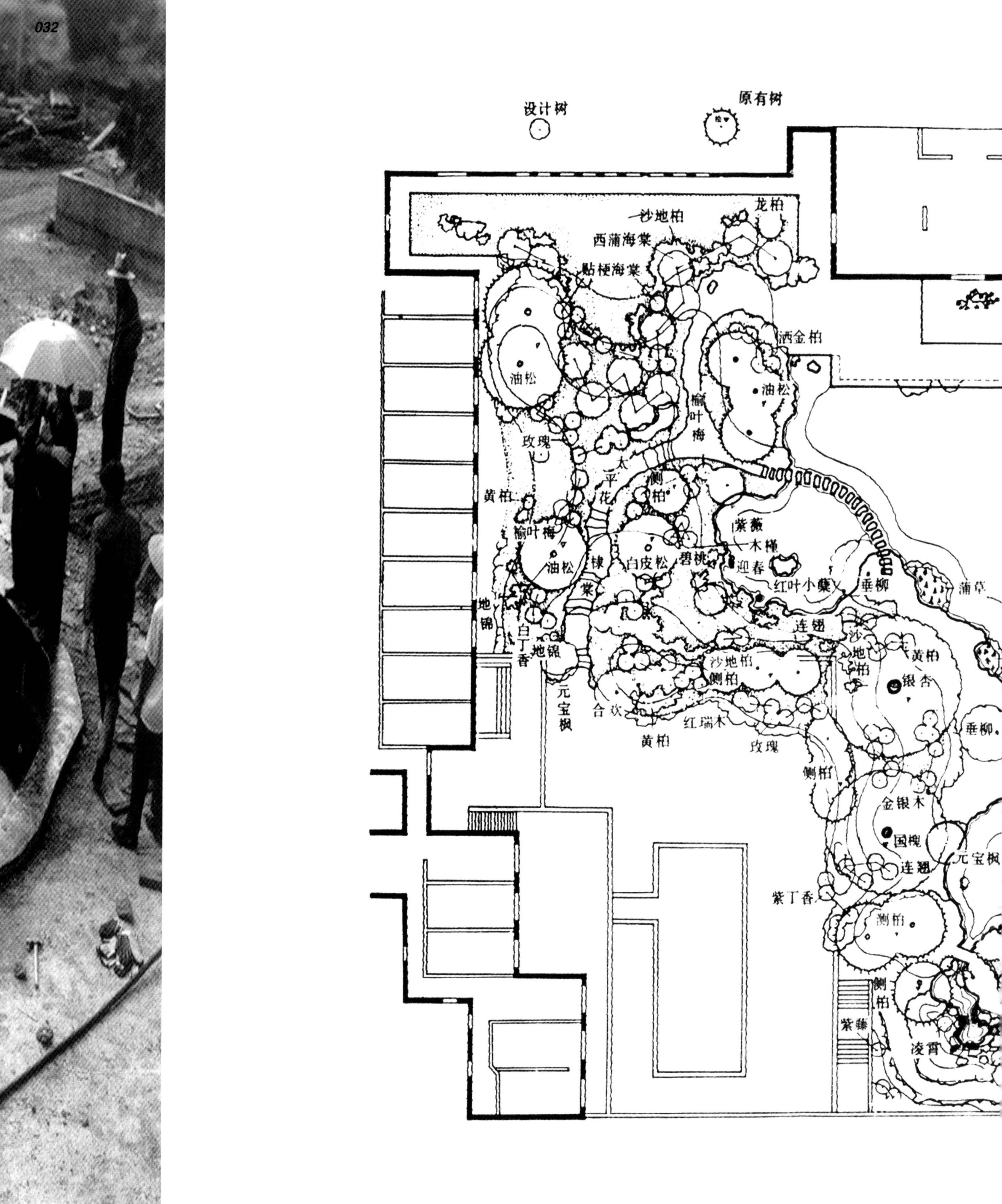
设计树
原有树
沙地柏
龙柏
西蒲海棠
贴梗海棠
洒金柏
油松
榆叶梅
玫瑰
太平花
侧柏
黄柏
紫薇
木槿
迎春
白皮松
碧桃
棣棠
红叶小檗
垂柳
蒲草
地锦
白丁香
连翘
沙地柏
侧柏
银杏
元宝枫
合欢
红瑞木
金银木
国槐
紫丁香
紫藤
凌霄

香山饭店主庭院总平面图

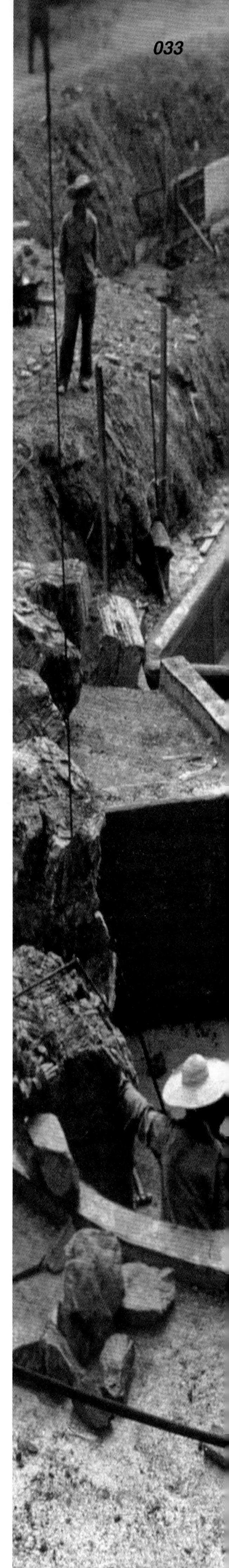

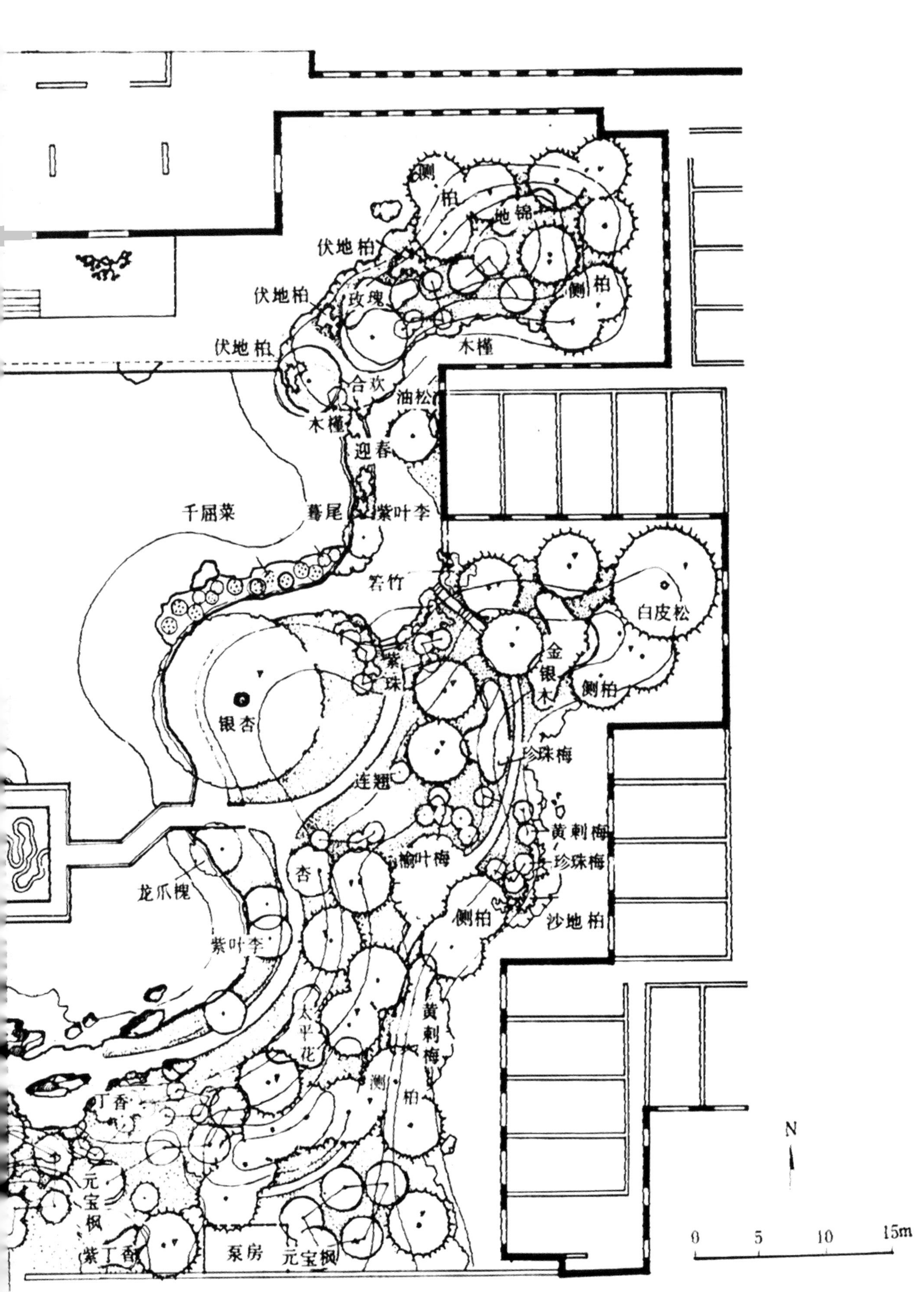

建筑与庭园景观的呼应

落地窗大框景
四季厅远望主庭园风景画面

现代派画家赵无极现场绘制的香山印象风景抽象画

四季厅窗景

传统与现代

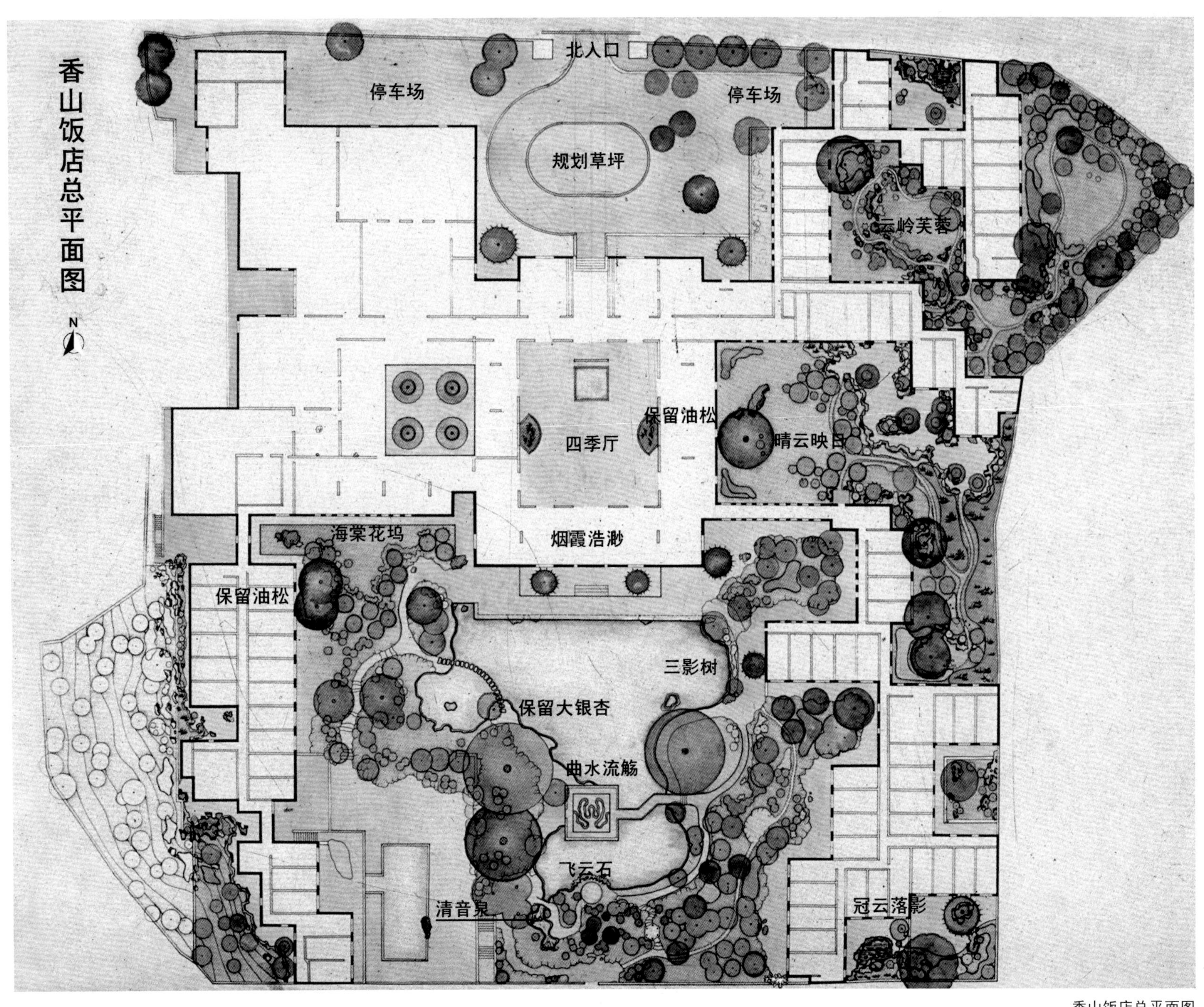
香山饭店总平面图
N
北入口
停车场
停车场
规划草坪
云岭芙蓉
保留油松
四季厅
晴云映日
海棠花坞
烟霞浩渺
保留油松
三影树
保留大银杏
曲水流觞
飞云石
清音泉
冠云落影

香山饭店总平面图

中国现代建筑创新之路——源于传统民居之根的现代建筑

贝聿铭先生选择的苏州民居建筑符号：白墙、灰瓦、菱形、月洞门

简约菱形，黑、白、灰与建筑母题一致的景观小品

烟霞浩渺秋景——总统套间对景远山红叶如烟如霞

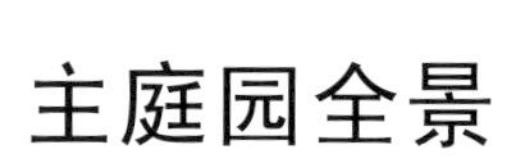

主庭园全景

烟霞浩渺夏景

清音泉
飞云石
保留大银杏
曲水流觞
三影树
海棠花坞
烟霞浩渺

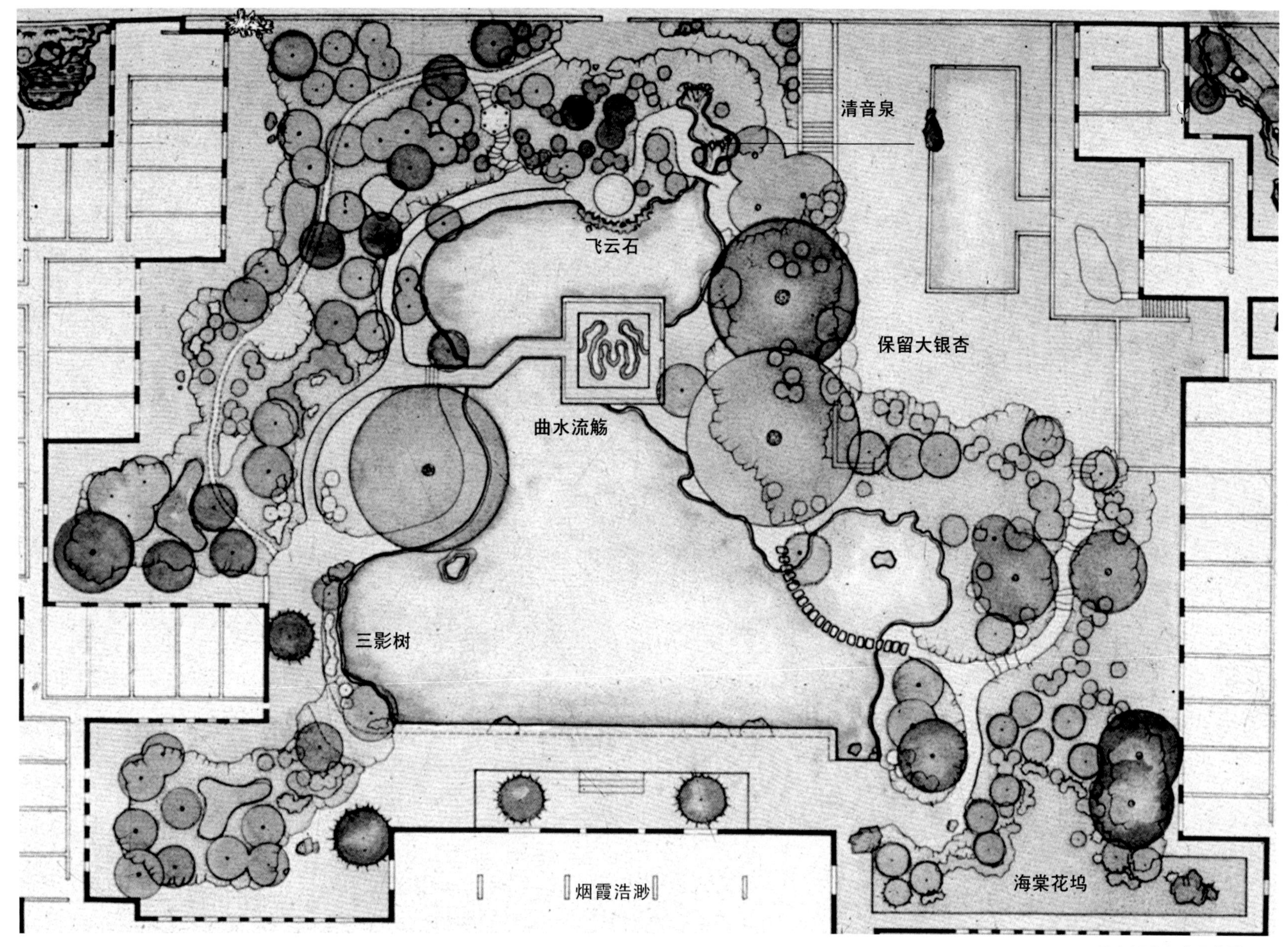

香山饭店主庭园总平面图

烟霞浩渺原有场地

烟霞浩渺初冬景观

三层楼高的白墙，靠近水边，产生倾覆的压抑感，苏州园林常以白墙为纸，山石树木为画。应不应当在白墙前作画，当时建筑设计师坚持不能破坏建筑的直线，不同意作画。当园林设计师种了大树点缀山石，白墙上树木投射的阴影虚实相间，一幅近自然的山水画，也得到了贝聿铭先生的肯定。宾馆的客人题名为“三影树”—墙上的影、地上的影、水中的倒影，成为香山饭店的著名景观。

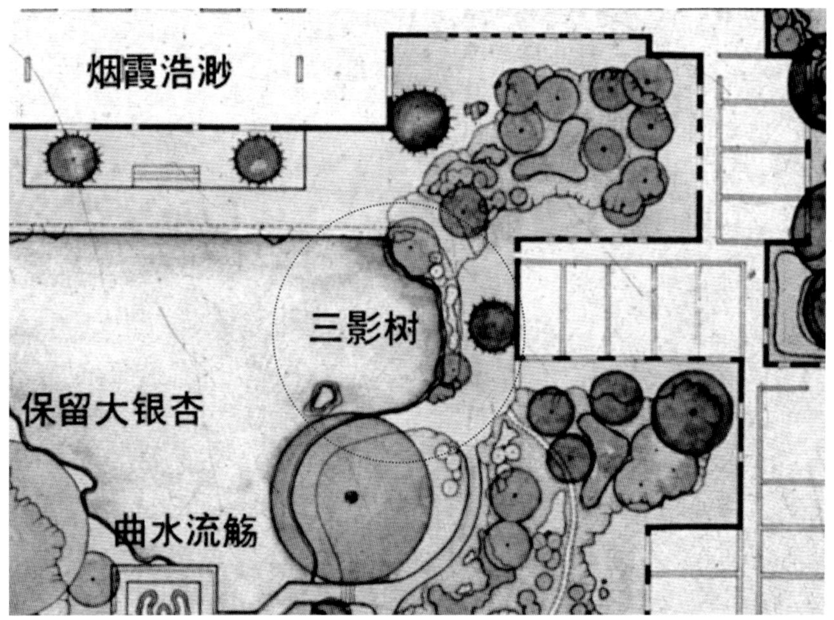

三层楼高的白墙，景观如何处理？

三影树

三影树位置处于庭园的构图中心，只留白色墙面，会使园林顿然失色

墙影、水影、地影

四季厅中轴对景飞云石石组

贝聿铭选择石林的山石作为香山饭店的主景石组；云南石林三类区水库边散落的山石，选定为香山饭店备用山石

20世纪80年代，山地施工完全用人工搬运及传统工艺置石

飞云石景观构图中心——飞云石组

仿石林景区中“出水观音”景区，设计的飞云石、石组。中心为主，四周呈围拜之势

清音泉——水之源

香山饭店的基调山石是北京远山区的山石，在$6m^2$的场地上，叠出9m高的山峰及三叠泉，山石以竖向手法叠山，在当时也是较为创新的技术。

当初建筑师认为中国好的山石没了，叠石的师傅也没了，设计师经验少，如果堆不好不如不堆。施工后中国的山石艺术又重放了光彩。

建成初期清音泉

30年后清音泉近自然景观

保留至今的清音泉三叠泉景观

檀馨谈意

四、在园林继承创新发展中成功

1. 城市大园林的理论实践

2. 我的自知之明

3. 创建公司初期

4. 公司的发展和我的经营谋略

5. 走进市场最初的几个项目

6. 园林文化的多样性

四、在园林继承创新发展中成功

1. 城市大园林的理论实践

北京城市的园林绿化事业在20世纪80年代末90年代初发展很快，在实践和理论上取得了全国瞩目的成就。城市绿化美化在设计思想上注入了新理念，如强调竖向设计，道路绿化讲究乔、灌、草复层结构，重视植物的景观配置，把三环路形成“花环”，二环路形成“绿色项链”，尤其是各种各样的立交桥的绿化设计，为城市带来了新感觉。亚运会时期城市绿化美化达到了一定水准。

公园绿地的数量和质量也有了很大提高。陶然亭公园以亭为主建造了“华夏名亭园”，并且获得了全国优秀设计一等奖；紫竹院公园以竹为题，建造了“筠石苑”，每年举办竹文化节；龙潭公园以龙文化为题，每年举办庙会；北京植物园以植物造景为主，突出了专类园，每年举办“桃花节”；丽都公园吸收了国外的造园手法，突出了为人服务的主题；人定湖公园更加大胆地建造了欧式园林……

各区也建设了许多有特色的小公园——石景山的雕塑公园、西城区的奇石园、朝阳区的红领巾公园、东城区的青年湖公园等等。主题公园及游乐园也各具特色，如民族园、石景山游乐园、龙潭游乐园、世界公园等，都得到了社会的认可。

新建公园之多、类型之全是值得我们自豪的，它们不仅给首都市民带来了实惠，也为园林事业建造了里程碑。

结合北京城市改造，房地产开发商也开始建立新的理念，他们认识到环境建设的重要意义及经济价值，于是把环境当成卖点，使得居住区绿化有了一个飞跃的发展。

旧城的改造、城市街道的整治及城市广场的兴起，出现了城市规划、园林、建筑、艺术家等不同专业各自发挥所长，共同参与的新局面。这种变化和转折，预示北京城市建设将进入一个新的发展阶段。

那个时期，陈向远作为首都绿化委员会副主任和北京市市政管委会副主任，提出了城市大园林理论。他认为，“城市大园林，是一种新型的园林观，是以整个市域为载体的园林绿化，突破了传统园林的界限”。“园林建设由过去的封闭走向开放，由局部走向整体，由分散走向系统。”

城市大园林的理论，作为中国现代园林发展的重要标志，具有鲜明的时代特征和创新思维。可以说，那个时期我们所做的城市绿化项目，都是这种理论的具体实践。除了国内园林建设开始有了好的发展以外，随着改革开放和世界各国文化的交流，我们还开始了中国园林的对外输出。

在城市大园林理论实践中，我认为，“古为今用、洋为中用、推陈出新”是处理继承、创新与发展的最基本的指导原则，这一原则，充满了唯物论和辩证法。按照这一原则进行的设计，特别明确地把传统与创新、源与流的关系深刻地体现出来。按照这一原则创作出的许多新园林都能被社会承认，为群众接受。

只有解决好继承、创新与发展的认识问题，才可能产生有特色的中国现代园林，这是一个历史发展过程，在这个过程中，我们一方面要从中国传统的园林沃土中吸收营养，对于外国先进的园林规划设计的理论与方法也必须学习，兼收并蓄，为我所用，才可能实现我们的目标，创造有特色的中国现代园林。

当时，我已经担任了北京市园林古建设计院的副院长，因此参与了很多设计项目。其中，陶然亭公园的华夏名亭园和紫竹院公园的筠石苑，是我中年时期设计并参与建设的两个具有代表性的园林作品。华夏名亭园于1989年荣获建设部优秀设计一等奖，1990年荣获国家园林设计金奖。筠石苑1991年获建设部城建系统优秀设计二等奖，1991年北京市第五届优秀工程设计一等奖。

（1）陶然亭华夏名亭园——设计院集体智慧的结晶

陶然亭公园，总面积59hm²，其中水面占总面积的1/3。园址位于历史上金中都城的东侧，元大都城南近郊。元、明时期这里曾有许多名园别业，作为燕京名胜，素有“都门胜地”之誉。清康熙三十四年（1695年），工部郎中江藻奉命监理黑窑厂，他在慈悲庵西部构筑了一座小亭，并取白居易诗“更待菊黄家酿熟，与君一醉一陶然”句中的“陶然”二字为亭命名。陶然亭公园以此得名。

虽经历年建设，但因整体布局一直没有统一规划，尚未形成独特的园林风格。为了突出体现陶然亭公园“以亭取胜”的文化内涵和景观特点，1985年，北京市政府提出要在陶然亭公园建设以突出“亭文化”为主的百亭园。

亭，是我国园林中最具典型特色的一种建筑小品，其数量之多，应用之广，布局灵活，形式丰富，尤其是与历史文化的关联，为其他建筑小品所不及。我国历史上名亭不计其数，许多名亭凝聚着大量史实、故事和传说，历朝历代，它感染着人们的思想、感情和观念，是许多著名山水园林中的标志性景观。

华夏名亭园地处陶然亭公园内，是一座园中之园。仿建了醉翁亭、兰亭、鹅池碑亭、独醒亭、少陵草堂碑亭、百坡亭、浸月亭、二泉亭、吹台亭、沧浪亭等10座名亭，又自行设计了太白（谪仙）亭，共计11座亭，并依亭配景。

1）设计概念之争

在设计之初，局里一些设计师，将市领导所说的“百亭园”， 简单、机械地理解为要将古代的、民族的、现代的各种亭子选100个，汇集到陶然亭公园。在山顶、山坡、路旁、湖畔到处都是亭子。园林建筑界许多专家、学者得知后感到十分不妥，其中有人将这一情况报告了中央领导同志。一时间北京市领导与北京市园林设计院的压力非常之大。

若是这样，这里的亭子就丢失了应有的基本功能，也失去作为公园景观的作用，我们虽不知亭子起始于何时，但古代就有“十里一长亭”之说，《园冶》所谓“亭者，停也。人所停集也”。另外，建亭位置，也要从两方面考虑，一是由内向外好看，二是由外向内也好看。这就是园亭要建在风景好且有景好借之处的道理。游人在游园时走累了，在亭中坐下来休息片刻，观赏一下四周景色，或是夏日晴天遮阳、雨天避雨。这么多亭子堆积在一起，让人感到十分幼稚、可笑。这就离中国园林文化相去甚远了。

我作为这个项目的主要设计师之一，首先对市领导关于“百亭”概念的重新理解，认为“百亭”是泛指而不是确指。我们提出了“名亭求其真，环境用其神，总是陶然意，妙在荟人文”的总体设计构思。设计思路经过调整后，景区定名为“华夏名亭园”。我们提出将亭这种景观元素，作为景区整体布局的关键点，根据景区现状地形、地貌，选择全国各地和历史上名亭作为代表，通过传统造园手法，表现中国园林“亭文化”的优秀历史传承，与陶然亭公园秀丽的园林风光，丰富的文化内涵和光辉的革命史迹，相得益彰，使园内楼阁参差，亭台掩映于林木葱茏之中，增加作为旅游观光胜地的景观价值。

这个项目参与的人很多，先期由园林古建公司、园林局基建处、陶然亭公园和我们设计院等多单位组成了考察组，到全国各地“海选”名亭，这样的工作，分成了好几批才完成。

当时，大家都是在摸索着干，根据考察小组带回的资料，我们决定本着各亭求其真的原则。通过堆山、叠石、挖池、修湖、铺装、植树等手法，将单一的亭子巧妙地组合在一个整体的园中，以“亭”引出相应的历史文化。

我们先后选择、仿建了位于湖南汨罗江边纪念楚国伟大诗人屈原的独醒亭，浙江绍兴王羲之的兰亭和鹅池碑亭，四川成都纪念唐代诗人杜甫的少陵草堂碑亭，江苏无锡纪念唐代文学家(世称“茶圣”)陆羽的二泉亭；江西九江纪念唐代诗人白居易的浔月亭，安徽滁县纪念北宋文学家欧阳修的醉翁亭，以及纪念诗仙李白的谪仙亭和由中南海移来的云绘楼、清音阁等。这些名亭都是按原大尺寸仿建而成，亭景结合，相得益彰。流连园内，有如历巴山楚水之间，或游吴越锦绣之乡的感觉，历史文化内涵更加深邃，使人不劳远途跋涉就可以领略中华民族建筑艺术和人文景观。

2）醉翁亭

原址位于安徽滁州市西南琅琊山麓，四角歇山，飞檐出挑，有展翅欲飞之势，它小巧独特，具有江南亭台特色。北宋庆历五年（1045年），欧阳修由朝官被贬为滁州太守。他常去琅琊山开化寺观赏林泉景致，认识了住持僧智仙和尚，并很快成为知音。为了便于欧阳修游玩，智仙在山麓临泉建亭，欧阳修题名为“醉翁亭”，亲为作记，自称醉翁。欧阳修时年40岁，写下了著名的《醉翁亭记》。文中表达了他寄情山水，与民同乐的志趣。

在名亭园中，由兰亭向西绕过山石，地形渐高，穿过山洞则“峰回路转，有亭翼然临于泉上”。亭前右侧巨石上书篆字“醉翁亭”。

亭对面的碑文镌刻了苏轼手书的《醉翁亭记》。亭前山石刻了“醉翁之意不在酒，在乎山水之间也”的千古名句。亭后侧有山石流泉，此环境神似于《醉翁亭记》中“渐闻水声潺潺而泻出于两峰之间者，酿泉也”之情境，以表现当年欧阳修曾取泉水与百姓同饮之意境。

3）兰亭与鹅池碑亭

兰亭和鹅池碑亭，是由曲径通幽的山洞连通的。在做设计之前，我亲自去绍兴兰渚山去考察、采风，从真正原生环境中获得灵感，在陶然亭有限空间中，经过提炼加以概括体现。

兰亭原址位于绍兴西南的兰渚山上，是中国四大名亭之一，“兰亭”题字为康熙皇帝御笔。

永和九年（公元353年），书圣王羲之在担任山阴太守期间，邀请谢安等41位友人到兰亭的河边修禊。其间大家一起饮酒作诗并把诗收集起来，公推由王羲之作序，因此有了名扬天下的《兰亭集序》。唐太宗李世民得知后，命人制成副本，分别赐予诸王与大臣。

与“兰亭”属于同一景观的是“鹅池碑亭”。而“鹅池碑亭”与王羲之和他的儿子王献之父子有着一段历史人文故事：

书圣王羲之不但喜欢鹅，也喜欢写“鹅”这个字，传说在他未成名时，只要为百姓写一个“鹅”字，就能换来一只真鹅。后来就在“兰亭”旁建了一个“鹅池”，并在池中养了鹅，还建了一座“鹅池碑亭”。

这座鹅池碑亭三角形状，独具特色。二根石柱在前端，一根石柱在后，亭中有一个石碑，白底上镌刻着“鹅池”两个黑字，十分醒目。

相传当年，王羲之在书写“鹅”字时，刚写到“鹅”字的“我”时，书法上的“鹅”字是“我”在上，“鸟”在下。“鹅”字尚未写完之时，突然皇帝驾到。王羲之连忙前去跪迎皇上，而“鹅”字的剩下部分则由他的儿子王献之代父完成的。

就这样一个“鹅”字，凝聚了王羲之父子两代人的才华，这段历史就被后人传为佳话。

为了再现书圣王羲之爱鹅的历史，我们在鹅池中放养了几只白色的鹅，为园林增色不少。

兰亭前地面铺有黑白石子组成的兰花图案，我在亭前布置了曲折的小溪，清流萦绕，人们可以列坐其间，享受临流觞泳之乐趣。集王羲之字“流觞曲水”刻于石上，溪流两侧广植竹丛，以再现《兰亭集序》中“有崇山峻岭，茂林修竹，又有清流激湍映带左右”的环境特色。绍兴兰亭有王羲之祠，中有墨池，上建墨华亭，今取“墨华”两字刻于石壁。另一处石壁上刻乾隆游兰亭即事诗。在山石壁上还镌刻有不同版本的兰亭集序以供游人欣赏。墨池后面建有3间具有绍兴民居风格的建筑，名为“群贤毕至”馆。

4）独醒亭

独醒亭也是重点设计的亭子之一。

这是一座六边形的亭子。亭内设有连在一起的长排座椅，六面形一边有多宽，座椅就有多宽，为了让游人在休息时能完全放松，全部座椅都设置了美人靠。

独醒亭有两块匾额，其中一块由著名的文学家茅盾先生题写，而另一块则由中国著名书法家赵朴初先生题写。

独醒亭，纪念的是战国时期楚国的伟大爱国诗人屈原。他由于遭受谗言，被迫害，放逐到了沅湘，因悲愤交加投了汨罗江。他生前所著的诗篇《离骚》是中华历史文化的瑰宝。

在汨罗江畔，有一座渡盘亭，屈原曾在此与在江上的渔父交谈过。因此，后人将此亭改为了渔父亭。之后，人们为了纪念屈原，取屈原《楚辞・渔父》篇中的一句诗词：“举世皆浊我独清，众人皆醉我独醒” 的诗意，将渔父亭改名为独醒亭。

为了让屈原永远与独醒亭以及这一历史名言紧紧联系在一起，我在设计这里的假山时，将山顶设计成形似屈原的头部的造型，山体设计成形似屈原身体的造型，山与雕塑结合，表现屈原的伟大和气势宏大，再加上水边建有的“独醒亭”，以及亭中刻有的诗句，实现了将屈原与“独醒亭”及诗句融为了一体的设计意图。

在对华夏名亭园的整体构思设计中，我们紧紧围绕着从历史名亭引出历史名人，又以历史名人引出历史人文故事，最后实现从历史人文故事引出中华博大深厚的历史文化这条主线，表现了突出亭文化的这一设计原则。

实践证明，无论是以名亭引名人、引故事、引文化，还是对山水地形进行微缩，我们对总体设计思路的把握是正确的。华夏名亭园建成后，引起了很大的社会反响，得到了业内专家、学者、领导的一致好评和市领导的肯定，也受到了广大市民和旅游者的喜爱。

后来，有人写了这样一首诗：

寻仙览胜何远求，华夏名亭最风流。

未饮白翁家酿酒，陶然山水醉悠悠。

醉翁亭

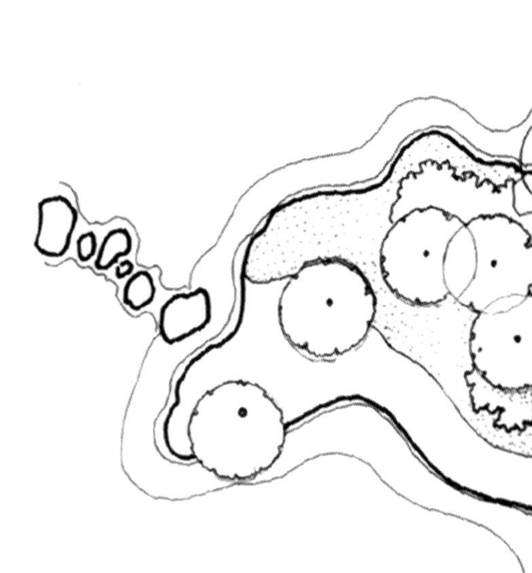

兰亭

T.X.

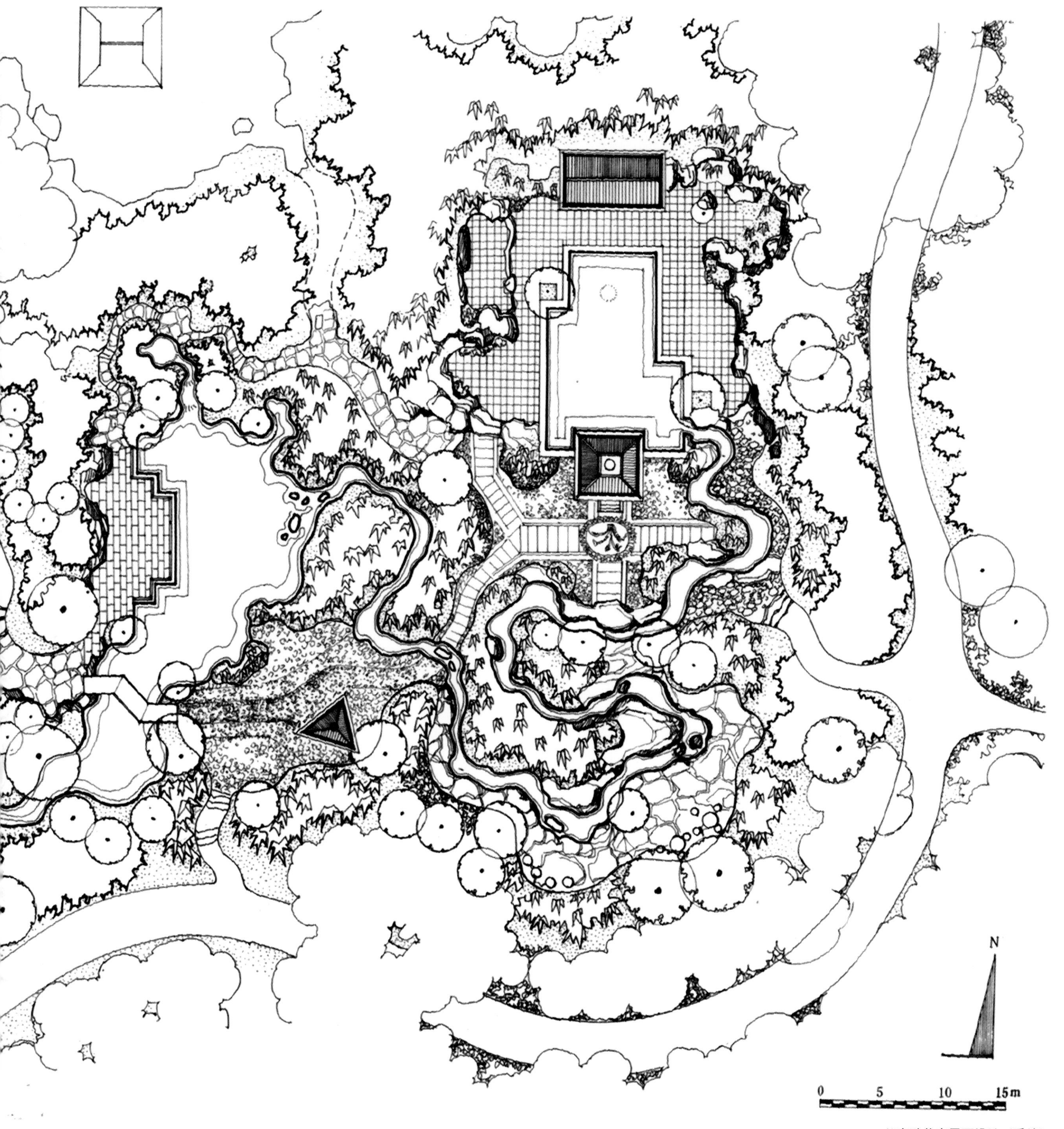

兰亭醉翁亭平面设计（手绘）

二泉亭

鹅池

浸月亭

吹台亭

少陵草堂碑亭

（2）紫竹院筠石苑——与建筑师金柏苓的成功合作

1986年，我们设计院刚刚完成陶然亭的华夏名亭园的设计后，马上又承接了紫竹院公园筠石苑建设。这是我和著名建筑师金柏苓合作的项目。

紫竹院公园，在历史上原本只是一个蓄水用的湖，元朝时所修建的官粮运河在此处经过。到了清朝，在湖的东侧修筑了长河宫，在西侧则修筑了万寿寺行宫。在湖的北岸有一座福音紫竹禅院。新中国建立前夕，这里已变成了农田。1952年人民政府在这里挖湖堆山，才有了紫竹院公园。

筠石苑，面积7hm²，位于紫竹院公园的长河以北。这座公园的总体设计构思是以竹为友，突出竹文化的风韵与特色，要将江南水乡翠竹之美展现给北方的广大游人。

这里原来只是公园的花圃和养鱼池，地势高低不平，为了取长河水入园和造景的需要，我将地形做成缓坡和山丘。筠石苑主要是以休息、游览为主，以竹文化为主题的园中园。里面共有10处景点，即清凉罨秀、友贤山馆、江南竹韵、斑竹麓、竹深荷静、松筠涧、翠池、绿筠轩、湘水神、筠峡。

筠石苑以竹、石、水面和轻巧的建筑穿插于起伏的地形之中，形成一组优雅的园林。在筠石苑建设过程中，引种了近30万竿竹子，这在北方园林里是极罕见的，游园时令人有身处南国竹乡之感。为了进一步强化这种情趣，在构思筠石苑的建筑时，我进一步采用南方传统建筑的形式或以竹质材料作为建筑主材。真实地体现了江南水乡的竹景观和竹林美景。每一处景观都有自己的特色，都被赋予了一定的主题，步移景异，让人一路走来，不仅能够欣赏竹文化景观，还能体会传统文化底蕴。

1）斑竹麓

在这一景观的创建中，我和雕塑家一起创意了两位美丽、年轻的中国古代女子，头戴着南方的竹斗笠。她们就是传说中大禹的两位妻子娥皇和女英。

“竹”字的草书“⺮”字头，正好形似两个妻子头戴的斗笠，而“竹”字下方的两个“丨”正好形似两位身材婀娜的年轻女子。以字代人的这个创意，将景区中的斑竹及相关的故事，巧妙地加以联系，为这一景区增加了人文故事、历史色彩与纯洁的爱情传说。由此斑竹麓景区成为竹文化景观的写真，在赏景中给人留下更为深刻的记忆。

2）竹深荷静

这是一个秀美清新的景区，原有两个长方形养鱼池，利用这两个鱼池扩建为一个湖。巧借湖东岸形成的3m高差，借天然优势，用山石堆砌，形成了护岸、壁山、洞穴。让水流沿着婉转曲折的山石小渠，顺势而流，水声轻盈，浪花翻腾，清美绝幽，别有一番风韵与情趣。

松筠涧是这里的景中之景。山石之间的翠竹与油松交织在一起，不但深绿与浅绿、松针与柳叶互为对比映衬，各种植物在空间高低错落，更显示了植物色调和层次的丰富与美感。

3）友贤山馆

筠石苑中有一个400多平方米的园林建筑小院落，名叫友贤山馆。主要功能是在丰富园林景观的同时，为游客提供一处休憩的场所。

在对这里的构思设计中，强调了环境的幽静、建筑和设施小品的独特美感、交通和甬路的便利，院落内部不论俯仰，要处处有景可观。为此，建筑师调动和借鉴了多种中国传统园林建筑形式：厅轩、游廊、桥廊、曲廊、粉墙、洞门、云墙、院落、山石、石笋、青石板、壁山石画等，又有竹榭、竹亭、竹桥、芦苇、毛竹、竹文化景石等多种以竹材料为主的园林小品，再加上以松竹梅为主题的植物的配置，来到这里，从冬到夏，恍若江南。十足体现了江南园林的清幽与文雅，蕴藏着丰富的竹文化内涵，成为紫竹院的一个著名景区。

4）江南竹韵

这个景区，从功能上讲，主要是为给竹子生长营造更好的生态条件，从文化上讲，是要使紫竹院的竹文化形成自己的特色。基于以上两个方面，我当年在这里设计了沉园、巴山凝翠、云梦湘妃、三友观瀑、汶上风篁等多个景点。可喜的是，经过紫竹院公园的多年持续维护和不断提升，现在的景观质量已经是非常好了。景区内青石板铺地，泉、溪、潭、瀑环环相连，多种著名观赏竹形成了优美而特色鲜明的小景点，竹品种多得数不胜数，有巴山木竹、斑竹、罗汉竹、盘山松、箭竹、金镶玉竹等，这些名贵品种与梅、松和其他植物搭配构成的美景，更是令人称奇。人行其间耳听流水潺潺，眼观竹木森森，顿觉神清气爽，如入山林。其曲折萦回、幽静雅致，真仿佛使人置身于秀美的江南。

应该说，我和紫竹院公园有着相当的缘分。北京古建园林设计院是与之毗邻的单位，而从1979年一直到1993年，我在此工作了十几年的时间，不仅在生活上朝夕相处，还非常荣幸地先后几次参与了紫竹院公园的景区设计工作。除了筠石苑外，我还在1998年，主持设计了东门区大草坪的景区改造项目，设计了近万平方米的观赏草坪，保留水杉、白皮松、雪松等观赏大树，成为北京市少有的展示疏林草地的园林景观，令人耳目一新，至今仍然深受老百姓的喜爱。在2011年，我又主持设计了大湖北区的环境改造项目，这是以建于明代盛于清代，复建于当代的皇家佛寺（道观）福荫紫竹院为主要景点的区域，通过绿地植物调整，增加园林设施，调整游览线路等使大湖北区的景观质量得到了很好的提升。

多年以来，因为工作和一些会议的关系，我还是经常去紫竹院公园。那里的领导，那里的职工，还有那里的山山水水、一花一木，我熟悉和喜爱的东西简直太多了！尤其是当我作为游园者，看到在这里唱歌、跳舞、游览和休憩的人们，就会从心里涌现出无比的欣慰与感动。听说，现在紫竹院的竹种和数量又增加了很多，竹名声已经赫赫在外，环境也越来越美。这是每一位领导和全体职工多年苦心经营管理的成果。是的，我是将自己毫无保留地奉献给了紫竹院公园，而紫竹院公园所给予我施展才华与能力的机会，也将是我心中永存的感念！

友贤山馆

友贤山馆庭园

友贤山馆庭园

从北京图书馆俯视筠石苑

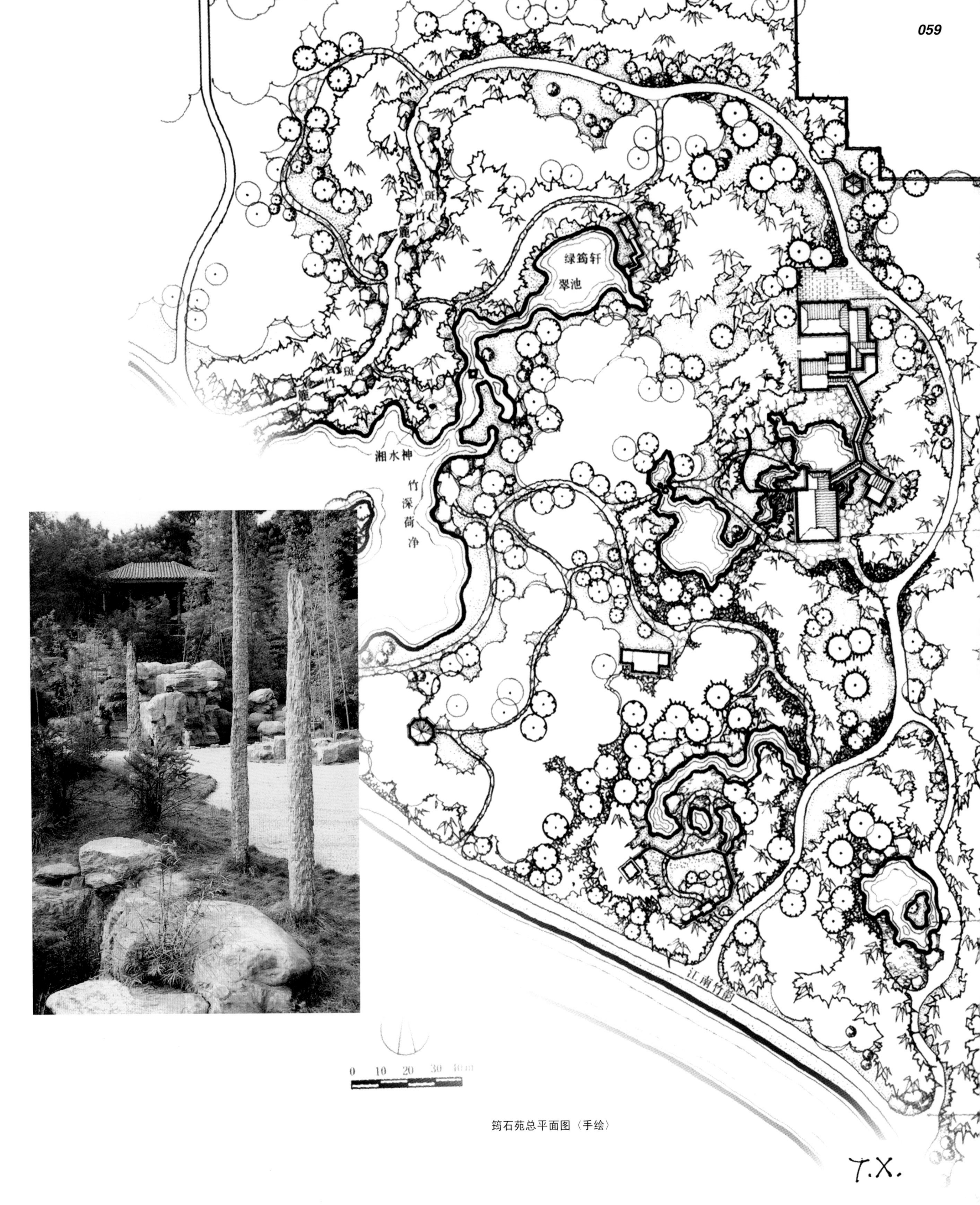

�石苑总平面图（手绘）

友贤山馆杏梅柳雨

竹深荷静

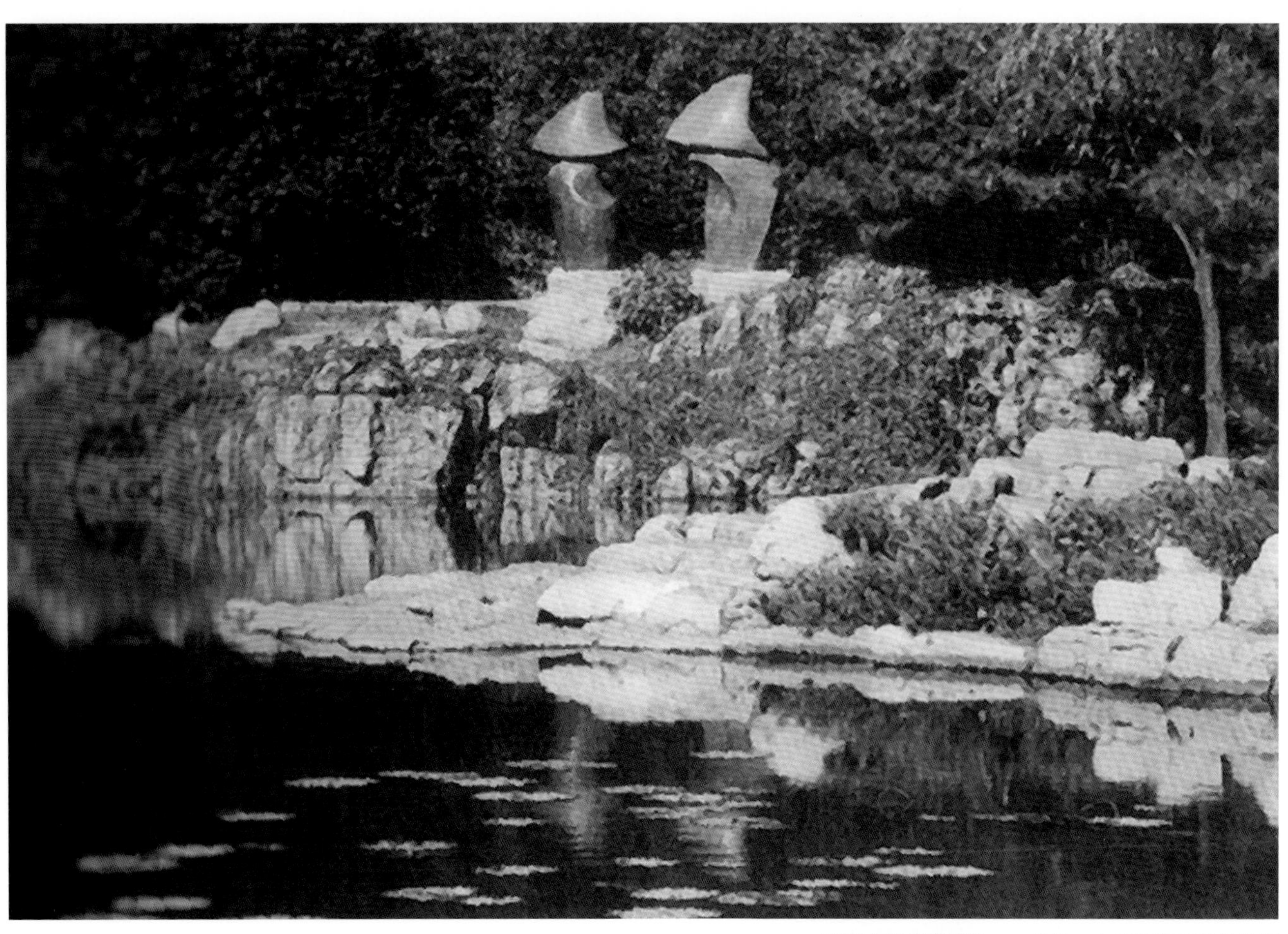

竹字变形创意雕塑——娥皇、女英的斑竹麓的故事

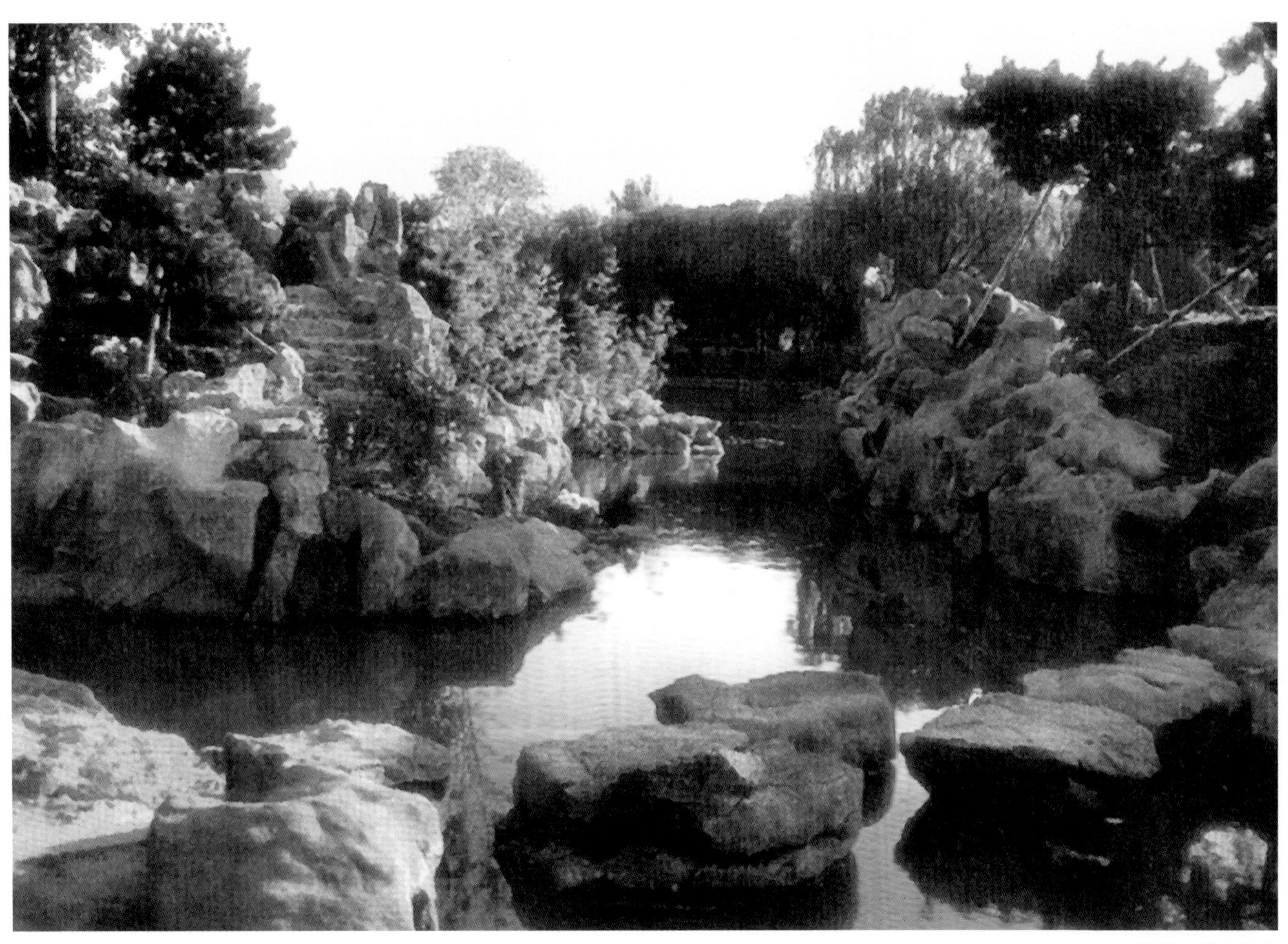

松�洞叠石艺术

（3）北京植物园——专类园的魅力

北京植物园，坐落在海淀区香山公园和玉泉山（西山卧佛寺附近）之间，是一座以展示我国华北、东北、西北地区植物资源为主，并进行相应的科普、科研工作的植物园地。1956年建园，它的展览部分主要由树木园、专类园和展览温室组成。在20世纪80年代初期，植物园整体状态还是比较落后的，植物和园容还不能做到以美来吸引人。当时，植物园种植了2万多株树木，但是很少有人来“看树”，公园的经济状况很差，于是，植物园领导小组提出“如何把植物园救活”的要求，我们吸收了国外的专类园的设计手法，集中表现植物的花季的美感，用此来吸引游人。在我国古典园林中也有牡丹园、梅园等的花卉专类园。

1）牡丹芍药园

牡丹园是个简称，实际上是牡丹芍药园，占地大约7hm^2。在当时北京城区的中山公园、景山公园，其他城市的植物园中都有牡丹园的情况下，北京植物园要建设这样的专类园，就要表现出独特的风格和特点，因此这个园的立意是：在自然优美的园林怀抱之中，包含着丰富多彩的牡丹品种，不开花时，以牡丹仙子雕塑和聊斋故事的壁画墙来丰富平时的景观。

植物园地处北京西山风景区，附近山峦起伏，自然植被丰富，具有郊野公园的尺度和条件。因此，整体构思就是要与大环境的统一协调。牡丹、芍药作为专类花卉，以盛开一时为其特点，平时，还配置了不同季节的开花灌木，虽然说是配景，但却起到提升整体景观质量的作用。

牡丹园的用地现状是北高南低、西高东低的台地，场地里不仅有百年国槐和白皮松，散植20cm胸径的油松，中部还有一座古墓。设计利用了台地的开阔平坦，创造了缓坡地形，修建了错落矮墙，获得了更多优良小气候环境，梳理了大面积列植、丛植常绿树，为牡丹和其他开花灌木的种植辟出了光照。在疏林下种植牡丹，既保留了大树，又利于牡丹生长。

我运用了传统造园手法，以植物为主题造景，组织不同的空间，诱人深入，逐步引向高潮，给游人留下美好印象。

南入口作为主要入口，必须有一条供运输的道路在此穿过，比较煞风景，为了突出作为入口的氛围，我决定把道路南移，保留了路边的古槐并将其作为主景，在其右前方，设计了一个诱导性标识——天香亭。亭子周围种植牡丹和芍药。原来亭子后面有大量的白皮松，透视过去，不仅会冲淡入口的气氛，而且会因景观一览无余而令人了无兴味。为此，我在亭子后面选用了丛状锥形树冠的植物与一些白皮松，使用障景的手法呼应了入口第一空间。

转过障景，可以沿小路欣赏牡丹、芍药，前面是一片白皮松林，为了彻底改变墓地的印象，在坟头原址不设主景，而是把景观分设在轴线东西两侧，东侧为双亭。白皮松林下种植了草坪，一条小路蜿蜒直至双亭。由亭西望，一株古松与西山远景构成了生动的画面，这就是白皮松林为主，林缘花境点缀牡丹芍药的第二空间。

绕过双亭，山坡上盛开的牡丹丛中有一仙子坐落其中，背景配置了修竹、红叶李、洒金柏等色彩丰富的植物，沿曲折小路走上山冈，令人豁然开朗。在一片开阔的平地上，近千株牡丹展现眼前。以自然手法种植的牡丹，在这里形成了高潮。

牡丹园地形起伏，布局精巧而自然，栽植形式多种多样，散点、盆景、带状、大面积片植等等，再加上配置的大乔木、花灌木以及常绿背景，形成了具有郊野情趣、品种最多、规模较大的植物园牡丹园。

现在，共种植了大约5000株牡丹，品种有285个之多，芍药2300多株，品种有180个之多。姚黄、魏紫、梨花雪等名贵品种这里都有。

在园中，最有纪念意义的一景是“天香亭”边的汉白玉栏杆，由于资金不足，做不起新的汉白玉栏杆，于是我们到各公园中去搜集文革反“四旧”时散落在各处的汉白玉栏杆，把它们拼凑在一起，做成现在平台的围栏。至今，仍然可以看见栏板样式各不相同，望柱有莲花形、云纹形还有龙纹形，不少人问起怎么会这样，我说，这可以说是节约低碳的典型。

2）碧桃园

碧桃园位于主要游览线的东侧南端，面积只有3hm^2多一些。全园布局为自然式，东南假山一侧有双层六角亭，与牡丹园、沉香亭呼应，西北方向的远山环境，形成了广阔的绿色空间，中心大草坪舒展开朗，四周树木成片，道路透迤，花团锦簇。碧桃在北方是有很高观赏价值的庭院树木，每逢春花怒放，鲜艳无比。当时栽植了品质优良的碧桃2000多株，其中还点缀了榆叶梅、海棠、连翘等。这个专类园的特点也是具有相当的尺度，与周围自然郊野的环境相协调，显示出与市内公园迥然不同的植物大景观的风格。对于配景树的选择，我也要求既能突出碧桃特色，还要四季有景可赏。

这两个比较完整的植物专类园建成以后，综合效益尤其是经济效益日益突出，其中碧桃园，在1989年开始举办北京桃花节，至今已经举办了25届，成为北京市民春季观赏桃花的特色场所。初步建成以后，我们又迎来了国家经济形势的迅猛发展，桃花节更加形成气势，品种和数量不断增加。现在北京植物园已经位居世界先进行列，每年的桃花节，更是北京的赏花盛事。这个项目先后在1986年和1987年分别获得了城乡建设优秀设计优质工程二等奖和全国第三届优秀工程设计银质奖。

园林的发展需要经济的投入与支撑，同时，园林也能创造更多的经济价值，这一点，相信我们会在今后的生态文明建设中看得更加清楚。

牡丹仙子及牡丹形式的月洞门

牡丹仙子

“聊斋”中的牡丹仙子故事壁画

原牡丹园东入口，“天香亭”和多式样的汉白玉栏杆

30年后牡丹园盛况

林下牡丹园

现在的牡丹园入口——天香亭广场

30年后的碧桃园

建园初期的碧桃园

30年后的碧桃园

30年后的碧桃园

30年后的丁香园

（4）亚运会场馆——城市公共空间绿化

1990年，亚运会在北京举行，这对于北京是一件面向世界的大事。当时，我们国家的国力不强，资金也有限，但大家决心要超过上一届“汉城”（首尔）举办的水平，要拿绿化美化金牌。我在亚运会绿化总指挥部负责绿化美化的设计工作。当时的目标是要求做到“三高三新”，三高是指高速度、高质量、高水平。达到这“三高”，就必须有“三新”，即设计要有新创意，施工要有新方法，灌木要有新品种。

当时各方面条件都较差，交通没有小汽车，电话也不是每家都有。但那时的干部都能做到为了工作不计时间，不计报酬。我那时的月工资不到70元，家里有90岁的老父亲和两个上学的孩子。我在设计院带着大家做设计的同时，还要管理亚运场馆的绿化设计。我记得，有几次刚回到家，系上围裙正要做饭，指挥部派人来说：“现场有问题，请你赶快去。”在那时，我给孩子留下的印象是：“妈妈特别忙，晒得特别黑，管不了我们。”后来他们上了大学时，曾对我意味深长地说过：“妈妈，我们是自学成才的。”这些事，我至今仍记忆犹新。

各大场馆绿化设计的要求是，既要继承中国园林的传统，更要根据体育场这种特殊的建筑形式刻意创新。当时，奥林匹克体育中心、亚运村花园、丰台体育馆、石景山体育馆的设计都比较有特点。我亲自负责设计的奥体运动中心，是最大的场馆，在建筑师的总体把控下，空间系列、空间特点、从平面到立体都很有现代意识。只要了解总建筑师的设计思想，就会相应产生有现代感的绿色空间、水的空间、建筑的空间。由于我有与几位国际建筑大师和国内著名建筑大师合作的经验，我与奥体运动中心的总建筑师—马国声，配合得也很默契。

设计过程中，我也有不同观点。在奥体运动中心，从入口到场馆，到水池，再到出口，一系列景观轴线的对景上，都是建筑和硬质景观，只在一个花坛里设计了一只吉祥物—大熊猫。如果能把景观轴线在1～2处设计为对着树林、草地的绿色空间，那么景观的节奏变化以及绿色视野就会更能使人产生贴近自然的感觉，使运动场置于绿林草地之中。

大家评论说，奥体运动中心的园林设计线条流畅，手法简洁大方，色彩强烈，图案创新，大色块与大树林形成强烈对比，运动员一进场馆就会感到精神振奋。

亚运村花园，最后决定设计成中国式花园，并留出了一块大草地。对于外国运动员来说，北京亚运花园，理所当然要具有中国北京的特色，创新式的花园不一定合适。

亚运会的召开，对于园林行业是个难得的机遇。我们抓住了机遇，胜利完成了任务，并取得了对现代体育场馆绿化设计的经验，对城市道路绿化也提高了一大步，更重要的是培养了一批优秀人才，他们在日后北京奥运会的建设中，起到了中坚作用。

北四环路边的场馆景观

奥林匹克体育中心全景俯视图

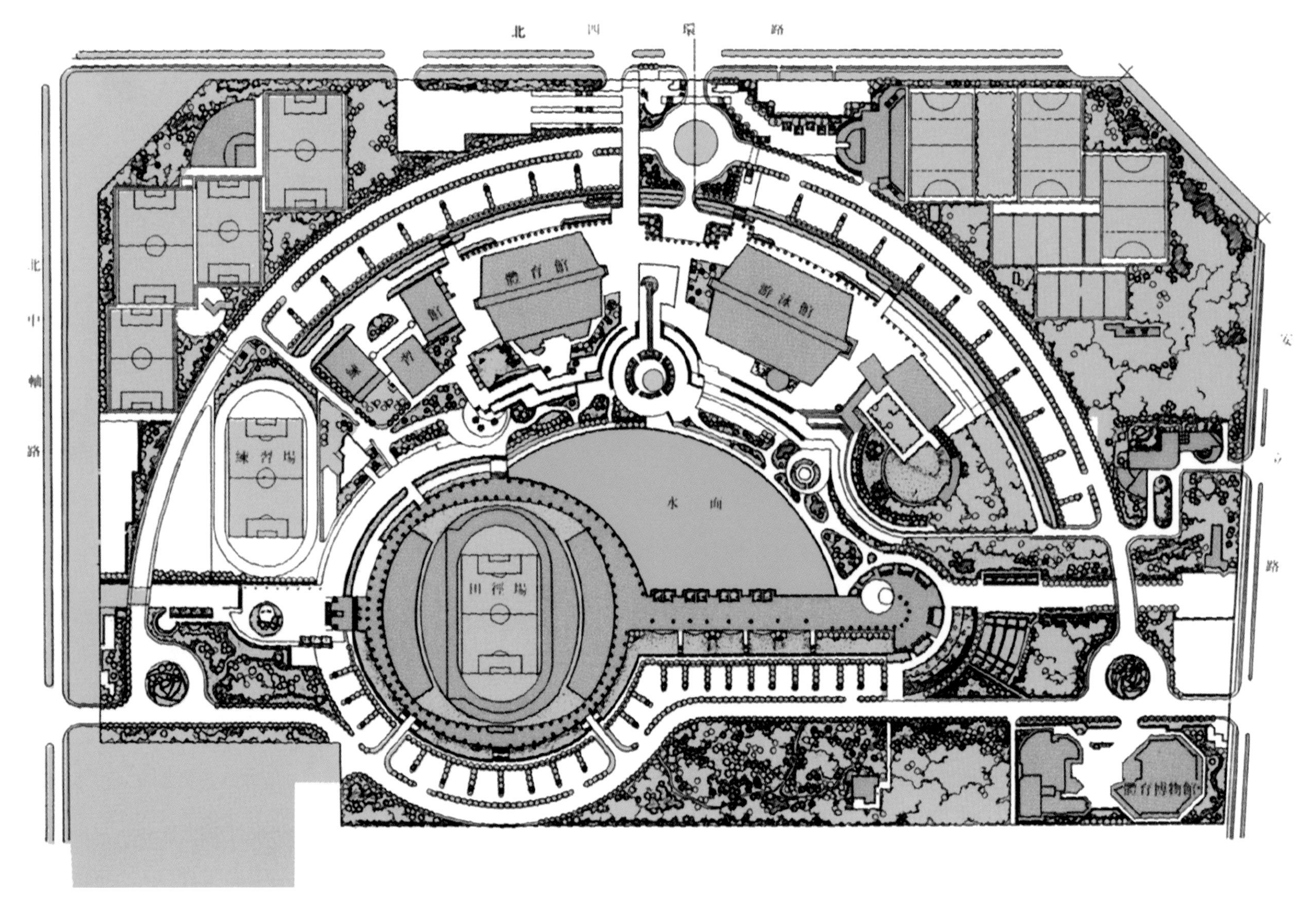

奥林匹克体育中心总平面

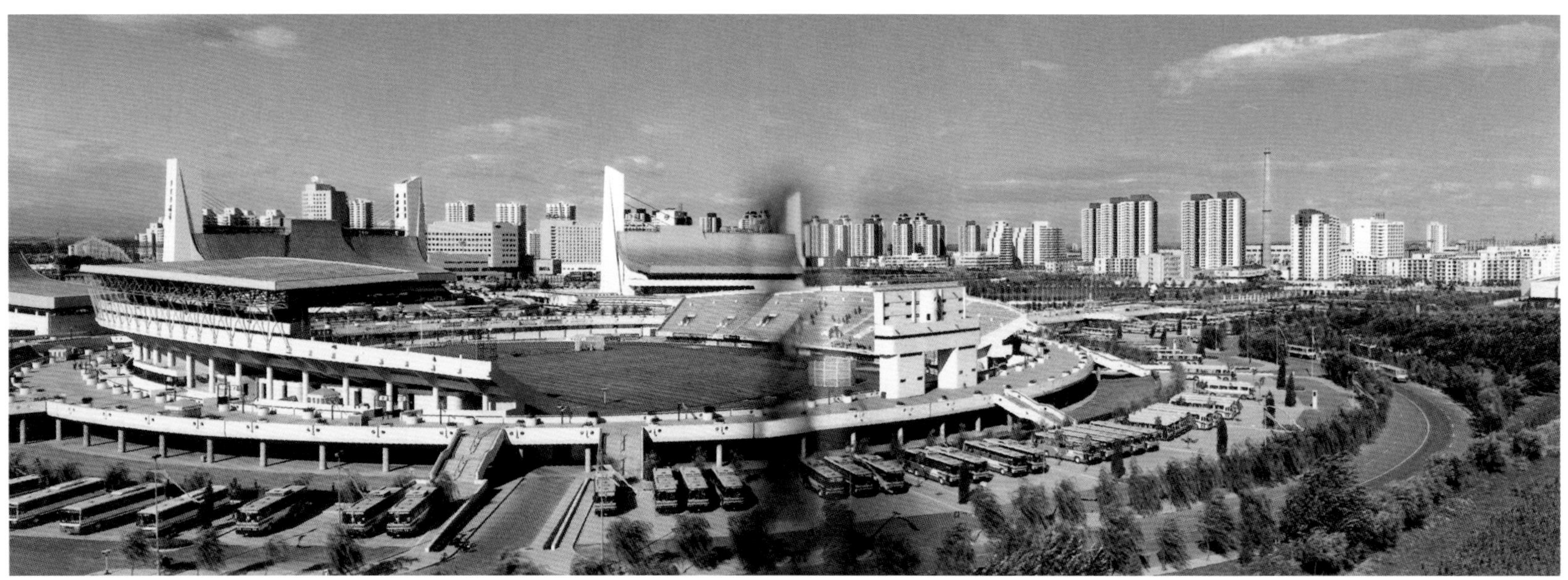

奥林匹克体育中心鸟瞰

工体北广场

日本天华园全景

（5）向国外输出的园林项目——设计院整体水平的体现

建于日本北海道登别市的天华园，是我在园林古建设计院时参与的较大型的综合性园林建设。这个项目面积有4万㎡，原址是一个背山面海，有一些谷地的山林。应日方邀请中国的园林及建筑专家及施工队伍，从1991年开始，经过一年多的时间建成。

日方要求在这里展示中国各种类型传统建筑艺术以及山石艺术和造园理法。因此我们设计了五重宝塔和泉院茶室，还有买卖街，并利用地形依山堆置了大型假山。

在此之前，我们曾在日本新滨建造了以宣扬长寿养生理念的天寿园。

这一时期由建设部领导的中外园林建设总公司，在世界各地建造了许多相差不多的小园林，北方皇家式的、南方苏州式的。对此，我的感触是还是在吃祖宗饭，抄袭、克隆，很少或不能改变。中国现代园林还没有被世界承认的代表模式。也就是说，在我们继承遗产、学习传统之后，还需要发展，需要走中国现代园林的创新之路。当时的园林设计，处在一种在局部有创新，但总体上难产的状态。

事情也有例外。我曾在玉渊潭公园设计过一座儿童游戏场，其中有一个智慧树，设计得很有趣味，具有新意，不论外形还是尺度以及色彩，都很吸引人。一棵大树，下面有个大树洞，孩子可以爬进去，顺着楼梯爬到树顶上的“森林小屋”，然后，可以沿着两侧滑梯从树上滑下来，在大树的后面，还有一座悬索桥，有一点惊险，不但孩子们喜欢，就是成人，也会感到其中设计的新奇。就是这样一个小设计，被国家外经委发现后，居然带着几内亚总统的夫人来这里参观。总统夫人参观后，非常喜欢这项设计，他们决定也要为几内亚建造一组类似智慧树的儿童游乐场。为此，我们被派到非洲，为几内亚儿童建造了十二月公园。移植过去的智慧树景区同样受到了非洲小朋友的喜爱，并成了中国与几内亚友谊的象征。这使我感到，我们的设计，只要有思想创意，能够结合时代需要，就能够成为为更多人服务的新的园林产品，也可以被世界其他国家和民族所接受，这其中的关键在于是否能有成功的创新。

创意智慧树，出口几内亚

在非洲几内亚

小卖部
龟兔赛跑
袋鼠觅子
母子猴
森林小屋
十二生肖
N
0 10 20m

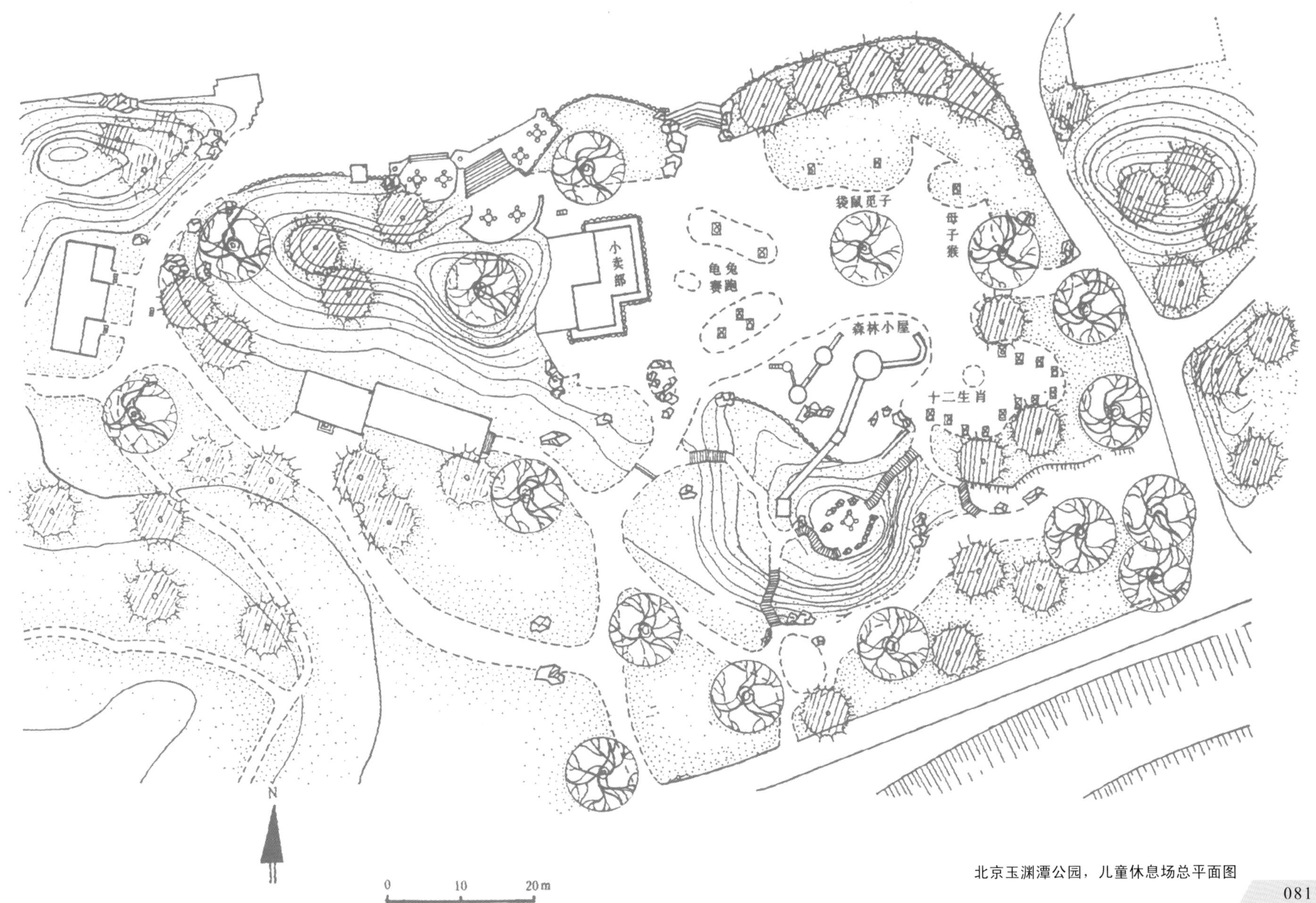

北京玉渊潭公园，儿童休息场总平面图

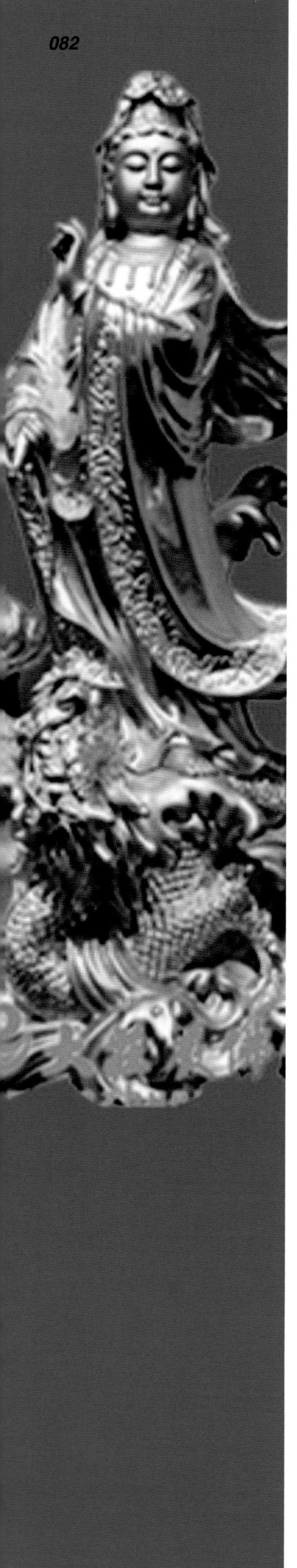

2. 我的自知之明

香山饭店庭院绿化设计的成功，使我在园林设计方面迈上了一个新的高度。

当时，我的行政职务已是副院长，技术职称是教授级高级工程师，获得了全国绿化劳动模范的荣誉，受到国家与北京市多次嘉奖，作为有突出贡献的专家，享受国务院的特殊津贴。可以说，此时我的职位、荣誉、地位、个人待遇都已达到了单位里的最高点。如何再向前发展？可能只有到更有实力的大型国有集团或世界著名跨国公司了。园林设计这个行业与专业，要调往那些世界级、国际级的大型集团公司是不现实的，因为事实上根本不存在那样的大型公司。另外，更重要的是，1993年，我的年龄已经快要接近国家规定的女性法定退休年龄了。

1993年9月份，距离我55岁正式退休还差3个月。

我的人生走到了一个十字路口。孔子曰："五十而知天命"，也就是说，人到了50岁时就可以有自知之明了。我知道自己的精力十分充沛，思路也很清晰，即便到了60岁，70岁，甚至是再大年龄也一定会继续不停地工作下去；我也知道依靠自己的能力与经验完全可以独立挑起一份事业，我想通过自己的勤奋与努力创建一家公司，从而使自己的人生更丰富，更精彩，更完美，更有意义。因此，在离退休的日子越来越近的时候，辞掉公职，自己创建公司干一番事业的想法也越来越强烈了。

就在我想主动找院领导谈出我的想法之际，不料领导却先找我谈了话。院领导正式告诉我，先让我当几个月的院长顾问，然后等几个月再当总工程师，行政级别由副处级提升为正处级，退休年龄可从55岁延长至60岁。

这样的消息，对于一般即将退休的女同志来说可是天大的喜讯。但我当时并未这么考虑。我想既然决心要创办自己的公司，那么一旦正式退了休，一个退休人员的身份与地位将会有质的下降。试想，一个退休人员能与我主动从我现在这样的位置上退下来同日而语吗？要干一番事业就要从自己的最佳状态的时候开始，这样就会有一个好的起点，会使事业成功的概率更多一些。在关键的时刻就要"舍得"，于是下决心"辞职"。

那时的思想也有矛盾，工资、待遇和升职，组织上也算仁至义尽了。走，还是不走，去问谁呢？找领导，他们能理解我吗？

（1）求人不如求自己

就在这左右为难，举棋不定的关键时期，有一天我在一家理发店理发时，偶然从一份顺手得到的《北京晚报》上看到了一幅漫画，上面画着一个观音菩萨，她手里拿着净瓶，有人就问观音菩萨："您为什么不叫身旁的童男、童女来拿呢？"观音菩萨回答道："求人不如求自己。"

看了这幅漫画，我茅塞顿开，思路豁然开朗。"对呀！求人不如求自己。"

想明白这个重要道理后，我认真、仔细回忆了自己在古建设计研究院的经历。我在古建院拉的是"大车"，每年要给设计院创造几百万元利润。那么我自己开一家小公司，带着几个人，拉小车，每年盈利几十万元总是有把握的。几个人每年几十万元是足够这家小公司生存与发展了。想到这儿，我终于结束了迟疑与摇摆，坚定了决心。于是，我就将辞掉公职自己办公司的设想首先与爱人谈了。

我爱人在大学中担任过系领导，长期在国有体制下形成他的思维模式。因此当他听到我的想法后，几乎吓了一跳。

我丈夫是一位很有修养的知识分子，他虽然不同意我辞掉公职开公司，但仍然通过讲道理的方式，对我进行耐心的说服。他说，你马上就要退休了，辛辛苦苦工作了一辈子，不就等着老了能拿到退休金，安享晚年吗？再说，国家劳模退休金还可以按100%的比例领取，你另外还有国家的津贴，医疗看病、住院的报销，特别我们还有两套单位的公房，你是否想到，这些你一旦辞职后都将失去，到那时，你该如何应对？又将如何承受？说实际一些，我们将如何生活？你将目光再放宽一些，看看社会上的众多女性，她们千方百计都想早一些退休，在家抱孙子，也不用起早贪黑地去上班了。

最后，丈夫语重心长地对我说道，你的专业水平很高，能力很强，精力也十分充沛，这些都是事实，因此，你开公司是有一定基础的。但是，你就是真的要自己开公司，也一定要等办理了正式退休手续，拿到了退休金之后再干。你有了退休金，有了医保能看病、吃药、住院，这些可解除你的后顾之忧。这时你再去干自己的事业，就会增加保障，减轻压力。

丈夫有丈夫的道理，我也有我的理由。我给他算了一笔经济账，当时我的工资外加各种津贴、补助一个月是1000多元，在20世纪90年代初，这个收入还是很不错的。1年的收入就是1.2万元，10年就是12万元。凭自己的能力、经验与吃苦耐劳，一年挣12万元应该不会很难，我一年就可挣回10年的收入，还怕失去现在的工资、津贴、补助吗？就算没有看病的医疗保障，1年有10多万元，自己也能支付得起医疗费用。至于这两套公房，我也认真想了，我为设计院、为国家做了这么多贡献，创造了这么多财富，他们也不会马上收回这两套房子。等我的公司办了起来，手头有了钱，我自己买了房子，就将公房还给原单位。我的这一席话，基本上将丈夫说通了。

爱人对我辞职开公司基本理解后，我的心情轻松了许多。爱人的理解对我非常重要，俗话说“家和万事兴”，后台稳定了，开公司就有了条件。

（2）我的举动引起的震动

做通了爱人的工作后，我立刻写了一封辞职书，并很快递交给了院领导，我不仅递了辞职书，而且从递辞职书这天开始，就不再到单位去上班了。我的这一举动，使整个院里一片哗然！

我的北京林业大学的老校友、北京园林局老领导、北京市园林局常务副局长张树林知道此事后，出于多年校友、同事之情，关切地对我说：“檀馨，再过2个月，到9月份就要调升工资了，你无论如何不能放弃这次机会，即便真要走也一定要等调完工资后再走。”古建设计研究院的老院长也关心地对我说：“我在这里当院长，还有你们几个好帮手，你一个人出去，单枪匹马，怎么能行呢？要成就一番事业，没有好帮手，独木难支啊。”

我主动提出辞职，在设计研究院领导层引起了很大的震动。这样一位优秀的同志要求辞职，上级领导必然会认为院领导在工作中可能有问题，使檀馨工作不舒心，所以才会提出辞职。因此，院领导感受到了很大的压力。为此，上级领导经过研究，决定将我提升为北京市园林局副总工程师，升为正处级，以此来挽留我。

但我此时去意已定，就是让我当局长，我的心也已无法再留下来了。

面对这一僵局，设计研究院领导还是十分智慧的，最后想出了一个折中办法，给我办理了提前退休手续。僵局终于打破，矛盾也得到了化解。

但在后来我开办公司的实际运作中，特别是公司开创的初期，还是发生了一些不愉快的事情。但从今天来看，这些都只是历史了，一切的恩怨早已消散。

3. 创建公司初期

（1）预料之中的阻力与误解

20世纪80年代末，中国改革开放刚起步不久，国家经济整体上还很穷。我的一位小学同学沈凤鸾当时正担任国家旅游局副局长，这是一位能干的女同志。当时，国家财政吃紧，办许多事情都没钱，但有钱要干，没钱创造条件也要干，就像当年大庆的铁人王进喜，有条件要上，没条件创造条件也要上一样。国家此时非常鼓励和重用有这种能力的干部。

此时国家旅游局要在北京朝阳区外国大使馆较集中、外国人活动较频繁的地区建设并完善国际旅游设施，其中亮马河饭店就是一项主要工程。要建高档次、高质量的饭店，屋顶花园一定要有。要建屋顶花园，她遇到了两大难题，第一是必须有高水平的设计师，第二国家暂时不能支付设计费。这位沈副局长很快就想到了我。

她想：从能力和经验上看，应当非檀馨莫属，她有与国际著名建筑大师贝聿铭成功合作的经历。只是也许不支付设计费，檀馨能同意吗？抱着试试看的态度，沈凤鸾找到了我。让她不曾想到的是，我毫不迟疑地一口答应了。

在改革开放初期，国家百废待兴，各项建设急需上马，但国家经济又有困难。实际上，在这一时期，我为许多地方与单位的园林工程都进行了义务设计，今天老同学求上门来，哪有拒绝的道理呢。

在我的精心设计与认真指导下，亮马河饭店屋顶花园顺利建成。一下子提升饭店的品位和环境质量。沈凤鸾对此万分感激，特别对我为帮助朋友而不计报酬的做法十分愧疚，总感到欠了我许多说不出来的东西。

就是这样一件光明正大、无私磊落，应该表扬嘉奖的好事情，却被某些人抓住大做文章，想方设法，制造问题，让我在市场上不能生存。他们为此成立了专案组。他们设想，怎么可能不收设计费呢？这笔设计费肯定是被檀馨贪污了。

他们完全靠主观想象、判断与推测，就草率立案。我个人认为，事实总归是事实，不实事求是的作法是不可能达到目的的。

最终，沈凤鸾副局长向专案组澄清了没支付设计费的事实，并且提醒他们，不能再以这种方式对待一个好同志。

（2）终于获得了设计资质

亮马河屋顶花园设计风波刚刚结束，有些人又对我们公司申请设计资质设置障碍。

那时，我尚未取得设计资质许可证，因此，任何面向社会的园林设计都属于非法。

因此，申请设计资质是我们公司生存的关键，当时有的人向勘测设计处间接举报我们公司没有设计证，违法搞设计，而且纵容年轻设计师搞业余设计。这两点，对于申请设计资质的单位，都是最要害的问题。

在当时改革开放的大环境下，私人办公司是顺应历史潮流的新事物，所以，我的举动得到了市政府规划局勘察设计处的领导与许多同志的理解支持。他们说，檀馨虽然还没有取得设计资质许可证，但她的设计水平比一些有甲级资质的设计单位还要好，当前业余设计不能成为理由，他们决定越过丙级，直接批准为我们颁发了乙级设计资质。

这个设计资质来之不易，其中包含了勘察设计处、行业内部、规划局，市政府领导对我的信任与厚爱。对此我暗自立下志向，一定要干出一番成就，一定要让公司发展成长起来，也一定要为北京市与国家作出贡献。

就这样，在我将近55岁该退休的时候，以孔夫子“五十而知天命”和观音菩萨的“求人不如求自己”箴言，舍弃了不适合自己的仕途，选择了最适合发挥自己才能的道路。经过我们的努力和奋斗，2006年，我们的资质又晋升为风景园林甲级。这一干就是20年。

不作月亮的檀馨——中华英才

4. 公司的发展和我的经营谋略

（1）以诚待人得到的回报

1993年，是创建公司的第一年，我先是在“国安园林设计公司”担任经理，这是一家经济上独立核算的子公司。由于当时国家经济上的紧缩，我们度过了非常困难的一年。最艰难时员工每月只有500元工资，我本人也只比员工多拿200元，公司账面上也只剩下几万元。但我这个人最大的一个特点就是不怕困难，喜欢迎难而上。

我待人热情、诚恳，在担任副院长、总工程师时，遇到别人有什么困难、麻烦，只要我力所能及，都会予人帮助。我认为，人品、信任，是一个人在社会生存不可缺少的东西。为此，我在这个行业的圈子里有了许多可以交往的朋友。朋友多，口碑好，有了困难就会有人帮。

1994～1995年，国家经济困难，工人下岗，中小企业倒闭。我们的公司也被上级单位宣布撤销，我的专车被收回了，连开水瓶都被拿走了。设计公司20多人怎么办？是留是散？留，接下来怎么办，工资谁发？散，刚拿到的设计证难道就这样化为乌有？我不能这么做。我感到了前所未有的压力。国家没钱了，哪里还会有设计任务？公司的人都在看着我，我要是不坚持下去，他们可就失业了。我向大家说：“你们等一等，我想办法找朋友借钱去。”政府没钱，也不可能借给我钱，于是我抱着试试看的心理，找到几位做房地产开发的朋友。第一位杜老板表示同情和理解，他说：“只要合同上有的钱，不管是否完成设计，钱都可以提前支付。”这样，从杜老板处借到5万元。第二位是紫玉山庄的开发商黄老板，她二话没说，立刻拿出5万元设计费，又解决了5万元。第三位是兴隆公园的开发商马老板，他不仅借给我5万元，还主动问我还有什么其他的困难。我不好意思地向他诉苦：“我的汽车被总公司收回了，没车真不方便。”他很大方地表示：“没事，不就是一个代步的工具吗，我给你解决，给你一辆桑塔纳，要什么颜色的？”运气真是太好了，公司一下子就有了15万元的收入，外加一辆桑塔纳。还是朋友多好啊！公司有了资金，没有解散，又开始继续办了起来。

真正的朋友就是要在患难中见真情。我交的许多业内朋友，

在我最困难之时纷纷伸出援手，真诚相助。在我初创的公司尚不具备抵御风险能力的关键时刻，帮助我闯过了最严峻的难关，避免了公司刚刚起步就夭折的命运。

此后，公司开始有了好的发展，很快由先期的“国安园林设计公司”发展转移到“建设部中外园林建设公司”，再之后又正式定名为“北京创新景观园林设计有限责任公司”，这个公司名称沿用至今。

（2）公司就是先“公”后“私”

我是从一位资深园林设计师起家的，我知道要让设计公司尽快发展起来，一定要有一支一流的设计队伍，要有几个优秀、出色的设计骨干和一大批有朝气、有理想的年轻设计师。

公司进入市场，就有竞争，首先是人才的竞争，因此，培养人才，爱惜人才，调动他们的积极性，是公司生存发展的关键。对于骨干人才，首先要充分信任他们，予以重任，为他们提供展示才华的机会和舞台，还在业务上帮助他们，生活上关心他们。同时在经济分配上坚决执行多劳多得，有重大贡献就要重奖的原则。记得我在刚挣到20多万元时，就用这笔仅有的利润收入，给两名设计骨干各买了一套房子，而此时我自己一家老小还挤在不大的公房中。之后又挣了一些钱，我又给这两位骨干一人买了一辆轿车。这在于我，是自然之为，但却引起了很大反响。我办公司的原则就是要先“公”后“私”。因为，我知道，要想发挥职工的聪明才智，只有在他们没有后顾之忧的情况下，才能发挥出自己的聪明才智。

“人尽其才，物尽其用”，发现人才，用其所长，是我的另一个原则。我的老搭档栾树人，是一位在园林植物配植方面很有造诣的人，我俩是同龄人，从公司成立一直到今天，75岁的人了，一直能够很好地发挥业务专长。20年来，我们朝夕相处，在许多项目中，栾工都发挥了重要的作用。如果按照现在一般流行的设想，设计团队应偏重年轻人的活力与新的科技手段，但我不，我知道栾工的价值体现在她的植物学经验和敬业精神上。在这一方面，恰恰是年轻人无论如何也是短时间内达不到的。

因此，我公司的人员结构，一直按照老、中、青结合的稳定模式，我希望把年长者的经验、中年人的沉稳、青年人的敏锐和活力在每一个项目中得到组合发挥。这本身也是一种符合我们公司发展的设计。

当然骨干、尖子只是极少数人，我一个小公司在初创阶段不可能得到很多一流人才，更多的年轻设计师是我从刚刚走出大学的优秀毕业生中挑选的。他们虽然学业优异，人也很聪明，但在刚进公司时还没有任何工作经验，许多人不会独立画图，也不具备独立构思、策划、创意、设计的能力。一切都要亲自来引导，有时甚至是手把手地教。但让我高兴的是这些年轻人都很热爱园林事业。通过公司制订的学习计划，他们都进行了有针对性的学习，特别是在实际工作中的边摸索、边锻炼，使他们的设计能力提高得很快。如今，在这些年轻人中已有了教授、许多高工和一大批工程师，其中有些人成长为新一代的业务骨干。培养人才，是我的另一种成就感。

当我看到年轻人从面对最简单的设计图纸都不知如何下笔，到现在能独立画出高难度、高水平，甚至让客户眼前一亮的园林设计图时，我是深感欣慰的。他们的成长和成才，就是我们的园林事业和我们公司发展的希望和未来。

（3）宽容待人就是善待自己

社会上的很多事务的竞争说到底是人才的竞争。与人为善、善于发现、包容忍耐、持之以恒与顺其自然是我对待人才的基本态度。不论对人，对事业，我很喜欢社会上归纳的北京精神八个字："爱国、创新、包容、厚德"。

几十年前，我在设计院工作和创建公司的时候，曾经发生过一些不愉快的事情，现在我都能以包容和宽恕的态度对待过去，因此，反而变得轻松。我从不把这些已经过去的事情看得过重，有些所谓的"伤害"，反而是促进一个人的自我完善的良机。另外，任何问题也不能完全归结于别人或客观，自己的性格和有些认识也是造成矛盾的另一方面。在我的内心，认为宽恕是一个美德，始终相信那种自然而然、持之以恒的与人为善，我相信因果。

以我长达半个多世纪的阅历，现在我更加喜欢不断地发现公司员工身上的特长和优势，特别是对待年轻人，我反对用一成不变的眼光去看人，只要他有上进心，肯学习，人都是会有变化的，要因才施教、因才施用。我喜欢考察一个人的品德和爱好。我愿意让我的员工们都能发挥他们的特长，这样他们干活不累，成果质量也高。另一方面还要实实在在去关心、爱护大家。比如，在经济待遇上，一定要高于社会平均水平，强调人性化管理，落实多劳多得，关注员工的困难，及时伸以援手。要利用公司优势，帮助大家解决他们无法解决的困难。心中永远有大家，大家心中也有你。

宽容待人就是善待自己，看似是一个很简单的道理，但是要真正能持之以恒，也确实需要一个人的觉悟和耐力。

（4）人才的动态管理

人才的动态管理，是公司发展的必然规律。当设计公司成立10年时，一批优秀的青年设计师都晋升为高级工程师，具有了独立承担设计任务的能力。公司的发展，出现了人员结构上的不合理。中、高级人才过多，人员结构呈现枣核形，而不是宝塔形，此时，必须及时做出调整。一方面，多吸收新的年轻设计师，另一方面，鼓励高级人才去办分公司，帮助他们走向社会。这种思维，洞察适应了设计公司发展的规律，经过及时调整，公司发展又成为相对稳定的宝塔形。

5. 走进市场最初的几个项目

我是从一个资深园林设计师起步开办设计公司的，在当时的时代背景下，和我所经历的种种波折，更促使我决心在这一条不同寻常的道路上，用一流的设计和真诚的服务，为中国现代园林，带领全公司干出一番不同寻常的事业来。

我们公司的宗旨是：优质服务，永远创新。

（1）天下第一城——第一个综合性的大项目

这是我们创建公司后的第一个项目。位于河北省香河县安平经济技术开发区，地处京、津、冀三地交界，面积3600亩。由1个中心，5大景区，88组景观组成，是一个规模很大的项目。

承接项目后的第一个感觉，就是人才太少。我只能作为这个项目首席设计师，带领着几个刚毕业的大学生，开始了项目的规划设计。我们的切入点是，以园林设计的理论和方法，对第一城作整体的布局，把环境设计放到了重要地位。后期的发展，证明我们的规划具有预见性。

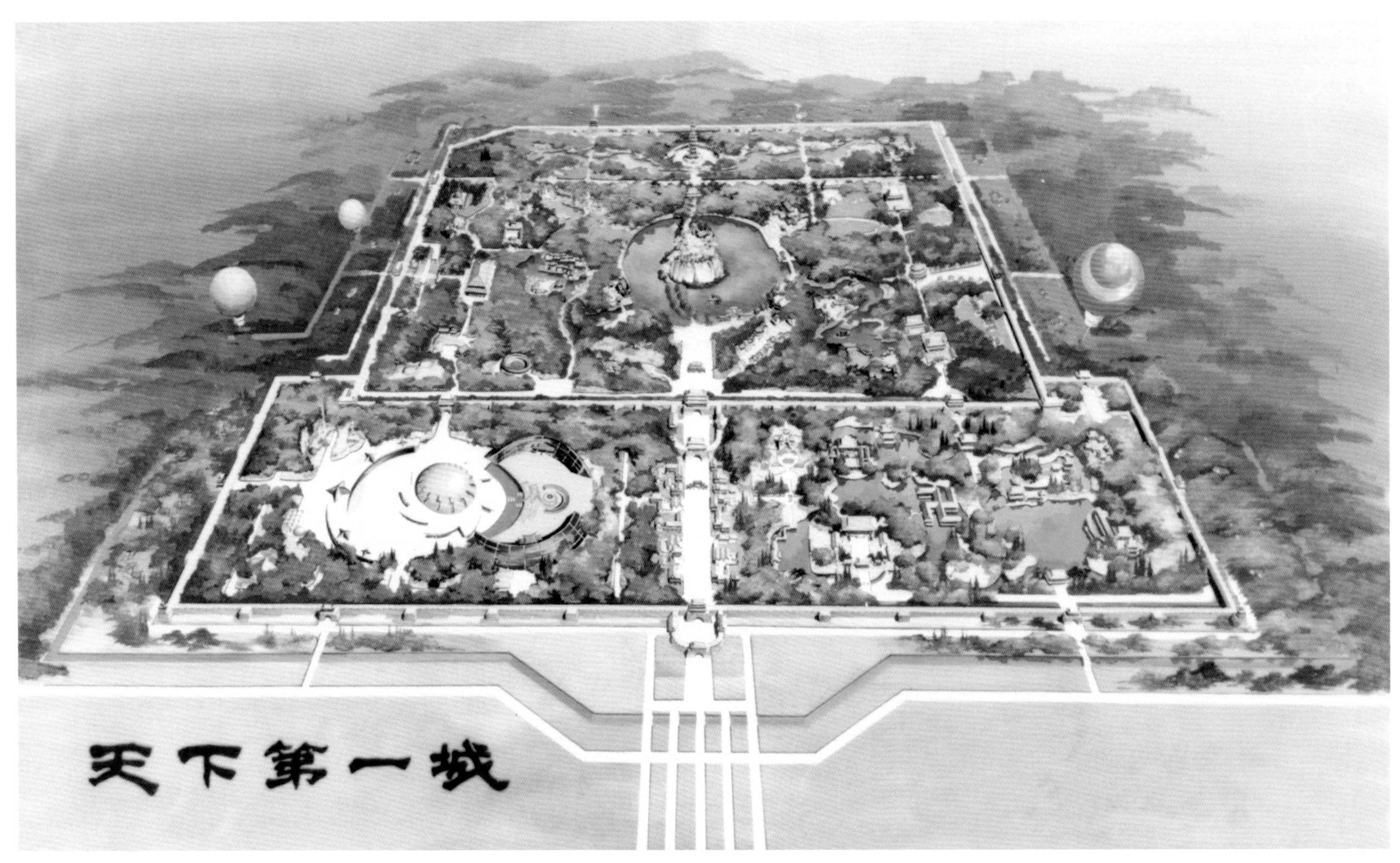

1993年，用水粉、水彩绘制的大幅鸟瞰图

仿圆明园“上下天光”、“万方安和”的景区

仿圆明园大水法按原大制作的“大水法”

（2）紫玉山庄——公园地产的新范例

这是我们公司最早的地产项目之一，也是一个成功的公园地产范例。

紫玉山庄的业主黄紫玉，台湾人。这是一位很有主见、也很有前瞻目光的人，而且非常善于学习。当年，她在代征绿地上开发的地产，在为政府完成市政设施，实现了绿化目标的同时，也成就了她的公园地产。

根据甲方要求和现状条件，我在这里定义了东、西方经典居所集合的设计理念。把对自然宜居的追求通过两种思路来实现，在居所和建筑周围，更多使用现代和西方的园林手法，体现温馨、明快和易于被人们感知及享受的高品位园林。在离开建筑稍远或更远的地方，则偏重使用中国传统造园理法，营造易于让人情志和身心放松的自然山水空间。落实这个设计理念，的确是需要甲方有一定的修养与能力。令我欣喜的是，这位黄女士与我们合作得非常好，完全理解我利用现状植物、水体和地形的设计思路，并不过分追求当年见效的俗套，而是建立一种三分种七分养的概念，同时在发展了养鱼、饲养家禽与一些珍稀动物以后，田园的味道自然而然地出现了。可以说，这种理念指导了他们多年的经营。现在看起来，这种慢生长其实是非常先进和持久的理念，所以今天仍然时尚。对比现在一些过于在形式和材料上的奢华，过于追求当年见效的房地产，紫玉山庄早在20年前就提供了回归自然的一种新模式，只不过不是每一个人都能具有这样的目光和胸怀。

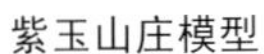

紫玉山庄模型

理想的自然山水空间

回归自然，田园美景

（3）天寿陵园——“点土成金”的价值

在1997年，我设计了天寿陵园。我们按照公园的模式设计陵园。改变了中国传统陵园排列、供奉式的陈旧模式，将高雅、宁静的园林艺术很好地应用在墓地中。

我希望能够用多元文化，用园林的构思，来建设陵园景区。大门强调轴线。西侧是具有欧陆风格的疏林草地、小型玫瑰园和天使雕塑，远处的大树和密林作为背景，草地上是有创意雕塑的墓地，小型西式教堂，一派阳光温馨的环境。东侧是中国风格的墓区，在这里，我采用殿宇和飞天雕塑来表现人们心目中的洞天福地，利用现状坑洼地设计了滨水景观，所有的景区都有中国传统园林式的品题和赋名。

东、西方文化的恰当结合，改变了中国墓园碑林式的传统。设计观念和模式的创新，自然的景观结合深度的人文关怀，使天寿陵园很快受到了市场的青睐，吸引了许多社会名人和艺术家相继选择这里作为他们的长眠之地。继而发展起来的有创意的墓碑，更加提升了土地品质，每平方米价格很快升至几十万元，而周边墓地当时不到万元，价格相差高达几十倍，即便价格如此昂贵，也还是不容易买到。

当地的居民起初都反对在这里修建墓园，但是建成以后，那里居然成为大家的“公园”，陵园的门区和广场完全没有传统墓园阴森的感觉。成为村民们日常休闲聚会的场所。这个项目完成后，社会效益和经济效益都非常显著。因此，我还受聘成为民政部殡葬协会的专家。

由于观念带来的模式创新，达到了“点土成金”的效果。

1997年公司用计算机绘制的第一张鸟瞰图

（4）石家庄水上公园——第一个中标的项目

虽然公司逐步有了一定的实力与资本，但在公司刚开始承接设计项目时，我还是特意避开了北京市场，因为这里有我许多太熟悉的老同行、老同事了，为了避免与他们的竞争，我将目光投向了石家庄、苏州、东北等地区。

1994年，我获得了一个重要信息，石家庄市要投资建设一个高水平的公园，名为“石家庄水上公园”，于是我们决定参加投标。

石家庄水上公园用地面积有38hm^2，其中水域面积占总面积的1/3，是市委、市政府向党的十五大和石家庄解放50周年献礼的项目。

当时，国内有实力、拥有甲级设计资质的园林设计院如北京、上海、天津、沈阳、苏州等设计大院齐聚石家庄，可谓强手如林。各家设计院都亮出自己的绝活儿，拿出了看家的本事，立体模型、三维影像、电脑光盘，各种最先进的演示方法都被带到了竞标现场。对比他们，我们却是一家初创和只有乙级设计资质的设计公司，在资质等级、设备硬件等方面，我们没有任何优势，尤其在先进演示手段上我们不可能具备与资深大设计院一争高下的实力。

我们公司虽然没有甲级设计资质，但却拥有一流的设计人才，我作为资深设计师，有丰富的设计实践经验，结合青年设计师勤于思考、勇于创新、动手能力强的实力，我们要扬长避短，以不变应万变。

我们的设计方案设计视角独特，是一座寓知识于休闲之中，寓文化于娱乐之中的城市综合公园。共有生命之源、开心娱乐、水上游览、欧陆风情、燕赵之光、金霞天寿6大景观分区，包含了30多个景点。通过我们对项目的主题特点、总体布局、功能分区、空间构图、景观风格的阐释，一个专业缜密、形象鲜明、具有品位而又切合当地实际的设计方案，深深地打动了众多评委和业主代表，一致认为这是一个实施性很强的优秀方案。但负责实施这项工程的官员是非常务实的，在被设计方案完全征服的同时，项目的工程造价立刻成为他们担心的悬念。当我们汇报完设计方案，业主代表立刻发问：“按照您的设计方案需要多少投资？”我回答说：“需要5000万元。”他们听后十分兴奋，立刻站立起来脱口而出道：“我们刚好就准备了5000万元。”接着，业主进一步问道：“用5000万元设计建设的石家庄水上公园能达到北京哪个公园的水平？”

我告诉他们北京的人定湖公园是我设计的。现代公园、水上公园可以达到北京先进水平。客户听了十分高兴，他们认为，北京人定湖公园是一座具有先进设计理念、一流园林景观的现代园林。他们对能用5000万元设计建造出国内一流的公园，表示非常满意。

随后，另一个甲级设计院开始汇报设计方案，这的确是一个很先进、很全面的方案，水上娱乐、水上文化应有尽有。但造价高达1亿多元，这个造价在北京也是过高的，何况一个中等城市。在十几年前，能筹集5000万元已属十分不易，如果超出了这个指标，恐怕方案再好也不容易被接受。经过初选，我们与天津设计院入围。

在最终决定二选一方案的评审会上，石家庄的市长认为，我们的图纸给人真实和直观的印象，构图和色彩准确表达设计构思和理念。正是这些生动而实际的设计效果图得到市长的赞赏，使我们的方案最终胜出。

我这个人一生不怕困难，十分喜欢体验通过自身努力去与困难较量的过程，更是懂得如何享受战胜困难、赢得成功后的那份激情与喜悦。

建成后的石家庄水上公园呈现了多元文化，集中了一大批国内外建筑艺术、园林艺术、雕塑艺术精品。其中有世界知名的赵州桥及震海吼，有承德避暑山庄特色的烟雨楼，以及河北民居、名人景墙等。公园西北部的欧陆风情景区还修建了法国列柱石雕廊和太阳神阿波罗大喷泉、情侣喷泉以及小美人鱼雕塑等。还有表现现代建筑风格的飞鸿九曲桥、奇趣廊等。位于公园东部的游乐项目区，白天，水上公园的环境优雅怡人，沿岸垂柳，湖水清澈；夜晚，各种景点彩灯、喷泉彩灯交相辉映，姹紫嫣红的水景空间，成为市民消夏的好地方。近几年还带动了公园边的地产项目。

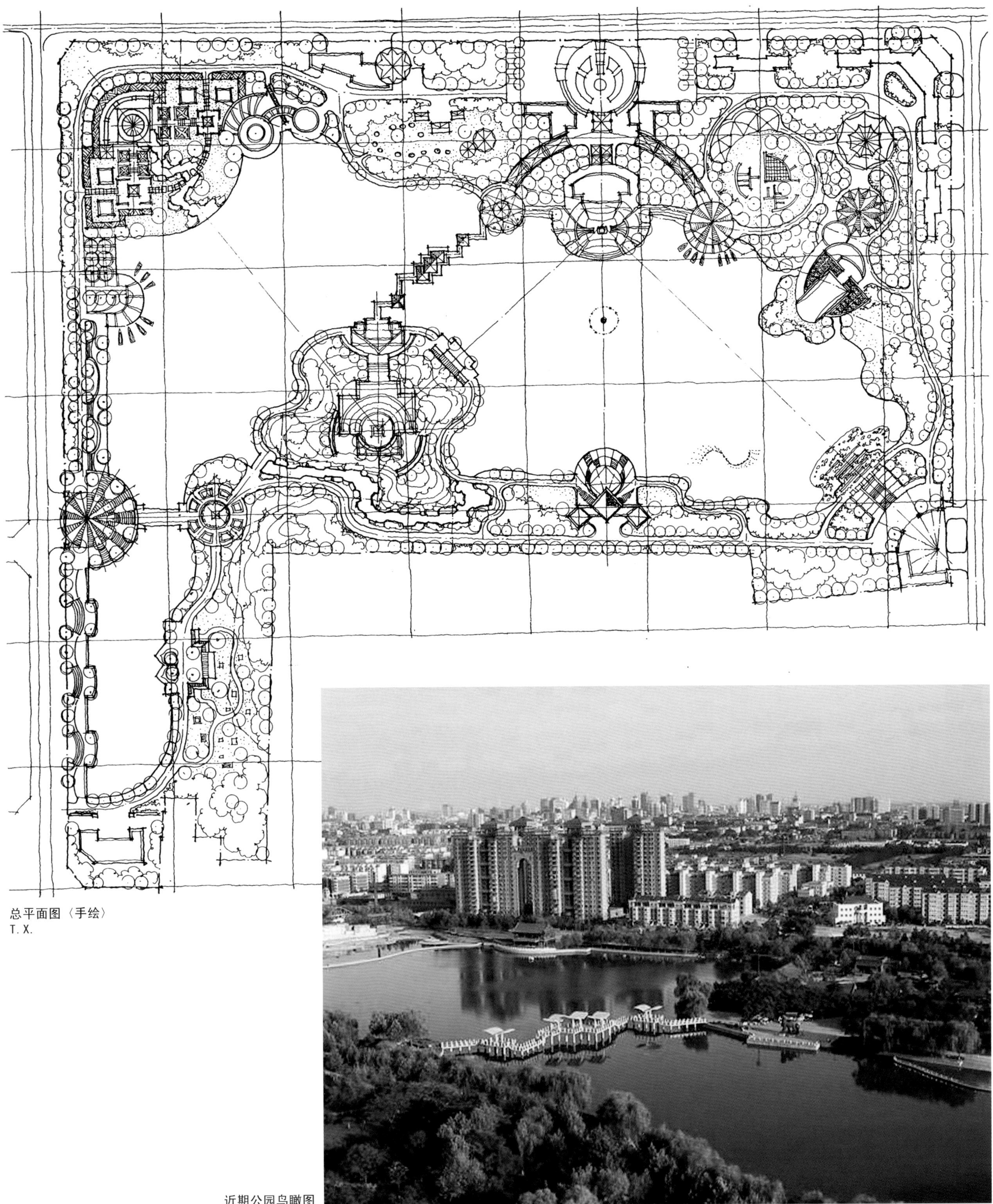

总平面图〈手绘〉
T.X.

近期公园鸟瞰图

（5）苏州农林大世界——经营理念的转变，使我们占领了市场

1995年，中国华新投资公司承接“苏州农林大世界”建设项目后，开始在全国寻找设计单位。总经理带队来京，他们一连走了多家国营园林设计院，所到之处都是统一程序，照章办事，拿任务书，确定投资，签订合同之后，才能谈设计构思。这使甲方感到失望，正在他们准备返回时，有人向他们推荐了我们公司。

我在听了他们的意图后，很快将我对项目的初步认识、理解、设想、创意、构思、定位合盘谈了出来，同时还介绍了我多年在世界各地园林的考察经历，使他们感受我们不但具有开阔的国际视野和资深的园林设计经验，还有热情和坦诚的胸怀。

正当他们感到茅塞顿开时，我又带他们参观了我们设计的人定湖公园。我说，在这里，你们可以亲身感受这座提炼了西方优秀园林文化精髓，具有“洋风华魂”特点的现代园林。世界各国都有美好的园林景观，如果在你们的项目中，能将世界各国最精彩的园林精华都会聚于一园，那将成为世界最美的园林之一。我的话深深打动了客户，他们当即退掉当晚的机票，决定与我们进一步合作。

一周后，我与助手拿着方案来到苏州。华新投资公司领导和当地的设计院参加了这次审评会。

方案的整体创意得到业主的肯定。他们认为在短时间内能够拿出这样的方案和创意，表现了设计者的实力。服务至此，我们抱着急甲方之所急的态度，仍然没有提合同问题。这与我在设计院时的做法有很大转变。

高水平的设计方案得到甲方的信任首肯，双方顺利签订了设计合同。

在执行合同过程中，由于当时的市场无序竞争，我们曾一度被中止过合同。但是，我们坚信，农林大世界，需要设计师具有广博的园林知识和扎实的设计经验，还要有适应市场的能力，这三个条件，不是随便哪一个设计单位都可以做到。因此，我鼓励职工，中止合同是暂时的，他们还会请我们回来，大家要有耐心。事情的发展正如我所预料，不到半年时间，他们就又到北京请我们公司继续设计。当我们再次回到项目工地时，董事长不禁问我：“您真是先知、先觉，您怎么知道我还要请您回来呢？”

我说，我知道能够承担这样面向世界的、国内一流的项目的园林设计单位，并不是很多，而我相信，我们具有这样的实力。

这一实例告诉我们，要想事业成功，除了才华、智慧、敬业与胆识外，心怀博大、宽容待人，也是成功的重要因素。

除了石家庄和苏州的项目，公司在内蒙古鄂尔多斯市的业务得到了良好的发展，我们高水平的设计和诚信周到的服务，给当地市领导、各相关单位与广大市民留下了极好的印象。只要遇到相关困难，他们就会立刻想到我。我想，无论何时，比业主想得还深、还多、还全、还实际的良苦用心，是成就一名优秀设计师最基础的心理素质。

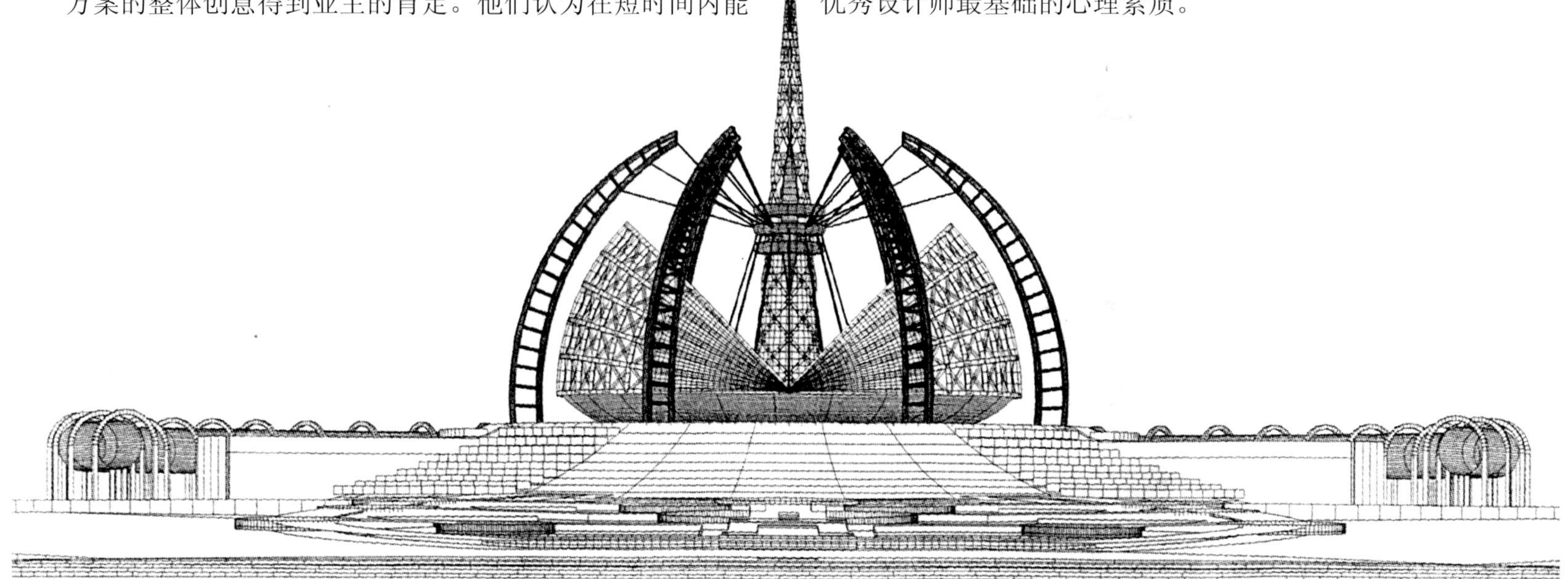

现场设计组

主人口
商贸街
次人口
澳大利农园
商贸博览区
以色列农园
管理区
环
荷兰农园
垂钓台
次人口
农园发展区
中国农园
湖
日本农园
生态度假区
科教区
美国农园
中国农园
农园发展区
农园发展区

局部平面图

（6）鄂尔多斯机场路绿化——看，北京工程师的水平

2009年春季，我接到了鄂尔多斯市领导的电话，要我去解决机场路绿化工程中的一个棘手问题，我们立刻动身去鄂尔多斯，下了飞机直奔现场。

原来，这里新建一个机场，马上就要剪彩了，但在接近机场入口处的一条公路两旁，当地绿化部门的设计师由于缺少经验，在公路两侧栽种了三排密密匝匝的国槐，完全遮挡住远山上的油松、灌木等美丽的园林景观。坐在汽车里，向公路两侧遥望远山的美景，原本应该是一种极好的视觉享受，然而现在却被遮挡住了。

市长有心将国槐树全拔掉，但这样做费工、费力、费时，损失实在太大。另外，也会影响大家的积极性。为此，领导们感到十分为难，于是决定请北京的专家来解决。

这从表面上看确实是一个非常棘手的难题，怎样才能在这么短的时间内解决好这一难题，这就需要依靠我们的经验和专业知识，以及对城市开放空间的特殊性的掌握。我们提出了解决问题的办法，首先，将公路两侧种植的三排国槐树，每隔50m距离移走一部分，将这些移走的国槐树种到更远的山坡上。敞开了视野，从这个敞开的区域空间可以一清二楚地看到远山的植物景观。这时坐在行驶的汽车里，向两侧观望，远山的美景时隐时现，与近处的国槐树交替出现，给人留下了远近交错、闪现变化的立体空间美。

在过程中，工人们提出，前面的灌木仍然遮挡视线，考虑后，我们亲自拿起修枝剪，将前面的灌木修剪成馒头形，压低了高度，工人们看到北京的工程师，不但能设计，还能亲自动手修剪。于是，我们和工人拉近了距离。

当市长与其他领导亲身亲历了这一视觉效果后，非常高兴。这不仅保住了大量的国槐树，还创造了一个全新的观景视觉环境，这真是一个既省事、省钱、省时，又能解决实际问题的好办法。

人与人之间的信任，就是通过许多具体的事情建立起来的，一直至今，我们与鄂尔多斯市一直保持良好的合作关系。

鄂尔多斯市公园门区设计

鄂尔多斯市伊旗母亲公园

鄂尔多斯市康巴什会展公园玫瑰水景广场

6. 园林文化的多样性

（1）中央党校——汇天下名园

中共中央党校，是培养党的高级领导干部和马克思主义理论干部的最高学府。

1989年夏天，中央党校副校长，也是我的朋友，他找到我，想请我帮助他整理一下中央党校的环境。我到现场一看，校址位于颐和园和圆明园之间，绝对是个好地方，但内部环境与场地的地位极不相称，应当彻底进行整治。当时，受到的政治环境的影响，党校的老师有些不安心，校长主张改善环境，但教师们关心的是，改善住房条件。其实，改善环境的资金不需很多，改善住房条件却需要很多资金。按照校长的要求，把校园绿化重新调整一下，美化一下环境，给大家提提精神。我一听，觉得不够全面，我说，这么好的地方，你就让我给你种点树，种点花就行吗？中央党校，是国家精英荟萃的地方，应当代表国家的先进文化和先进思想，我向校长建议，在整治环境的同时，注入各种优秀的园林文化，我提出了汇天下名园的构思，得到了校长的肯定。但是职工和学员们一时想不通，于是校长请我去党校电视台向大家说明改善环境的重要性。我重点强调的是，人创造了好的环境，环境也会反过来影响人的思想，也就是精神文明和物质文明的关系。

党校的学员都是国家的精英，应该接受最优秀的文化。圆明园、颐和园，都是优秀的世界文化遗产，在党校的花园中，点缀几处优秀的传统园林文化，不是很好吗。使用园林中“借景”手法，往往能够取得事半功倍的效果。校园里，也不妨再有一两处西方园林，这样，就可以把世界的园林文化汇聚在党校的园林之中。

汇名园，意即汇集天下名园。我的创意充分考虑了中国传统造园中借景这一重要理法，你看，西南有颐和园，东北是圆明园，党校整个处于三山五园的山形水系之腹地，绝佳的地理位置，有多少美景借不来啊！

我想，这是中国党政干部的最高学府，一定要做出特色来。为此，就对这里的山形水系作了比较大的调整，与颐和园和圆明园沟通了水系，西面布置了具有西方现代文化特征的景观，西部按照中国传统园林的布局，向西望去，颐和园的佛香阁，就像是园中的一个美景。这一下，似乎有点大兴土木的感觉。没想到，又被上面责问下来，在这种情况下，在校长的理解和支持下，我们顶住压力，抓紧施工。

当时，正是北京最热的7、8月，9月份学校要开学，我觉得，说一千道一万，不如快点干，用效果来说服人是我的一贯作风。开学之前，环境改造完成了，取得了令人十分满意的结果，也得到党校校长和学员们的一致好评。

这里的美景，成了他们的骄傲。岂不知，这些人中，就有当时表示不理解的人。

又一次，我到党校，看到了他们墙上的挂历，上面精美的图片都是党校的园林新景观，十分让人感动。他们说，这都是老师和学员的摄影作品。现在，学校认为汇名园是学校最令人骄傲的地方。有从外面来的朋友，他们都会自豪地说：“到我们的花园看看。”

这个项目，说明设计师应该具有超前的意识，有时虽然遇到暂时的困难，但是，只要我们认为是正确的，代表了社会发展方向，就一定能够成功。

（2）人定湖公园——北京第一座欧洲园林

1994～1996年间，我设计的人定湖公园，也是一个体现园林文化多样性的案例。

这是一座位于西城区六铺炕面积只有10hm^2的公园。它的前身是1958年北京市人民政府发动社会各界群众挖湖、植树基础上建成的一个公园绿地，名为“人定湖公园”，寓意“人定胜天”。

开始于20世纪70～80年代的改革开放，使我们对西方的文

汇名园——扩大水面，远借颐和园，自然成景

西部留园缩影

东部现代新桥

上下天光

汇名园

江南小筑

化有了更多接触和了解。由于我在香山饭店庭院设计（1983年）取得的成功，得到张百发等市领导的支持，使我有机会对意大利、英国、法国等西方园林文化进行了多次考察。当我对这个南北狭长，杂树丛生，四周被居住区包围，类似于苗圃的荒园考察时，我所接触和理解的西方文化，自然迸发出了创作灵感：巧用地形，对植物去芜存菁，合理遮蔽四周建筑，我试图用新的艺术手法赋予这块场地新的生命。于是构思了用欧洲古典园林艺术与现代园林功能相结合的表现手法，使人们在欣赏园林美景的同时了解世界园林文化的发展变化，对西方园林有初步印象。

公园南半部用草地、水景、雕塑、花架、景墙创造一个具有欧洲规则式庭院韵味的园林环境，其中利用地形，挖低堆高，低处创造了意大利风情的沉降园、百泉台，垫高的部分巧妙发挥遮蔽公园外侧居民楼的作用。西侧甬路只在一侧种植行道树国槐，人们坐在大树间的路椅上，对面狭长的坡地布置的花境，自然成了展示四季各种植物形态、色彩的舞台。公园北部以简洁的手法，类似英国内景式园林，用疏林草地、静水、装饰广场、现代雕塑构成了一个充满时代感的园林空间。公园整体由疏林、密林草地、喷泉叠水、人工湿地以及欧式园林建筑小品、经典雕塑和多种风格的活动广场组成优美景观，借以表现欧洲的园林文化，同时提供游人活动的空间。

当时，由于时代对人们认识的局限，又遇到群众联名告状，政府专家质询我的情况，但是，也有一些领导理解和支持我们，他们对我说，快点干，“六一”完工，不然，我们顶不住群众的压力。我认为，改革开放，世界文化交流是大的趋势，我们不但要继承中国的优秀的文化遗产，也要吸收西方优秀的文化遗产。只有这样，才能真正做到继承、创新与发展，才能有望创造出具有中国特色的现代园林。

如今，十几年过去了，人们思想获得的自由与这里的美景相互映衬，使我感到了由衷的欣慰与骄傲。这个诞生于特定历史时期的作品，经历了时间的验证被证明是一个成功的设计范例。但是，我们也必须清醒地知道，这样的风格，不可能成为主流，只能作为文化多样性来欣赏。现在，这里独具特色的园林美景不仅成为附近居民休闲、交往、跳舞、健身的好地方，成为影视、婚纱拍摄绝佳的外景地，还成为北京、外地一些园林专业院校实习观摩的实例。

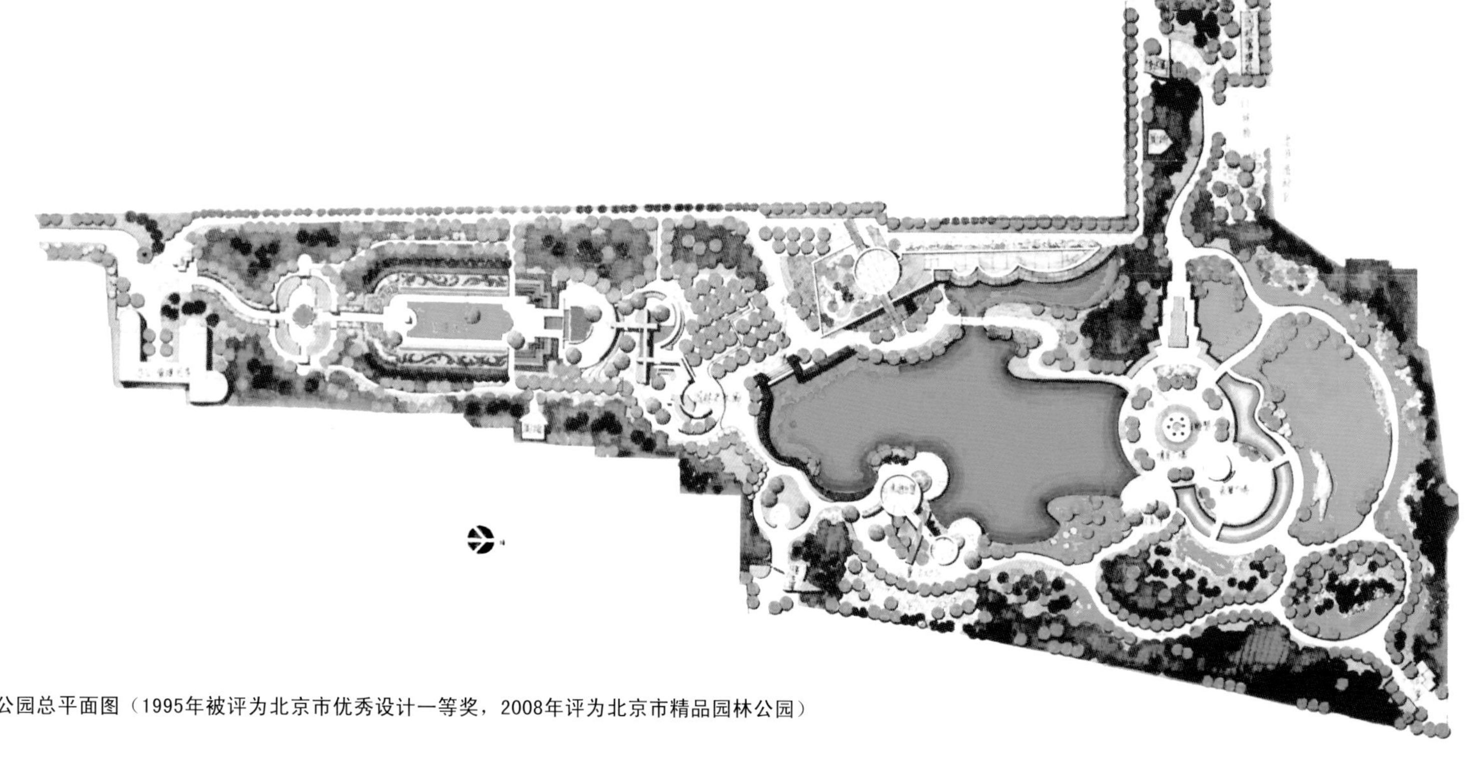

人定湖公园总平面图（1995年被评为北京市优秀设计一等奖，2008年评为北京市精品园林公园）

北京精品园林

借鉴意大利下沉式庭园

十五年后仍保持的景观

借鉴意大利下沉式庭园

2008年景观

借鉴意大利下沉式庭园

15年后仍保持的景观
这里是拍电视、婚纱的合适场所

2010年景观

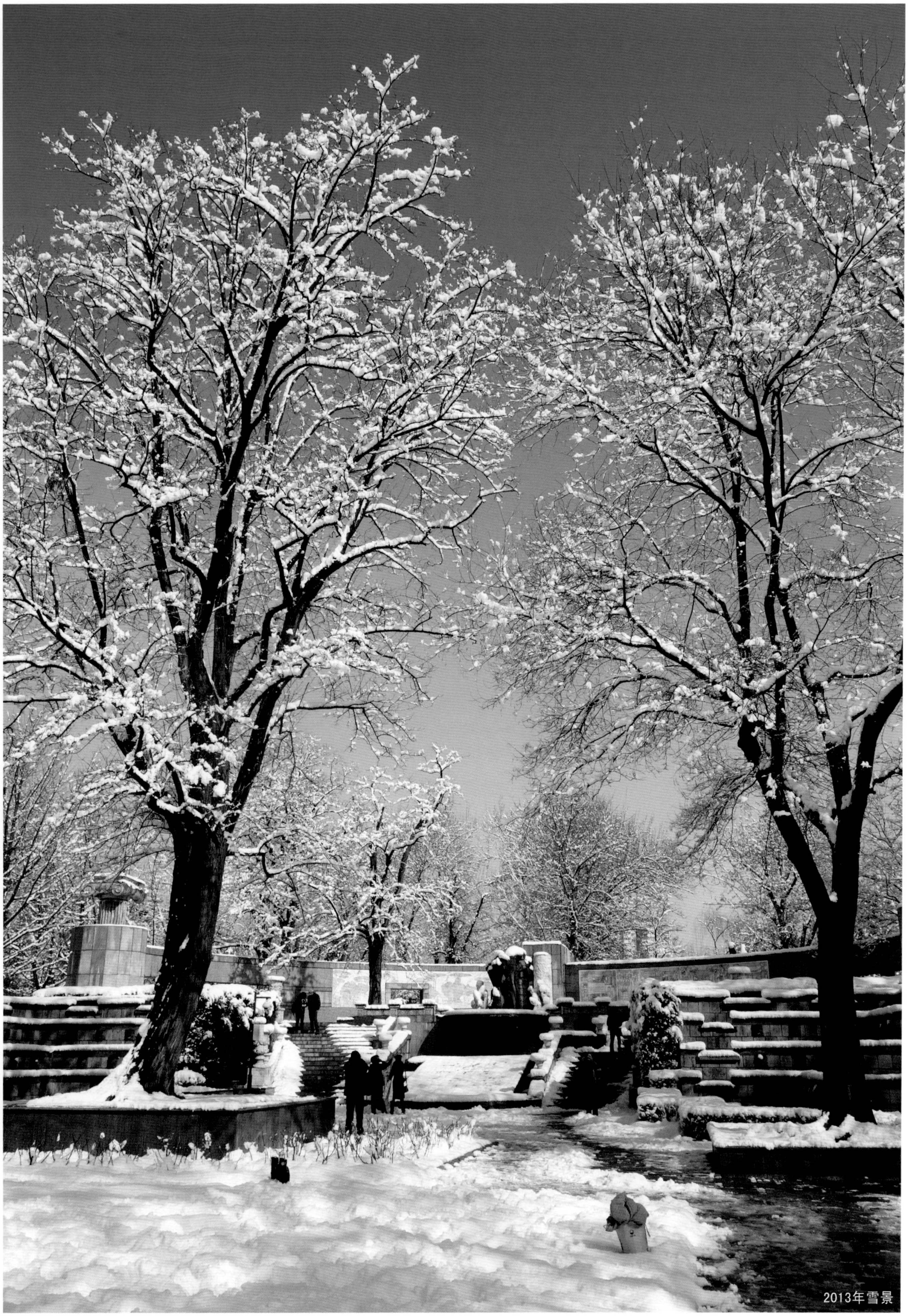

2013年雪景

世界园林史景墙

公园空间转折点——园林史墙

湖边的美杨建园初期的景观

10年后夏季美杨景观

10年后秋季美杨景观

玉兰

连翘

牡丹

月季

花境

2013年树木长大后的实景

人定湖的植物景观

前人种树，后人乘凉，植物景观形成需要长时间的生长过程

植物景观需要精心管理和培育，园林中也可以增加各种生命周期较短的花灌木，使景观美丽而生动

1997年实景

人工湿地及水净化系统

借鉴英国自然式风景园林的植物景观

自然起伏的疏林草地

利用原有大树形成密林区

欧式花境

选择一、二年生草花，设计4～10月花卉盛开的花境

秋景的元宝枫

现代园林印象的景观

欧式园林风格，整体环境得到了认可，但文化主题不能传播。典型的西方文化只能作为特殊性，不能作为普遍性的文化存在

大柳树下好乘凉

布正伟大师设计的景观建筑

（3）菖蒲河公园——经典与时尚

这是一座以历史水系为主轴的带状公园。别看面积不大，只有5hm²，但位置却非常重要，西接天安门城楼，东邻王府井大街。

这个公园，因菖蒲河而得名，菖蒲河正名外金水河，源自皇城西苑中海。早在明代，这里就是著名的“东苑”。从20世纪60年代，由明河改成暗渠。后逐渐形成的脏乱狭窄的街巷与天安门的地位极不相称。

为了设计人们心中的人间仙境，我们提出的设计方案经过了多方充分的酝酿和市规划局、市文物局、清华大学等单位的专家、学者的严格论证。确定了“延续历史文脉，突出河系特色，追求清新高雅的文化品位，强调大宅第民居风格”的基本设计思路。

梁思成先生曾说，北京是在全盘的处理上，完整地表现出了伟大中华民族建筑传统手法和都市计划方面的智慧与气魄。我的设计一定要与之相吻合。

菖蒲河全长只有510m，但是场地内外可以凭借的文化却是丰厚的：东苑遗存、清代的普胜寺和今天的欧美同学会，还有60多株古树名木，虽临闹市，可境取偏幽，在我的心中，这可是一个经营园林的绝佳之地啊！

我非常细致地构思了这里的景致：东入口的“菖蒲逢春”，以石质屏风和钢质菖蒲球造景，寓意菖蒲河的新生；河道东尽头的“天妃闸影”，以龙首衔木的铜质闸板为中心，既有景观效果又有应用意义；“东苑小筑”以传统亭廊造景，靠古色古香的雕梁画栋再现历史；而公园西部的“红墙怀古”则以红墙衬托墨玉石的巨砚和镌刻在地的《兰亭集序》，让人感悟中华文化；“凌虚飞虹”取材于明代东苑的凌虚亭和飞虹桥，立桥头或坐亭中，不仅可将公园秀色尽收眼中，还能回味历史沧桑。青铜镂雕的“情侣扇”仿佛习习流动着老北京温馨的风。东南部的“五岳独尊”，为恬静的柔美园景增添了厚重的民族精神，还有一些时尚的元素。

在菖蒲河公园里，承袭历史风貌的，除了高大的红墙，清澈的河水，60余棵特意保留的古树，以及仿古建设的亭廊，还有公园北部一系列青砖灰瓦的四合院群落，这个四合院与紫禁城的雄伟壮观互为衬托，再现了北京宅第民居的风格。

著名艺术家陈逸飞认为：菖蒲河公园“是一件以文化为支撑，将现代与传统，旧遗址与人们的生活环境相结合的艺术作品。北京在旧城改造过程中很重要的是继承中国传统文化中的经典和真谛，古为今用。菖蒲河公园以传统园林形制，赋予了美的细节”。

北京市文物局首席研究员王世仁的评论：“菖蒲河公园建设的意义首先是保护了古都风貌，保护了重要历史地段。菖蒲河公园的建设与南池子的危改相结合，与普渡寺连成了一片。北京市20世纪90年代就提出了保护历史文物名城和25片保护地段，12年来，真正踢出第一脚的是这里。”

是的，小桥涉流水，故国神游宫阙在；锦鲤跃菖蒲，碧波红墙映斜阳。连我自己都常常沉醉于精美绝伦的景象之中。这里也曾接待过国外的元首和各地来京参观的游客。令我欣慰的是，至今已经过去了10多年的时间，这里依然秀美如初。现代公园不仅给人提供观赏景物休憩身心的场所，还应该具有保护、建设或恢复生态的作用。菖蒲河公园从某种意义上讲，是实践了这一理念。从园林的角度定位，菖蒲河公园是具有传统风格的新园林，创新中包含了传统，利用传统更好地表现了现代。公园突出了自然景观，树好，水好，人文景观好，充分体现了大都市的气派；在生态意义方面，园内绿树清水的覆盖面积达到了90%，对地域生态环境的改善具有积极的意义。

皇家园林风格的经典
与时尚的现代园林

菖蒲河公园入口标志

菖蒲河天趣园

保留古树，设置座椅

五岳独尊巨石与红墙翠竹相映

曲廊

滨水古建

仿古建餐馆

从六角亭俯视

传统题材的现代雕塑

菖蒲河天妃闸

（4）南馆公园——现代公园元素

这个小公园的设计，是在一个全新的设计思想指导下创作完成的。结合现代城市环境改造、水体净化的功能，营造风格清新的现代园林，使城市环境改造中的旧园林获得新的生命。

2002年以前，这里只是一个区域小公园，总体呈长方形，因旧城改造需要与周边新建小区相匹配，得到了新的的改造。公园东南角因规划有一处800m²的地下中水站，用以处理周边小区生活用水，由于中水的来源充分稳定，因而我们就将公园主题定位为现代水景公园，公园中有各种创意的水景和立意新颖的现代雕塑，现代艺术及现代水景使南馆公园成为具有现代感的现代新园林。

保留和利用现状大树永远是造园捷径。公园现状大树较多且生长良好。绿化面貌已相当可观。设计本着尽量不动大树的原则，合理组织景观，有意突出大树的点景效果，重新搭配原有树种的层次和季相变化，使公园的面貌更加生动。

中水站为公园提供了充足的水源，设计利用林间空地开辟了5000m²的水面，既可以蓄水美化公园环境，增加空气湿度，又有利于组织景观，水面弯曲延伸，中部预留湖心岛，强调了景观的纵深感，更可小中见大。与湖水相亲相近，共有7处水景，11种形状不同的泉水，围绕着“大地启示”现代雕塑群，构成了公园的主景区——水的空间。

“大地启示”雕塑群作为公园的主景，在形象构思、材料使用以及施工方法等方面都有很大突破，为现代都市雕塑设计探索了一种新的思路。

四季花厅、茶室、小木桥以及围墙和铺地，设计不仅强调形式的新颖独特，还非常注重材料的规格、质感、色彩，以及它们与环境的协调，使这些独具个性的小品颇显匠心。公园的总体印象，给人以时代感和现代感。

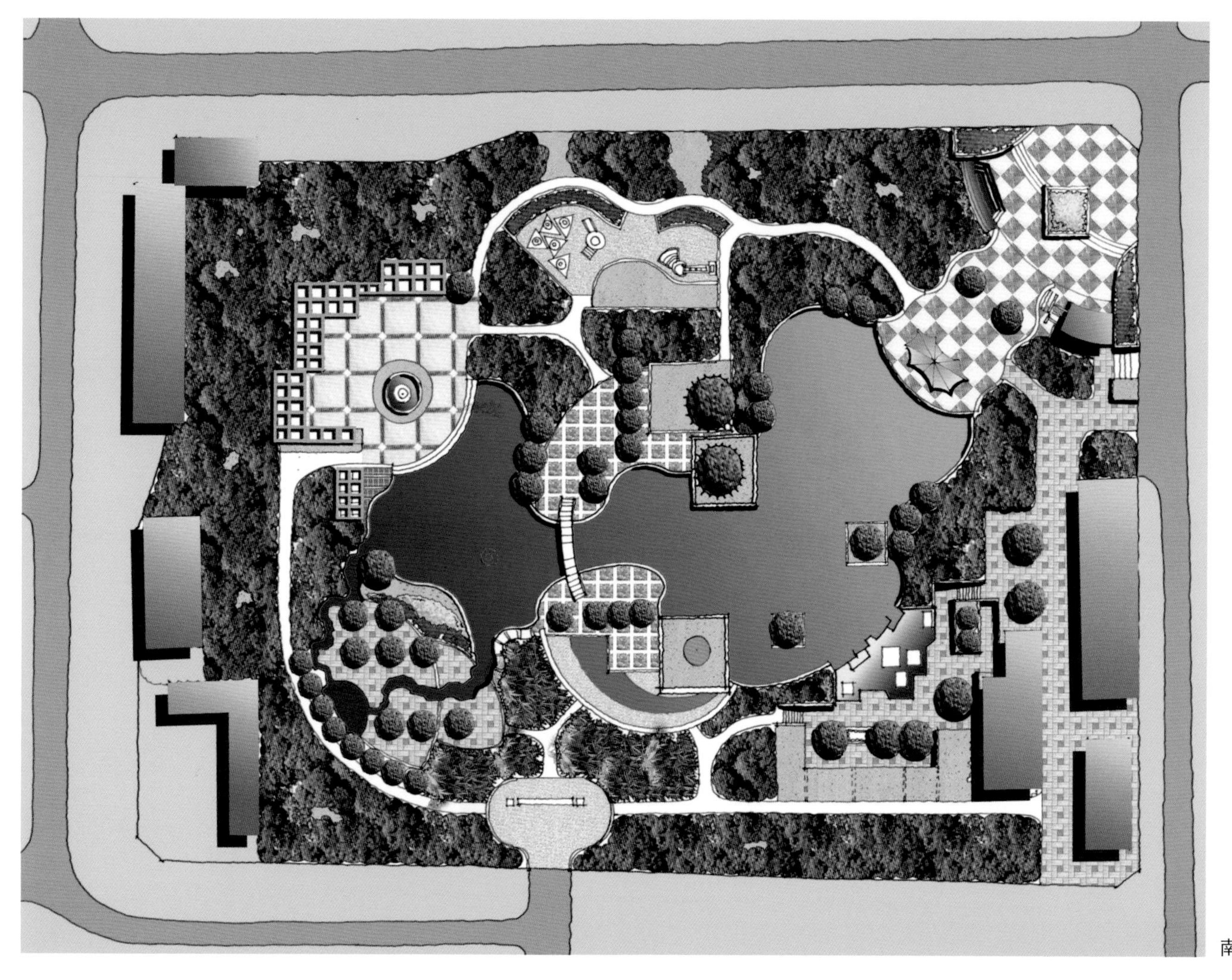

南馆公园总平面图

檀馨谈意

五、在面向城市景观园林中走向成熟

1.皇城根遗址公园带来的转变

2.面向城市的开放空间

附：社会反响：《窗外飞来一座公园》

(舒乙，2009 年 4 月)

3.城市文脉与城市生态

4.现代园林需要融入现代艺术

5.圆明园遗址公园的修复与利用

五、在面向城市景观园林中走向成熟

实际上，这方面的实践是从设计西二环的金融街绿化广场（1998年）开始的。后来，随着中关村科技园区的建设（2001年），又有了新的发展。也是在这一时期，北京的旧城改造大规模地推进，北京作为历史文化名城具有的独特魅力逐渐消退，这引起了政府很大的忧虑。在这样的背景下，东城区政府在2000年以保护和再现明清时代皇城墙遗址为目的，开始征集北京皇城根遗址公园设计方案并向社会公开招标。这个公园的设计突出体现了我一贯坚持的“继承与创新”的思想理念，并且获得了很大成功。首先，公园建成后，政府出台的《北京历史文化名城保护规划》等相关政策，表明借用绿地的形式，对北京城文化历史格局加以保护和强化是一个可行的好办法。另外，使我对景观园林在城市开放空间应当发挥重要作用有了更加深入的理解。以后，我们又对东二环、北二环进行了设计，通过这些实践，使我不断加深了对这方面的认识。

1. 皇城根遗址公园带来的转变

（1）一件突如其来的任务

北京皇城根遗址公园，南起长安街，北至平安大道，长2.4km、宽29m，总面积7hm^2。是明、清时期在北京第二重城垣“东皇城根”遗址之上建立的市中心最大的开放性街心公园，这个地方改造之前大都是棚户区，是政府动迁了近千户居民和200多个单位，才换来的宝地。

2001年春节前后，当我得知北京要建这么一个公园时，我内心的跃跃欲试与被社会冷落曾一度形成很大反差。

当时，国内建筑与园林市场已经经历了改革开放最初期的震荡，人们对于一些难题和现实困惑，有了面向海外、面向西方的更宽视野，因此客观形成对“海归派”的极大期待。而我是一个没有出国留学经历的人，我的公司也是一个没有海外背景，没有外商投资的私人企业。因此，我们最初没能获得这个项目的设计竞标资格。

作为甲方的北京市东城区园林局，最初请的是一位留德的园林博士，希望他能拿出让人耳目一新的精彩方案来一举中标。不曾想，他的方案却是具有欧洲风格的“疏林草地”，与中国文化，特别是近临故宫的皇城根这个地域特征大相径庭。

这个方案在讨论阶段，受到了来自有关方面的质疑。而此时，总共1个月的设计时间已过去了20天，距离开标时间只有10天了。就在此时甲方找到我，希望我能出山参加竞标。

实话讲，我十分珍惜这次补台的机会，头脑也是十分清醒。这源于我对改革开放以来园林设计市场发展的基本认识，源于我对北京园林发展方向和整体面貌的基本认识。我认为，东城区的领导非常有眼光，他们摒弃了眼前巨大的商业利益，决定从文化发展和改善生态考虑，为百姓建造一座公园，这是一件好事，也是一件难事。我作为园林设计师，有责任为这件事情出谋划策。

（2）一项特殊的挑战

我非常理解当时大家对“海归派”的崇拜，因此我只有好好把握这个机会，把它当作是一次特殊的挑战，展示自己的实力，拿出好的设计来。好在补台这种事，在我的既往设计生涯中，并不是第一次。

10天的时间，偌大的项目，时间非常紧张。

我的创意和构思，不仅从自然生态与历史文化这两点入手，更重要的是考虑了这个项目应该具有城市开放空间和公园使用功能的双重属性。

第一，要将皇城根遗址公园建成亲近自然、生态良好的城市开放空间。要关注居住在这7hm^{2}绿带两侧的十几万居民，以及每天利用各种交通工具，途经这里的人们。为此，我提出了“以人为本，以绿为主，将自然引入城市”的设计理念。

第二，要考虑这里经历了明、清、民国三个历史年代的地域特性。600多年来，每个时代都在这里留下了深厚的文化积淀。作为五四运动的发祥地，北大红楼更是中国近代革命的红色起点。因此，皇城根遗址公园对于优秀历史文化的保护与传承，将是区别于其他城市开放空间最突出的特色。

第三，这个项目虽然被称为是“遗址公园”，但并不是传统意义上以内部空间秩序为主的封闭式公园，而是开放并与城市道路界面紧密相连的带状绿地。这在过去规划中被定性为道路防护的绿地，现在被赋予了更加丰富的功能。我们的方案，要能够更科学地体现出它所具有的双重性，要兼顾更多的功能，解决好城市开放空间与公园内部空间之间的关系。

基于以上认识，我构思了“梅兰春雨”、“玉泉夏爽”、“银枫秋色”、“松竹冬翠”四季植物大景观作为基底；构思了选取东安门、五四路口、四合院等具有地域文化特征的节点，运用恢复小段城墙，展现地下遗址等手段，恰如其分地表现老北京的历史文脉，并使其成为公园合理外延和借景；还有使用时尚设计语言营建的服务设施和艺术小品。

当完成这些构思与创意后，我更加充满了信心。我深信，自然生态与历史文化、城市开放空间与公园功能，这些具有科学与文化内涵的创意构思是正确和明智的。

由于绘制图纸的时间很少，我们的图纸只占了墙面不足1/2的地方，而其他竞标单位完成的巨幅设计图占满了整个墙面，相形见绌啊！但我知道，判定设计水平高低的决定性因素，并不取决于图的大小与多少，而是取决于设计方案的创意构思，特色和亮点。

（3）一份满意的答卷

参加评审的13位专家，来自风景园林及交通、文物、市政等社会相关行业。投票表决的结果是，我们的方案获得了全票。是的，虽然我有胜算的把握，但这样的结果还是让我感到了无比惊喜！

后来，我听说，我们的方案受到中国工程院院士、中国风景园林学会副理事长孟兆祯教授的称赞，他说：“不知是谁设计的，我只给这个方案投上一票。”

负责交通的专家，认为我们的方案合理地解决了2.4km长的皇城根遗址公园与横向马路相交这一棘手问题。北京市规划局的领导认为我们的投标文件简洁精练，堪称“四两拨千斤”。

评委们一致认为，这是一个兼顾了民族传承、现代时尚与生态环境的方案，智慧地考虑了公园位于皇城根旧城墙遗址位置和现状街道旁这一独有特殊性，合理地解决了交通与游览，文物遗迹与现状地面高差近2m这个十分现实棘手的难题。综合评价意见：“这是一个极具特色，总体把握准确，水平很高的设计方案。”

当他们最后了解到这个方案是我设计的之后，才打开了心中的疑云：原来是檀馨的作品！大家会心地微笑了。

（4）一次方向性的调整

几十年来，我们在设计以内向空间秩序为主的公园方面，取得了许多成绩和经验。对创新现代园林有着不懈的追求，成绩也很突出。尤其是对公园的文化，意境的追求，更是体现了自己的素质和修养。现在不同了，我们面对的，是要给城市道路防护绿地，赋予更多的公园含义。这片土地，经过整合，集中了较大的绿地面积，可以提升为公园，提升为与城市融为一体的公园。从城市整体的角度出发，面向城市的景观园林，是针对城市开发空间的设计。皇城根遗址公园就是一次成功的尝试。

这类景观园林，对城市面貌影响特别大，比起一般的公园，由于它具有开放性特征，所以能够达到事半功倍的效果。

我们敏感地察觉到，要抓紧研究城市开放空间，北京类似的地方很多，不能滞留在封闭的“公园”中。作为公司，要了解行业的发展动向，以最快的速度适应市场，引导潮流，对城市，对环境做出新贡献。

这次方向性的调整，使我们在后来的10年中，一直在面向城市的景观园林舞台上，探索和工作着，并且取得了一个又一个的成功。

（5）一次成功的启发

皇城根遗址公园的成功首先在本色，东城区强有力的领导和各专业间的通力合作，以及建设者的无私奉献。没有这些条件，再好的设计方案也不一定成功。

面向城市的景观园林

城市开放空间，公园与城市融为一体，把自然引进城市，引进繁华市区，改善市区的生态环境，为百姓提供了休闲的场地

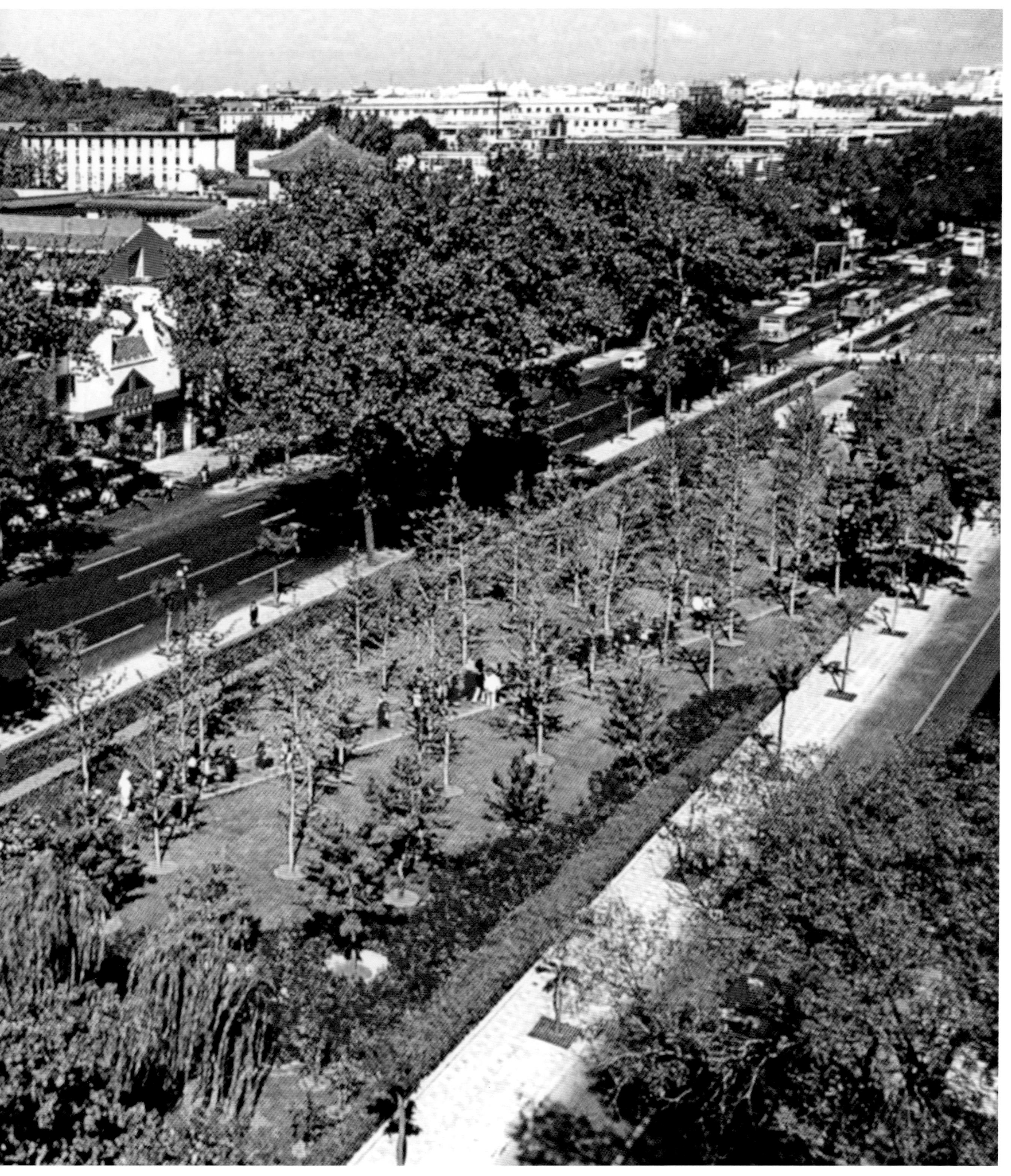

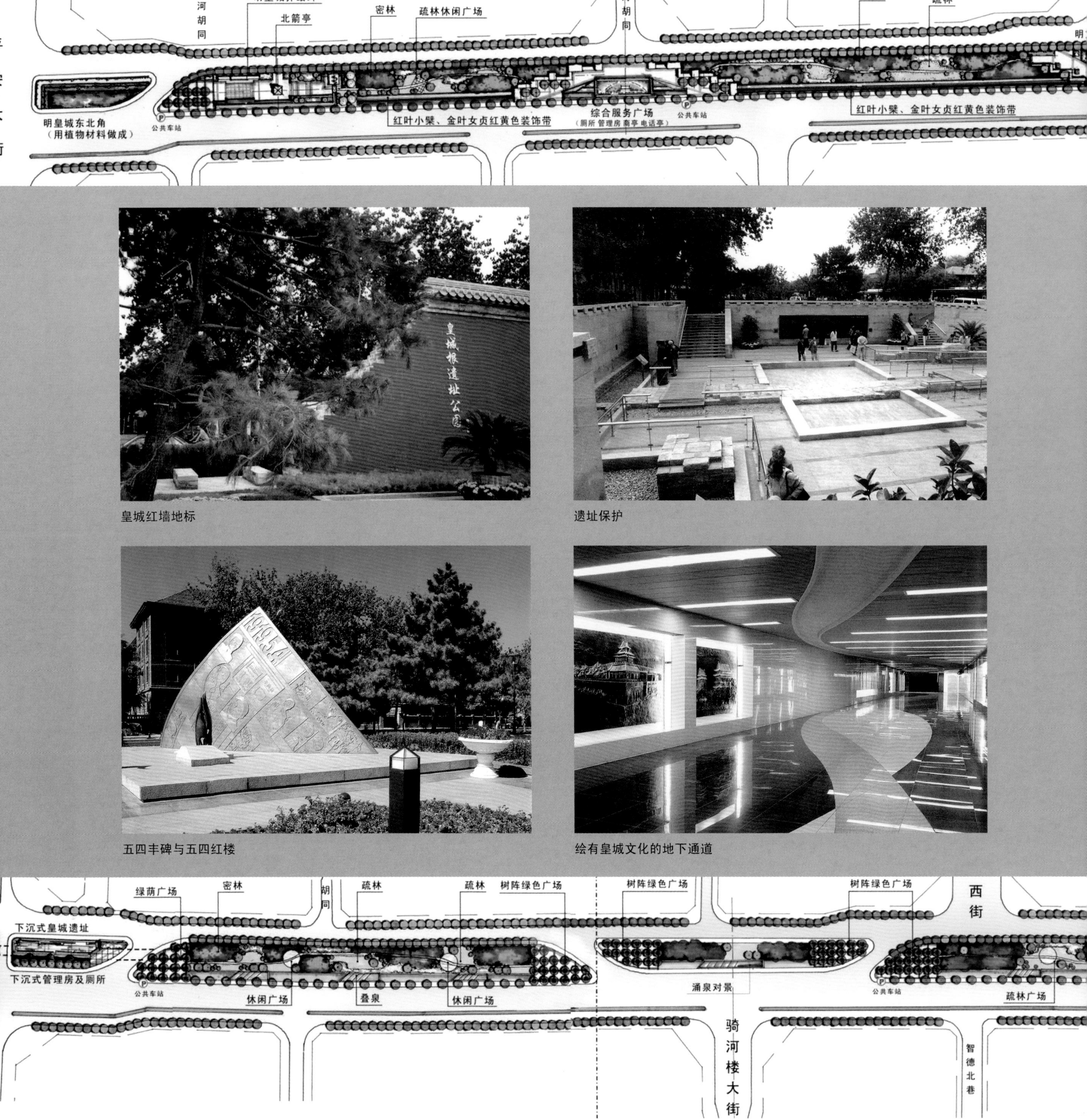

皇城红墙地标

遗址保护

五四丰碑与五四红楼

绘有皇城文化的地下通道

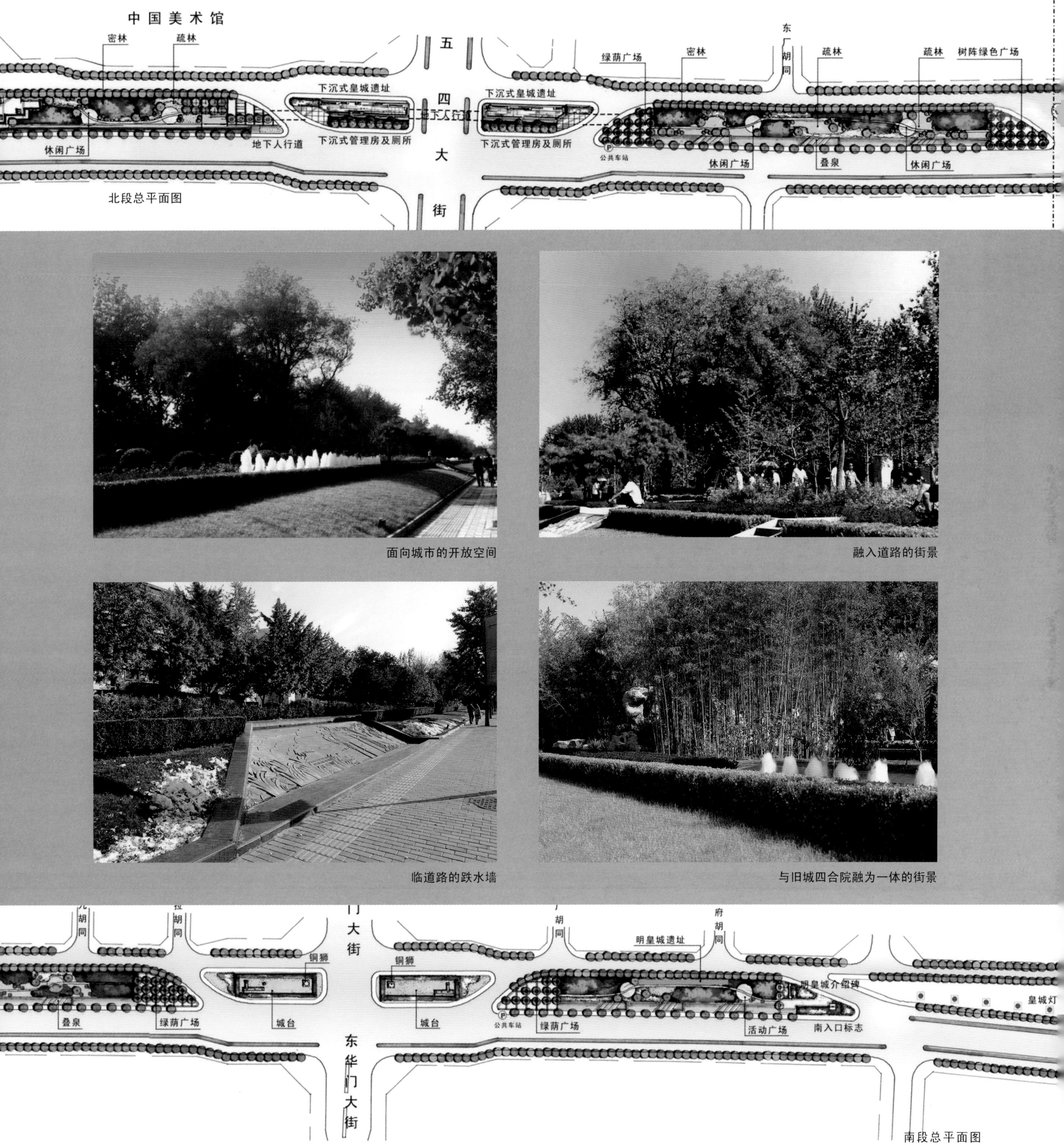

北段总平面图

面向城市的开放空间

融入道路的街景

临道路的跌水墙

与旧城四合院融为一体的街景

南段总平面图

绿地如画

清皇城地图

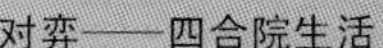

对弈——四合院生活

与中法大学相呼应的欧式花坛

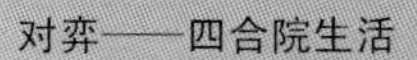

坐落在皇城原高程上的下沉广场

“时空对话”雕塑

唯一保留的古建，改为茶室

茶室漏窗

梅兰春雨 10 年景观——全线春季花木盛开，此起彼伏。

迎春垂帘

银枫秋色 10 年景观——植物红、黄、绿是皇城的基调颜色

御泉夏爽 10 年景观

场地原为御河位置，故名御泉

松竹冬雪 10 年景观

2. 面向城市的开放空间

我认为，时代更迭与社会进步以及世界文化的广泛交流，是促进现代景观园林发展的原生动力，而现代景观园林的实践又反过来更加丰富和扩展了东、西方传统园林理论内涵与外延。通过大量的实践，可以看到中国传统园林与现代景观园林存在着内在的关联：

内部——相对封闭性（有限空间），以中国传统园林为代表，已经建立了完整的秩序；

外部——完全开放性（全民共享），以西方开放空间为代表，正在建立更科学的体系。

二者殊多不同，却源出一脉而各具魅力，在表现人与自然的关系中，共同抑或先后体现着时代发展的递进和自然规律的演替。

这为我们这个行业的继承与创新建立了相对更加合理的逻辑关系，延伸和拓展了深广无比的底蕴和无限宽阔的发展空间。

因此，面向城市的景观园林必然成为现代景观园林的重要组成部分。这成为我们公司最近十几年来通过实践进行探索与研究的主要方向。

（1）西二环金融街绿化广场

1993年国务院批复的《北京城市总体规划》，提出在西二环阜成门至复兴门一带建设国家级金融管理中心，集中安排国家级银行总行和非银行机构总部，北京金融街应运而生。

以北京改革开放的时间进程看，当时北京现代化城市建设尚不足10年。作为景观园林设计师，如果不具备前瞻的目光，就不可能对发展中的城市景观有科学定位，从而使自己的作品既具有普遍意义又包含隽永魅力。本案所处城市位置和它作为中国金融核心的特征表明，这里一定是北京城市的一个重要开放空间。因此，景观不仅需要表现中国首都金融街风貌和文化特征，园林还需要具有让公众自由进入和尽情享用的功能。

金融街中心区城市绿化广场，位于西二环路北段，设计时间是1998年。这是一条长450m，宽60m的狭长场地，由多家单位分别拥有使用和管理权，如交通、市政设施、单位红线用地等等。我们从城市整体景观的高度出发，提出由园林来综合统筹进行设计的思路，这一思路得到多数单位的默认，虽然也有人持不同想法，但是，本案及其以后其他很多成功的案例证明，园林在环境改造中所具有的统筹能力。

广场中心是象征金融街的中国古钱币雕塑，外侧有喷泉，内侧有花坛，14座龙形灯柱竖立在广场四周。对于金融街庞大的现代建筑群，如果没有景观园林艺术的加入，就无法诠释表现它们的灵动与生机。这里最活跃的是以银杏树、银白槭、加拿大红缨为代表的各种色叶植物和花境绿地，最华丽的是景观喷泉和金色的夜景灯光，而点睛之处是一座既深刻表现民族传统文化又充满现代时尚气息的刀币组合造型雕塑——古币金融。经历了十几年，特别是现在，各国各地金融街有很多，金融广场也不少，能够让人记住的并不多。北京金融广场正是因为它恰当完美地表现了北京金融街的主题，具有与众不同的“古币金融”雕塑而闻名。后来，这座雕塑成了金融街LOGO。

金融街整体环境以宏大的建筑气势和现代景观园林设计风格，给人们带来了全新的城市体验和视觉感受。景观园林应当与现代城市形成有机、互动的整体，不论开着车、走着路的动态感受，还是购物休闲时驻足观赏，都要成为人人可以看得见看得懂，有座凳、灯光，喷泉、夜景的现代城市的开放空间。

通过对金融街LOGO标识的设计，我认为，现代景观园林和城市开放空间中使用的艺术品，一定是具有个性的设计，其中符号可以是传统的，但意识一定是现代的。北京金融街广场的建成，很快成为“都市中耀眼的霓裳”。

中国古币雕塑已成为金融街的地标

金融广场夜景

金融广场远景

（2）中关村科技广场

社会需要园林，也需要景观。我的公司，1993年成立时的名字叫国安园林设计公司。到了2001年前后，中关村科技广场这个项目找到我。这是北京最著名的科技园区，用地总面积大约有45hm^2。南北长度700多米，地形高差10m，其中的屋顶花园，面积大约就有10hm^2。

甲方所代表的是中国现代科技精英，这是一些具有先进科技文化理念的人，他们对环境有着自己的想象与追求。他们认为这个场所，有屋顶花园和台地、城市广场，建筑的平面布局和外形风格表现科技和时尚的潮流。因此，这里的环境不应该是传统意义上的园林，而应该是与建筑环境和现代科技相匹配的城市开放广场，用景观这个概念能表达得更清楚。他们对我说，我们需要做的是景观，而不是园林。

当然，我对此不能拒绝或者做出其他解释，我看到，在中关村科技园西区环境的前期规划理念中，已经表达了“景观”这一概念。

根据新的设计理念，这应该是一个立足于城市规划高度，着眼于现代城市内部空间结构设计，着眼于场地生态环境的创造、着眼于科技文化氛围的营造的设计项目。

为此，我们设计了700m纵深的花园式绿化广场，包括入口开阔的树阵空间、科技音乐喷泉、水景休闲空间，以及资讯广场和中心花园。大量新技术、新材料和优良的植物材料，尤其是“景观”这一理念的运用，使广场的设计非常生动，完全是令人耳目一新的感觉。

我很快从思想上接受了“景观”园林这个概念。我认为这个概念更加清晰地表达了时代和社会的需求。景观，应是现代城市的重要组成部分，对于景观园林来讲，突出的是植物，强调的是特点，同时包含了诸多时尚元素。景观园林的表述和含义相对于单纯的园林，具有了更完整和宽泛的意味，并且容易为大众接受和理解。那时，正逢公司改制，我们就循着这个思路，将公司的名称定为：创新景观园林设计公司。

中关村广场这个项目对于我来说，其成功不在于设计，而是在于接受了新的理念——不是单纯的园林，而是景观园林，其核心就是创新。从此，我们开始从公园、园林中走向城市更广阔的开放空间。

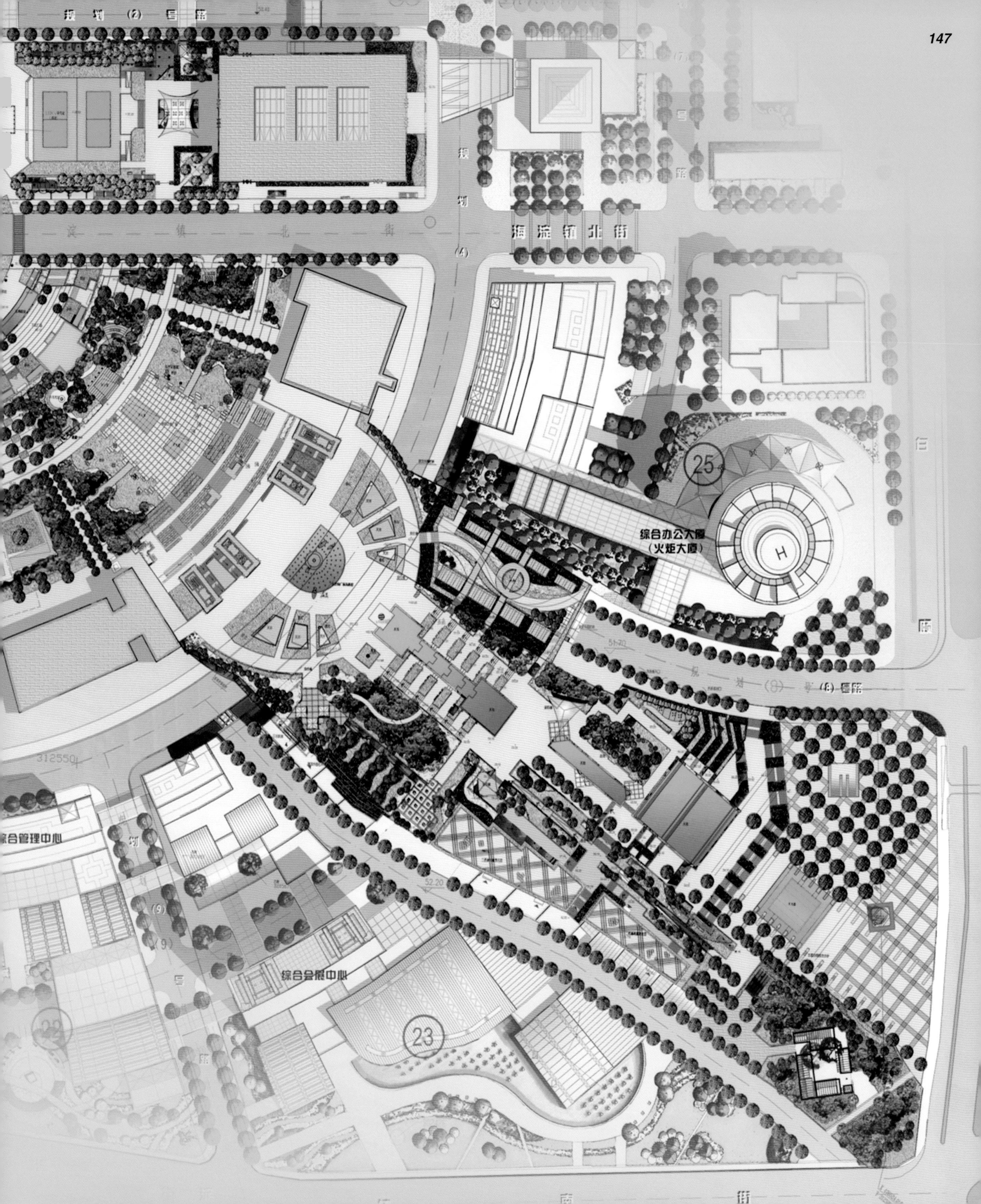

规 划 (2) 号 路
滨 镇 北 街
规 划 (4)
海 滨 镇 北 街
综合办公大厦
(火炬大厦)
25
H
(8) 号路
综合管理中心
综合会展中心
23
(9)
南 街

（3）东二环交通商务区带状绿地

北京东二环，创造性地丰富了现代城市开放空间景观园林创作手法。乡土植物同样可以成为现代景观园林中的时尚元素。在现代城市建筑文化及其形式多元化的开放空间，与之交融的景观园林也应当是现代和多元的。

本案例位于北京东二环西侧，北起俄罗斯大使馆，南至建国门绿地北侧，全长4.3km。绿化带最宽50m，最窄只有7m，面积约为6.3hm^2。设计时间2006～2012年。这里聚集着海洋、软件、金融等16家现代化的总部大厦，东直门交通枢纽也坐落于此。

这个项目，时间上比西二环晚了将近10年，表现形式上与北二环相比也有不同，更多地表现了多元文化的交叉和国际化大都市的现代景观的方向。

晶岛花舞——尊重特色建筑语言符号，采用立体几何构成地形竖向骨架，使用平常的树木花草与色彩，利用西侧日照充足的优势。现代园林景观设计创新表现手法，巧妙化解了7～14m绿地较窄的局限，具有明显的时代感和创新思想。

绿荫花阶——绿带宽度15～20m，利用高差设计的台地式、林荫花带的立体绿化，为城市增加简洁明快的线条与色彩。该地段以突出绿量和植物花卉景观见长，沿街绿化在统一中的变化，突出了纵向尺度的规模与韵律。在人视点高度，绿地空间层次具有的活泼变化与建筑空间相互协调。大气灵动的个性小品与建筑风格也能彼此呼应。

（4）东四奥林匹克社区花园

这个项目设计的时间是2004年。它是沿北京东二环朝阳门段西侧的一道亮丽的绿色风景线，是现代景观园林对奥林匹克精神的诠释。

在这块面积不大的绿地中，如何突出奥林匹克精神，又能为居民提供舒适、宜人的活动场地，同时满足与二环主路城市开放空间衔接的景观要求是本次设计需要解决的重点问题。

依据地块形态及周边关系确定三个大的空间关系，具体为：东侧带状城市开放空间，南部半开放的主广场以及西侧较封闭的过渡性空间。

公园南部主广场设置了“奥运圣火”雕塑，成为二环路城市开放界面一个醒目的标志。为了表现雕塑的生动感和艺术性，广场西北侧设置了大片缀花草坡，结合两侧地形及树丛的围合，取得了非常好的空间效果。

这是一个兼有市政便道功能的沿街带状绿地，结合原有高差设计形成具有奥运符号的连续五环台地花坛，园路两侧的银杏树阵以及树阵中彩色的奥林匹克的动感风标，使这个长度只有200多米的绿地显得精致而时尚。不论游人漫步其中，还是驾机动车在道路上行进，都可以使人在宜人的绿色中，感受到奥运主题亮丽的园林景观。

与现代建筑相协调的景观园林

（5）北二环城市公园

可以说，这是北京最窄的城市公园了。

随着2008年奥运会申办成功，北京利用园林绿化作为改善城市生态和景观面貌的重要手段，不断获得成功，凸显了这一行业在城市建设中越来越重要的地位。2006年，东城、西城两区政府基于保护古城风貌的目标，计划对北二环路西直门至雍和宫大街全长约4.5km的“城中村”进行环境整治。

本案例位于现状北二环路的南侧，是原来北京旧城墙位置所在，现在基底仍然高于道路1～2m不等。这座城市公园最突出之处在于，保护旧城及古城文脉的延续化与城市生态调节、道路绿化屏障和居民文化休闲功能自然合理地融合在一起。

绿色城墙——乡土植物桧柏的矩阵式种植，完全按照老城墙马面原有规制设置间隔和节律，采用“母题重复”的设计手法，既保留北京老城墙历史遗迹，又实现了道路与古城保护区的有效隔离。

最窄的公园——在园林设计中，巧用借景手法，小中见大，扩大空间。我们在20多米宽向内的空间里，不仅融合提炼了更多民俗文化记忆的东西，产生了突出老北京文化的若干景观节点。如德胜门节点，把老城街道、四合院和绿地空间进行了有机整合，在功能方面你我互用，在空间方面互为风景。把原有四合院的门面改向北侧，修建了面向绿地断续的若干围墙、真假门楼和住宅后窗，强调突出浓郁的老北京住宅风情，而且向内、向外延伸和扩大了空间，建筑和绿地实现了场地共用、功能共享、互为风景，巧妙而实际地化解了原本各自的狭窄。

城墙遗址上的植物景观

植物造景——这个公园领导要求以植物造景为特色，少搞园林小品。我们遵循这一原则，从保留树木，到新植的各种苗木，处处体现出老北京、城墙及四合院的文脉。如“箭楼绮望”的老国槐，“槐荫尚武”的古紫薇树，雍和宫的白皮松，国子承贤的油松、银杏，百年以上的丝绵木，充满故事的福禄双全，石榴柿子连理树，玉兰春雨，古藤云林，仙庵古柏，棚影拾趣，楝王独木，双乔锦带，紫薇入画，硅木红花，以及30年的大海棠……，每种植物都讲述着一段历史，一段故事，或带来诗情画意的境界。这些多层次、多季节的观赏植物，迅速产生了成熟和浓郁的景观效果。以至于公园刚一建成，就被原中国现代文学馆馆长舒乙认为是“窗外飞来一座公园”，并且写了一篇散文发表在刊物上。

北京中轴线上的“司南”标志

德胜门与德胜公园互借成景

沿二环路的植物场景

以旧城“马面”百米一组的节奏，展示公园的特色

附：社会反响：《窗外飞来一座公园》（舒乙，2009 年 4 月）

我住在安定门外护城河边上，在紧邻安定门桥的一座公寓里，住的层数虽不高，但从窗户中望出去，仍有居高临下的感觉，可以望出来挺远。在我的正前方，如果还有城门和城墙的话，应该恰好是安定门城门楼子和它的箭楼，如果它们还在原地，它们应该正好挡住我的视线，我原本是看不远的。现在，由于没有高大的遮挡物，我的视线倒是能看到北二环路以内的内城了。

突然，最近，一觉醒来，眼前的世界仿佛一下子变了样。

首先是多年失修的护城河一夜之间有了水，水面绿波荡漾，水下清澈见底，还有了漂亮的堤岸，斜斜的河坡上不知何时已经冒出来碧绿的青草，青草下方居然还有了小码头，好像是准备迎接小游船的。这条小河和我近在咫尺，一下子给我的居住环境增添了无限生机和活力。它的新生让我的眼前世界忽然有了“画龙点睛”一般的重彩，因为小河的宁静给嘈杂的都市添加了稳重和安逸，而它的动态又给都市添加了自然界特有的活泼和轻快。我心里完全明白了一个永恒的定律，一座美丽的都市不能没有水面和河流，水为城市增加的灵感和品位是无论怎样评价都不过分的。

其次，远远的，在北二环的南侧，好像突然多了一条长长的高高大大的绿化带！我眨眨眼，以为是看错了。没有呀，确实是平地里“冒”出来一道密密的树墙，挡住了我的视线，齐齐地立在环形公路和内城之间！

什么时候钻出来的呢？

我探险似的，走近去看个究竟。

真的是“飞”来一座公园，在一百天里，奇迹一般。

它有正式的名字，叫“北二环城市公园”，横跨东、西二区。总长竟达4.4km，宽25m左右，一直沿北二环南侧由西直门穿过中轴线延至雍和宫，像给北京老城镶了一条绿色项链。

经过实地调查，我由立在公园里的说明牌上清楚地看到，这是北京市政府的主意，是整治北京市环境的一部分，是“绿色奥运”和“人文奥运”的一个环节，完全是政府行为。

这个举措有一举两得的内涵：一是搬迁了三千户北城根一带的居民，其中绝大多数是低收入的居民层，让他们搬进楼房，拥有现代基础设施，极大地改善了他们的居住环境，拆除了不成格局的以“破旧脏乱”闻名的大杂院。这里原来私搭乱建的小棚小房几乎占了原有建筑的一半，院子里拥挤得不像样子，几乎没有能容下两个人同时走道的甬路；二是在拆平的原址上建造公园，植草种树造景，形成新的都市景点，给附近居民搭建一处优雅的休闲健身去处。

这两招都让老百姓拍手称快，受到一致高度赞扬和夸奖。我在漫步途中，亲耳不止一次听到同时在这里健身散步的人们在议论，其中有老人，也有中年人和青年人，口气中都充满了一种自发的由衷的喜悦。

我在三天之内用了三段不同的时间，欣赏了这个狭长的新公园。我惊奇地发现，其园林水平竟在东皇城根遗址公园、菖蒲河公园和地坛园外园这三座最新的都市公园水平之上，是一座北京最新最好的园林杰作，虽然它的建园周期出奇地短。

这座公园里的界墙建筑并没有什么特点，倒是它的园林极有特色，我看，它有五大特点：其一，大树多，除了保留了一二百株原有的古树之外，现代科技让移植大树成了易事，满座公园布满了郁郁葱葱的大树，仿佛它是一座已落成多年的老公园，带着多年扎根其内的大龄树木。这些移来的大树都长满了树叶，不管是乔木还是灌木，还是竹子，也没有刚栽种时常见的支撑架子，个个挺拔，生机盎然，感人惊叹不已。其二，树种多，不光有北方常见的枣树、香椿、石榴、国槐、立柳、油松、银杏、玉兰，等等，还有不少稀有的树种，像苦楝，总共有八十多种，都挂着牌子，一方面让人长知识，另一方面让人有身置植物园的愉悦。其三，植物总量大，有的地段，竟有置身森林中的感觉，达到了绿树成荫、夹道而立的程度，让人格外心旷神怡，这里可是地处闹市的公路大道旁边啊。其四，树与树，树与草和花坛搭配有序，多而不散，杂而不乱，处处显露匠心，细节上结结实实，一看便知其设计是大手笔，完全可以赢得很高级别的奖评。其五，造型造景多而别致，平均每300米一个景点，也是达到了登峰造极的极致，真是下了大功夫。其中在标出北京中轴线的节点上，有“司南”和“四仙”雕塑，是一个很有内涵的艺术景点，不可不看，其跟前除了有喷泉，还有雾气时时喷出呢。有了这五大特点，北二环城市公园完全可以在北京众多的街心公园中称奇了。我为这座好公园而感到骄傲，它就在我窗前，我要大声召唤：朋友们，都来瞧瞧吧，好大一座公园，里面的植物可漂亮可神气呢！

我很喜欢它，真的很喜欢它。

北二环公园景观

3. 城市文脉与城市生态

（1）元大都城垣遗址公园——城市文脉成就的公园

2003年，北京为了迎接2008年奥运会，确定把元大都城垣遗址公园作为奥运景观重点工程，突出城市文脉与生态。我们公司承担了重新规划设计这个项目的任务。

这座公园是在700多年前（1267年）的元大都土城遗址上建造起来的新的城市带状公园。这处遗址，在1957年就被列为北京市重点文物保护单位，1988年就有了元大都城垣遗址公园的命名。

现存的元大都土城遗址,位于北京市区北部，海淀区、朝阳区境内。从海淀区的明光村开始，向北经蓟门桥、学知桥，并由此向东延伸，经牡丹园、健德桥、健安桥、安贞桥，直到朝阳区的惠新西街南口止，大体与地铁10号线北段重合，整体由南向北再向东，成曲尺形状，全长9km，南北宽度100～200m不等。实际上，这一次是对以前分别所作规划和建设的一个整体提升。

早在2002年初，我们承接了海淀辖区内元大都遗址公园的规划设计。

与此同时，朝阳区对朝阳段土城公园进行国际公开招标，共有美国EDSA公司等 6 家公司参加了投标。几个方案都有很多超前的想法，但却很难落到实处。虽然我们没有参加朝阳区的投标，但承担海淀段规划设计与施工，已初见成效。在这种情况下，朝阳区园林绿化局认为，元大都遗址公园海淀段，反映了他们心中理想的现实样板，为此决定，请我们将所属两个区的遗址公园一起设计。

在当时来讲，这里是北京城区规模最大的公共绿地，面积有47hm^2，也是最集中反映元代历史文化的一座公园。面对如此大尺度的并具有重要社会意义的城市绿色开放空间，尤其面对政府的高度信任，我更多地感到了历史和社会的责任。

1）我对这个项目的整体构思

根据这个项目，需要反映元代历史文化传承、重现文物保护、城市景观与生态修复以及满足群众文化休闲等核心内容，考虑到这段遗址自西向东跨越了海淀、朝阳两个行政区，以往的规划曾分别由两个区各自进行，在功能分区、景观设置、文脉表现等方面缺少必然的内在联系，公园形象没有整体感这一主要矛盾。我们在查阅大量史料和多次实地踏勘后提出：

以元大都土城实有遗存的文物保护、元代历史文化传承和现状基本形成的北京植物大景观为基础，强调总体布局的完整与协调。对现状水利河道、交通节点、竖向高差、水体改造和利用、园林植物、服务设施、文化小品等众多方面通盘考虑，采用中国优秀传统造园手法并结合现代景观园林的先进理念，使不同景区既有各自特点，又能体现完整面貌，形成为大众和社会服务的时代风格。

为此，我们规划了海淀区段：城垣怀古、蓟门烟树、蓟草芬菲、银波得月、大都建典、水关新意、鞍缰盛世、燕云牧歌，共8个景区；朝阳区段：元城新象、大都鼎盛、龙泽鱼跃、双都巡幸、四海宾朋、海棠花溪、安定生辉、水街华灯、角楼古韵，共9个景区。

2）对于文物的保护

元大都城墙采用的是中国传统的板筑技术，以夯土筑成。基部宽24m，顶部宽8m，高度16m，全城共设置11座城门。

由于历经700多年的风霜雨雪，今天我们看到的元大都城墙，大部分只是高3～5m的土坡，并且被树木与杂草遮盖着，已经看不到当年的雄伟与辉煌了。

对此，我们的基本思路和做法是：坚持维护文化遗产的真实性与完整性。将这些元大都土城留下的土坡作为文物加以精心保护：对局部坍塌的土城进行适当修复，对原土城遗址的痕迹加以妥善保护。对我们这一代人弄不懂、搞不清的历史文物，采取尊重历史、尊重现实的唯物主义态度，将发现的文物原封不动保存下来，让后人再去研究、考证。

3）解放思想，再现中华祖先的辉煌

元大都是由元太祖忽必烈用了18年时间修建完成的，总长度达28km。它是中国历史上第一座整体设计和修建的都市，不仅开创了中国古代建筑史的先河，还书写了灿烂与辉煌的文明与文化。此后的明、清两朝都以元大都为基础，改建、扩建的皇宫。

长期以来，社会上存在着一种倾向，认为创造中华民族灿烂历史的伟人、名人一般都是汉族人。而对于在当时历史年代，从北方侵入中原的元朝蒙古族，清朝满族的历史伟人不太敢进行真实的宣传。元朝的创建者元太祖忽必烈，建设了元大都，在中国甚至在世界上都是创造了奇迹的伟大人物，难道仅仅因为他不是汉人就不敢大力宣传吗？在中国过去历次政治运动极“左”的年代中，这应该是设计师们不敢碰触的雷池，即便在改革开放以后的相当一段时期，人们也仍然会有许多的疑虑。

我认为，汉族、蒙古族、满族本是一家人，大家都为中华民族的繁荣、富强做出了贡献。没有少数民族的团结、和睦、创造与奉献，就没有中国今天的强盛与伟大。所有创造中华优秀文化历史的伟大人物，都是我们共同的祖先，我们要以历史唯物主义的观点，中华民族大家庭的角度来认识这些问题。

当我有了这样的认识后，我从思想上获得了真正的解放，在设计中再也没有了任何人为的压力与顾虑。回想起玉渊潭留春园的飞天雕塑、回想起人定湖公园的建设风波，我对时代发展给人们带来的思想解放颇有感触。在这个项目中，对于元世。祖忽必烈和他的爱妃，还有与忽必烈一起为建设元大都立下历史性丰功伟绩的蒙、汉历史人物，我都可以尽情地采用各种艺术形式，给他们以赞美和颂扬。

大都建典——采用雕塑与壁画组合的方式，在花园路附近空地上，设计了一组长80m，主雕高9m的雕塑壁画群，内容表现元世祖忽必烈1267年破土兴建大都城的盛典。雕像以四头大象开道（历史记载，忽必烈每年都乘纳贡的象辇去元上都避暑）、文官、武将、法师、使节排列两侧。台下有显示元朝气韵的宫殿、学府、教堂、民居建筑等。大都城规划设计者刘秉忠的雕像生动地突显在主雕西侧。东侧的壁画反映了元世祖设国宴与万民庆贺的盛况。雕塑群形象粗犷写意，如同从土城中变化出来的，与环境统一协调。

这组大型雕塑与壁画，彻底改变了3～5m的小土坡给人留下的元大都土城的形象。当然，这样的组合方式，适用于较大尺度的场面，可以使主景和背景各臻其妙，相得益彰，这是我们在城市大型公共绿地设计中的一个创新。

大都鼎盛——在总体布局上，这一雕塑群设立在一座仿似土城城台的大平台上，台高6m，宽60m。平台下拟建元文化展览馆。宽阔的平台同时可以登高观景。雕塑与游人的交流、亲近，是这组雕塑的特点，人物分散，各自成景，但可以交融欣赏。这种分散式的雕塑群，增大了观赏面，可以容纳更多游人。在这组大型雕塑中有：

元世祖忽必烈与他的妃子；

意大利著名旅行家马可·波罗；

尼泊尔建筑师阿哥尼；

元朝的天文学家、数学家、水利专家郭守敬。

一代伟人与他的功臣名将和各国使节，还有各族百姓一起欢歌共舞。这些生活在700多年前的人，通过这组大型雕塑来到了今天。雕塑让今天的人们形象地感知了元朝的强大与繁荣，感受了元大都的辉煌，这也是一个宣传爱国主义的场所。

这两组雕塑，是著名雕塑家楼家本的作品。基本创意是配合元土城的保护修整，在土城荡然无存或严重缺损的地段，设计与土城气势相同的带状巨型雕塑群，整体形象粗犷有力，古朴自然，近似黄土的砂岩石或黄色花岗石与土城融为一体。内容突出了元朝帝国的气魄，表现元朝强大的军事力量和深厚的民族文化。

4）植物景观和生态功能的相辅相成

如何为北京市创造一个集历史遗迹保护、市民休闲游憩、改善生态环境、防灾应急避难于一体的有文化历史内涵的现代城市遗址公园。实际上，植物景观和生态功能才是最基础本底。

这个公园地处北京城区北部三、四环之间，东西长9km，连接了2个行政区。因此，这里应当成为展示城市风貌、改善城市生态的一条重要绿色廊道，同时公园与几十个街口、十几条马路、无数居民区相邻或相交，又是一座完全融入市民生活的开放性绿色空间。

如何实现植物景观和生态功能的相辅相成？主要通过对河道的利用改造，对现状植物的保护和利用，因势利导完成了植物大景观的规划设计。

公园基本以小月河为中心，南岸主要是土城遗址保护区，北岸以营造植物景观为主。元大都遗址公园此前经过了多年的改造，不少地段现状植被自然生长状态良好，许多乡土树木已成林，在城市中心地带，能有如此丰厚的自然植被，实属难能可贵。

首先，从景观整体性考虑，将“蓟门烟树”、“大都建典”、“古垣新韵”、“大都盛典”和“龙泽鱼跃”五大节点把朝阳段和海淀段连接起来，由西向东展现元代至今北京城市多年的发展脉络。“蓟门烟树”位于西端起点，此处春季风景非常好，作为起点，象征北京发展的早期阶段；“古垣新韵”位于城市中轴线上，是新旧城区南北连接的地方；“大都建典”与“大都盛典”互为呼应，是集中表现元代历史文化的景观节点；“龙泽鱼跃”在公园的最东端，是一片形似“龙头”的湿地。充满自然野趣，也再现了古人对土城外自然风光的描写：“落雨翠花随处有，绿茵啼鸟坐来闻。”

其次，规划好植物大景观，一举多得。城市中的树木，具有改善环境气候的生态功能，科学证明这是生态文明建设不可替代的重要元素，同时也是创造园林景观最重要的基本材料。元大都遗址公园，作为北京城市的一个重要的线性界面，必然对本地市民和途经这里的各种人群产生不同的影响，其中人们对生态的和景观的感知应该是最重要和最基本的。在新的布局和分区里，需要以生态功能为出发点，结合园林植物造景的多种手法，系统整合现状植物群落。要让这里四季常绿、季季有景，城园相接、园城难分。方案中创意设计的城台叠翠、杏花春雨、蓟草芬菲、紫薇入画、海棠花溪、城垣秋色，基本上都形成了植物的规模景观，当然，其中最突出的就是海棠花溪了。

5）这里创造了北京的海棠花节

这个景区位于安贞门西侧，当年设计种植了西府海棠、垂丝海棠、贴梗海棠、金星海棠等近20个品种约3000株，当时的规格普遍只有6～8cm，现在，经过近30年的生长，海棠树已长大成林，这里的海棠花节已经成为与植物园的桃花节、玉渊潭的樱花节并称的北京春天三大花节之一。

2009年，公园将海棠花溪景区继续向东侧延伸，改造后“海棠花溪”分为西区和东区，西区保留原有景区特色，东区展示新优品种。现在，这里海棠的数量达到了5000余株，名贵的品种达到了28个，是北京市海棠品种最多、数量最大地方。每年仲春时节，海棠花竞相开放，姹紫嫣红，争奇斗艳，蔚为大观，简直成了花的海洋。

海棠花溪景区中心是一个两层高台，高台上是一块景观石刻，选用了红色的大理石，正面是“海棠花溪”四个大字，背面刻的是名人对海棠花赞美的诗词，其中一首是苏轼的《海棠》：“东风袅袅泛春光，香雾空蒙月转廊。只恐夜深花睡去，故烧高烛照红妆。”

这个公园是2003年6月18日建成开放的，当年就获得了北京园林优秀设计一等奖，后来，又获得了2004年度建设部中国人居环境范例奖。

元大都土城西段平面图

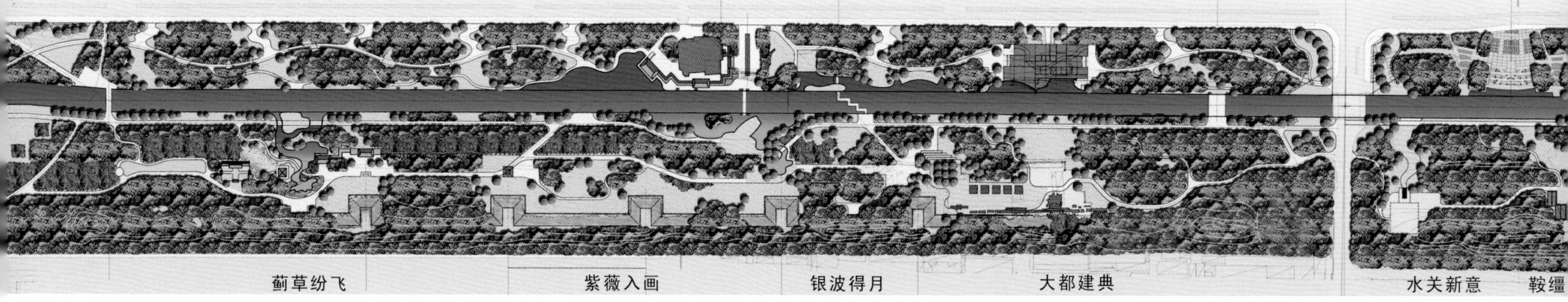

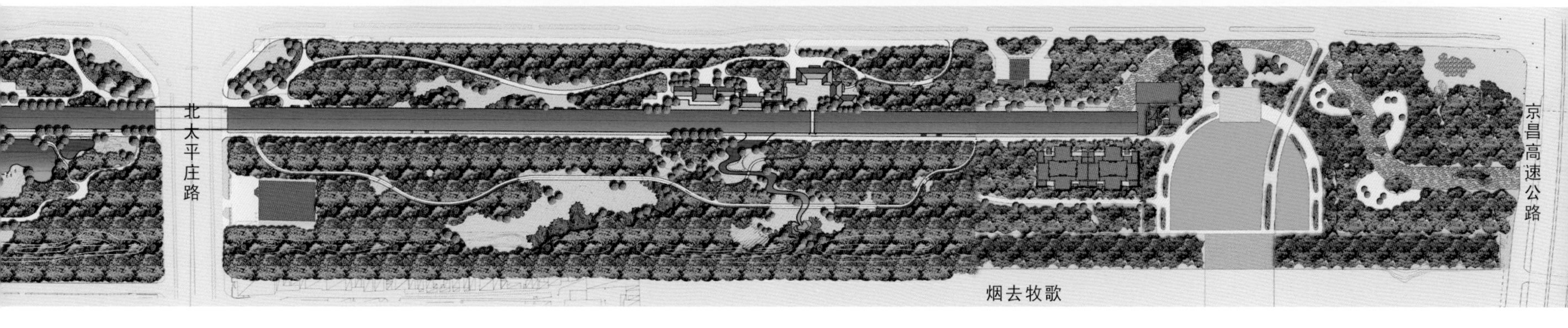
北太平庄路
京昌高速公路
烟去牧歌

土城马面对岸的广场，点缀元青花瓷的雕塑

文脉与生态

用植物保护土城遗址，油松、杏花、土城沟湿地、城墙马面、青花瓷雕塑

元土城上的杏花林

元土城上的油松林

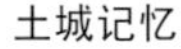
土城记忆

土城记忆

宜居环境　历史记忆

元大都遗址保护

“只识弯弓射大雕”

元代大汗与妃子

成吉思汗骑象去上都避暑

文武群臣护卫大汗

世界著名的工匠们建设大都

“大都巡幸”主题浮雕墙

元土城对岸种植了数千株海棠，经过了二十余年，成为海棠的

大景观，每年春季的海棠花节已成为城区的一大亮点

（2）黄河公园——黄河是公园的主题

黄河公园位于三门峡市北环路以北，临黄河沿岸，面积约2km^2，呈带状分布。是沿黄半岛景观带中的重要节点，是创造生态园林城市的重要工作环节。黄河公园是全国重要的旅游目的地，因此在进行生态修复的同时，对于公园的地域文化的挖掘与现代表现也是方案必须解决的问题。城市文脉与城市生态相符相依，才能共同打造有特色的旅游城市。

三门峡市的文化极为丰富，例如：

黄河文化——华夏文明的主体文化；

古渡文化——黄河两岸交流的文化；

仰韶文化——地域历史的文化；

水利枢纽——水利工程的文化。

三门峡市是新兴城市，将建设成为黄河明珠的现代化城市。

在这种背景下，方案定位十分重要，通过竞标，我们又一次13票全票中标。

我们的设计原则是——全面整体的规划原则，突出黄河特色，利用现代阶地沟谷修复生态，少作人工干扰，尊重自然，尊重场地特征，以人为本，远近结合。

总的目标是：沿黄一带景致多，

绿色生态作底色。

四时景观为借景，

八大节点文化多。

我们的方案确定了黄河公园的主景是黄河及观黄河的自然大景观。依托黄河，借四时之景，借阶地河滩，创造赏景的地点及设施，形成公园的体系。而没有中标的方案，则主要是按照公园设计景区、游乐场、游泳区、花园等，忘记了“黄河”的特色和文化主题。

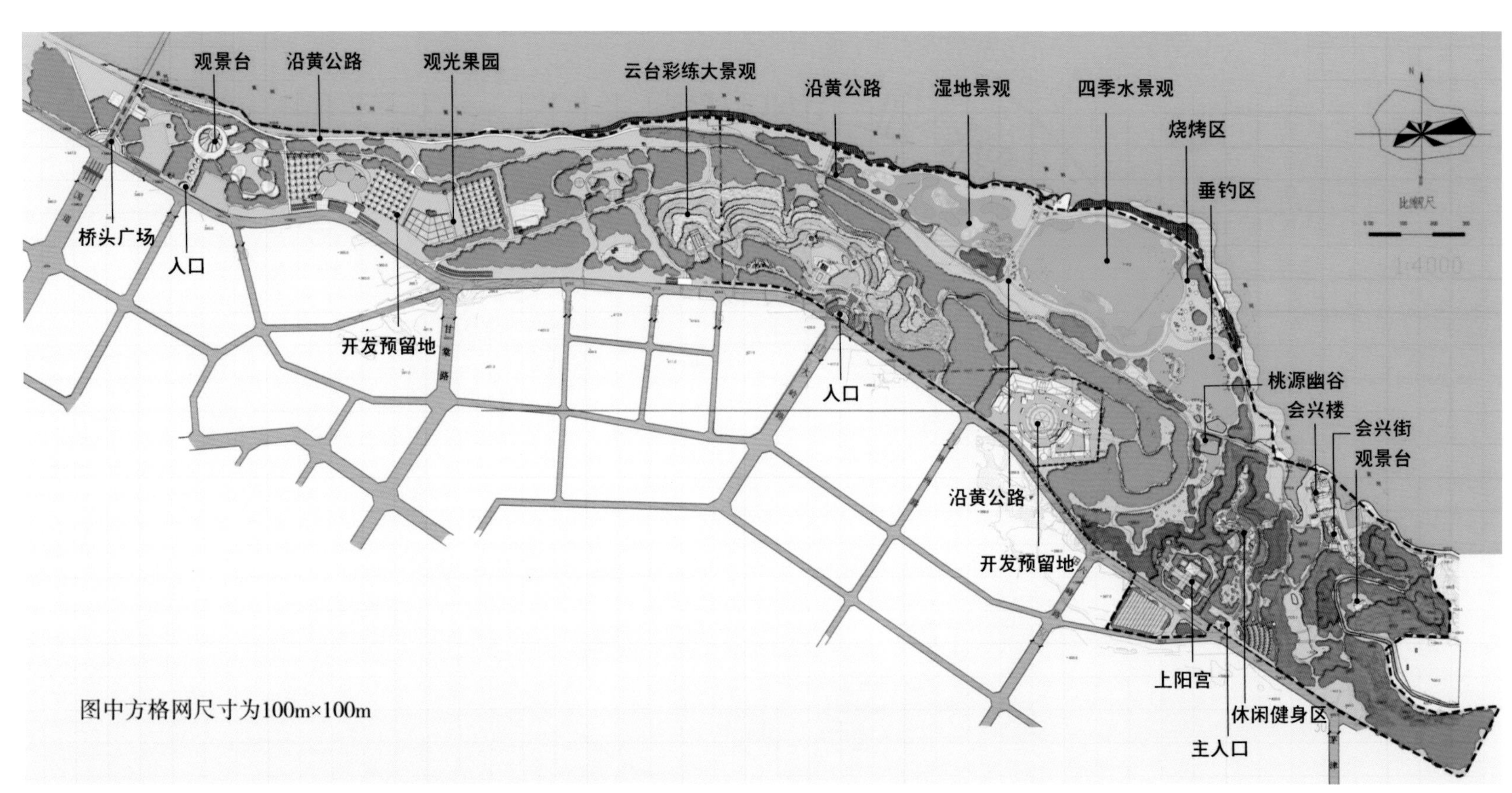

图中方格网尺寸为100m×100m

“黄河”景观是公园的主题
四季的季节变化
晨夕的日照变化
冬夏的水文变化

芦荡烟雨

历史壁画

茅津古渡

会兴楼赏景

（3）鄂尔多斯马文化公园——以文化弘扬地域特色

内蒙古鄂尔多斯市，许多座公园都以马为主题，双马、战马、马群等，均是以大的气势取胜，虽然给人以视觉上的冲击，震撼的感觉，但却很少能够引人深思。我们为一个新公园做方案时，希望寻找一个突出地域文化特色，题材新颖活泼，贴近百姓生活的主题——以内蒙古马文化为主题，收缩至“美马文化、七彩生活”的空间。

公园绿色生态舞台是前提。

以“蒙古人与马”的研究成果作为马文化的依据，以现代手法将马文化系列地表现在现代园林之中。

马文化系列：

人类马文化的故事；

蒙古族马文化的起源；

蒙古人相马学；

蒙古人驯马学；

蒙古人牧马学；

蒙古人医马学；

蒙古人赛马学；

蒙古人美马学。

此方案的创新点是提升了城市的文化，并与生态结合，建造有地域特征的马文化公园。

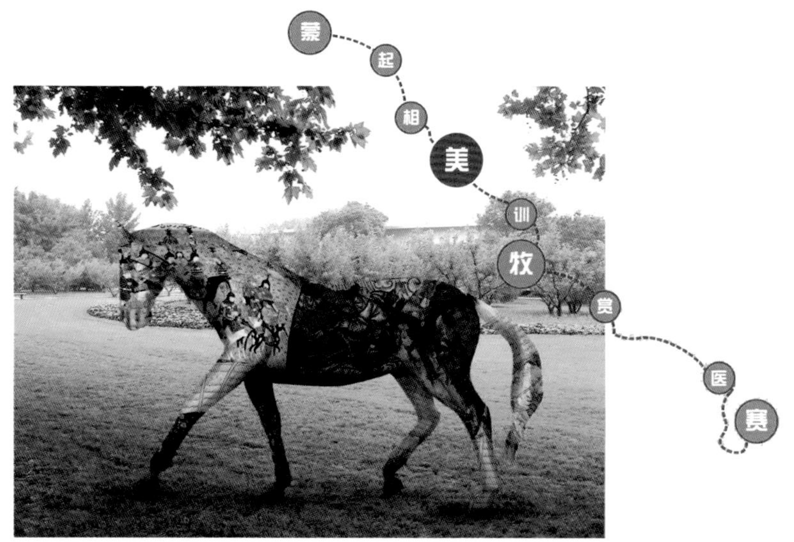

《蒙古彩绘马》

《相马》

牧马《套马杆》

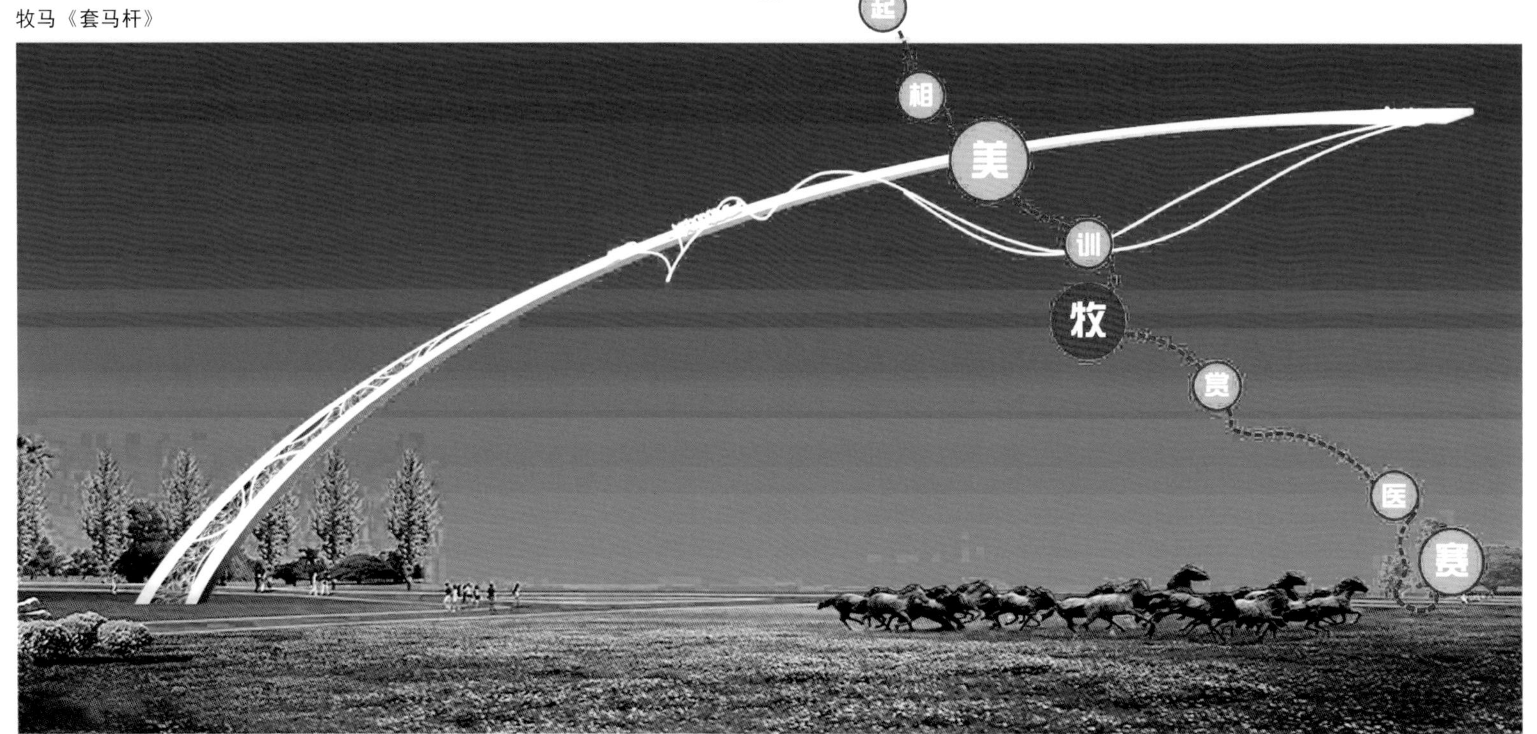

《蒙古人马文化起源》

从文化角度看：

美马点缀、多彩生活

（4）鄂尔多斯母亲公园——文化主题使生态修复增辉

在鄂尔多斯市伊金霍洛旗东部有一片荒山坡地，需要进行生态修复，这是我们主要的任务。但是，大家都认为，只作生态修复，不能满足城市建设和旅游的需要，确定一个主题，是需要大家集中智慧共同解决的问题。经过若干个主题的比较和选择，最后，确定以成吉思汗母亲的事迹为公园主题，在这个地区，这是蒙古族人民家喻户晓的传说，成吉思汗的母亲，也是各族人民所尊重的伟大母亲。

正确的、有影响力的主题，具有强大的生命力。母亲公园的建成，立即产生了极大的社会效应和反响，特别是弘扬了蒙古族人民的文化，同时，公园进行了生态建设，这是城市文脉与生态建设结合的成功案例。

鄂尔多斯伊金霍洛旗，母亲公园效果图

4. 现代园林需要融入现代艺术

当代园林一直缺乏内在充满激情的艺术原创力的推动。由于社会的、文化的、经济的、技术的、人才的种种原因，现代园林不能像有些艺术形式那样，变化翻新得那么快。如果与西方先进的景观艺术相比较，比较突出的是，当代园林缺少现代艺术理论及现代艺术作品，缺少现代其他门类艺术家的介入。

“没有现代艺术，就没有现代园林”，这固然有些绝对，但确也有几分真理。

园林景观，当前比较重视生态环境的改善和人们在使用功能方面的要求，而对于文化、艺术层面有所忽视。中国园林景观是由自然及文化构成。在园林景观中，突出文化艺术，不是大家不想，而是想到做不到，做不好。园林景观是自然，是人们享受的空间，也是文化的载体。现代园林需要现代艺术地融入，我们看到，凡是成功的作品，无不涵盖了这两个方面的内容。

在欧美，20世纪60年代以来，由于公共艺术的兴起，城市开放空间及园林景观设计吸引了大批艺术家、建筑师、规划师、园林设计师参与。

西班牙巴塞罗那的北站公园，就是由雕塑家、建筑师、规划师、陶艺家共同努力创造出来的作品。其中雕塑家贝弗莉·佩柏设计的公园中央部分两个主题——“落下的天空”和“树木螺旋线”成为全园空间视线的中心，特别是“落下的天空”那组陶艺大地艺术作品，反映了现代公共艺术在园林中举足轻重的作用。

分析这些成功的艺术作品，都是由许多专业、许多专家通力合作的结果。这体现出公共艺术的综合性特征。这里要强调多专业、综合性是现代艺术的一个重要特征。

现代园林需要现代艺术，现代公共艺术已经渗入到许多类型的园林之中，截至目前，大约有以下三种表现形式：

第一种，为了体现公园的现代感，体现文化和艺术，找几件作品放到公园中。把一件公共艺术品放到公园中，把它作为一种装饰和点缀。即先有艺术品，然后找地方，这种情况比比皆是。公共艺术的作用和感染力大打折扣。即使是摩尔的雕塑，也作为唐纳德设计的花园中的“装饰”物。

第二种，景观环境的艺术作品。这种情况比第一种情况要好一些。雕塑家根据环境、空间、景观的需要去创作，决定尺度、材料、表现形式。这就有了很大进步。它的整体性、视觉感染力大大提高。如果能和光照、水景、灯光相结合，就可以成为一组成功的作品。近几年比较成功的作品，都达到了这种境界。元大都土城遗址公园中的两组群雕就是结合环境进行设计的。一组创意是从土城中生长出来的历史雕塑；另一组是在土城之上的雕塑，整体气氛很好，和环境结合得自然得体。南馆水景园——水的空间，大地的启示， 也是和景观设计师一起创造的。

第三种，将园林景观作为一个艺术品进行创造，就像国外的“大地艺术”一样。作为与自然景观相融合的艺术，大地艺术对于西方景观园林设计产生过很大影响。例如：沃克·哈格雷夫的作品，在不同程度上受到当代艺术的影响。大地艺术与景观艺术非常相近，国外许多雕塑家离开了画廊走出了画室，利用自然的材料在自然场地上进行创造。其空间尺度不断扩大，再扩大，直至达到人能进入的尺度，成为能用身体体验空间的室外构筑物，不仅仅是用目光欣赏的艺术品，而是可看、可游、可赏的三维艺术空间。这些大地艺术作品，与景观作品相比较，无论是在设计的目的、材料，空间尺度方面已经非常相似，没有多大区别。在城市开放空间中，起到标志性作用。给园林景观带来了新的形象和内涵，传达了现代信息。在这方面做出了贡献的有现代雕塑史上的国际人物野口勇。景观设计师穆拉色，他受到野口勇影响，也创作了许多优秀的大地作品。

这些作品无论是在设计思想、设计手段、设计材料方面，都与大自然相融合。简洁清晰的结构，质朴感人的景观，人们在其中有了非同以往的体验。

中国的现代园林也期盼着与艺术家们合作，共同创造出具有中华民族特色的与中国国情相适应的新的大地公共艺术，使景观园林更具有时代性，更具魅力，现代的新的文化创造了新的园林，新的园林又丰富了现代文化。

几平方公里的奥林匹克森林公园，几千亩地的朝阳公园，几个亿、几十亿的投资，机遇是有的。这需要许多艺术家、规划师、建筑师、景观设计师共同合作才能完成。

希望艺术家们能积极参与现代景观园林的建设。现代园林需要现代艺术地融入。

我们在2013年设计的通州区台湖公园，就是本着“现代园林需要融入现代艺术”的原则，进行的创新设计。

现代公园中的现代艺术

5. 圆明园遗址公园的修复与利用

2003～2013年，近10年的时间，我们公司一直参与圆明园遗址公园的修复和利用工作，我带领一批青年设计师对圆明园的历史、造园艺术和遗址保护等有关法规进行了研究、学习与考证。追寻着古人的足迹，探索圆明园本来的面貌，处理好圆明园遗址公园的修复和利用的关系。在这10年过程中，我们学习和研究圆明园的历史，从中得到了很多教益，前后发表了一些专题论文。李战修同志、马骎同志最为突出。我也对圆明园九州景区山形、水系、植物景观的研究及恢复，圆明园中的田园风光及耕织文化等进行了研究和总结。

圆明园是清朝自雍正至咸丰，历经5代的帝王御园，如何保护和利用好圆明园遗址，使其更好地发挥出其独特的历史文化资源优势，一直是摆在世人面前的一个课题。我们认为它的环境修复，应在充分挖掘并深入研究现存的大量史料的基础上，依据历史原有的风貌和意境，坚持以体现历史的原真性为前提，逐步恢复各景点原有的山形水系和植物景观，保留和利用好现有的长势良好的植物，同时，适当开展对圆明园“田园风光”及“耕织文化”的研究，从为现代社会服务的角度，再现一些当时的田园风光，使圆明园遗址公园增添新的活力、影响力和独特魅力，古为今用，把对历史文化的研究落实到实际中。

（1）圆明园九州景区山形、水系、植物景观的研究及恢复

2008年7月29日，在距北京奥运会开幕10天之际，圆明园遗址公园核心区域的九州景区，首次对外开放。这是自1707年康熙皇帝建园以来，历经301年的辉煌与磨难首次向世人揭开神秘面纱。九州景区位于福海西部，虽然与闻名于世的西洋楼遗址相比，一直鲜为人知，但实际上，作为皇帝处理朝政和园居的九州景区，才是圆明园真正的核心地带。在历史上，九州景区是园林、建筑、艺术、收藏集大成之地。此次开放的区域占地面积约40hm^2，包括：正大光明、勤政亲贤、九州清晏、镂月开云、天然图画、碧桐书院、慈云普护、上下天光、杏花春馆、坦坦荡荡、茹古涵今、长春仙馆、曲院风荷、洞天深处，共14组园林景观。

1）工程概况

2003年以来，为了落实《圆明园遗址公园规划》和国家文物局《关于圆明园西部遗址区环境整治的批复》的精神，按照文物保护法的相关要求，圆明园逐步对西部景区进行环境整治。整治主要以清运垃圾渣土，加固修整破损驳岸，整修恢复山形水系、景区植被、园路交通和水环境治理等内容为主，不含建筑复建。按照国家文物局关于遗址桥保护方案的要求，除了新建多座园林交通桥外，复建了3座古桥——如意桥、南大桥和棕亭桥。

本次环境整治恢复工程主要依据《圆明园遗址公园总体规划》的相关条款。

关于山形水系的恢复：山形水系是圆明三园的基本骨架，也是保留相对完整的重要部分，有条件整体恢复。恢复山形水系是圆明三园遗址保护的需要，也是公园功能的需要，所以，山形水系的恢复应先期实施，使圆明园三园遗址的骨架尽早形成，使参观凭吊者饱赏圆明园这一皇家园林杰出的环境风貌。

关于园林植被景观的恢复：三园内现状绿化用地为总用地的51%，植物品种与历史不符。规划将结合山形水系的恢复，以水为纲，以木为本，依据考证按各景点原有植物配置逐步予以调整，使其符合历史意境。

山形水系及植物是圆明园的基本骨架，圆明园造园之初就是从挖湖、堆山、种树开始的。九州景区虽然经过了长年的自然坍塌及人为破坏，原有植物已荡然无存，但山形水系的整体轮廓依然清晰，使修复工作具备了基本条件。我们工作之初进行了详尽的现状调查和记录，同时深入研究历史，尊重各种原始的资料和文献记载，为下一步的设计工作打下了良好的基础。

2）水系的修复

经过钎探，挖掘，找到了湖岸的准确位置及驳岸做法。由于多年的堆积及平山填湖，扩大稻田、荷塘等活动，许多河汊及湖面被填平，但河湖的形状可以大体辨认出来；我们再依据1933年及2002年的实测图，结合现场的轮廓线，进行了驳岸的清理挖掘，再根据驳岸石的倒塌和缺失情况制定不同的归安及修复计划。经过现场的钎探和挖掘，我们得到了原始的驳岸做法，这样以探明的驳岸石及柏木桩的位置，我们就得到了水系准确的位置。在清理驳岸的现时，也发现了一些沿湖岸的甬路及桥基，参照这些路面及桥基，可以推断出驳岸的高程及水位，水深1.5～2.0m。后湖湖底清理出后，为比较均匀的沙石、卵石层。当地下水位比较高，水量充沛时，这种地质结构有利于水源补充和涵养。当地下水位降低，没有补充水源时，

这也是一个渗漏严重的湖。所以湖底应作必要的防渗处理。目前九州景区的水源全部来自清河污水厂的中水，为了防止污染地下水，已作了土工膜防渗处理。

3）山形的修复

对于塌落的土方，采用就近堆回的措施。现状的山体经过多年的水土流失及近五六十年来的不断刨挖、建房和扩大农田，仅圆明园西部就有40余座山丘被整体挖平，几乎所有山丘都遭到了不同程度的破坏，但整体的山水环抱的格局大体存在，依稀可见。

山形的修复是以1933年、1963年及2002年的实测图并结合现状为设计依据。首先结合清理出的驳岸的位置及沿河甬路的高程可以确定山体的外围与轮廓及底盘高程，以1963年的实测图的高程为主要依据，同时结合一些山体上遗存的景石、蹬道、建筑遗址及现状大树等可以最终确定山体的高度。1933年的实测图中虽然等高线没有高程，但可以看出山形的空间围合和呼应关系，而1963年的实测图中有比例及高程，但山的形状已发生了许多变化，缺少了堆山的造园艺术的体现，因此我们将这两版图结合后，再根据现状情况做出了山形修复的设计图。

4）植物景观恢复的论证和依据

我们认为它的恢复应在充分挖掘并深入研究现存的大量史料的基础上，依据历史原有的风貌、意境，坚持以体现历史的原真性为前提，逐步恢复各景点的原有植物景观，保留和利用好现有的长势良好的植物，将其合理地融入整个环境之中。以已经批准的《圆明园遗址公园规划》为依据，参考《圆明园遗址保护专项规划》中的内容及各类国际宪章中的相关条例，逐步进行植物景观的恢复，同时制定一个长远的更替计划，逐渐替换现状长势良好但不属于圆明园的树种，最终形成一个稳定的、体现各景点原有意境的植物群落。

① 圆明园历史植物考证

在被毁前的150年间给我们留下的描写盛时植物景象的文献资料，目前可查证的共分为4方面的内容：

• 清五帝的御制诗文：在150年间，描写圆明三园的诗文有5000余篇，其中述及园林植物的为近千篇；这其中又有200余篇是专咏园内各景点的特色树木花卉，包括松、竹、梅、柳、荷等，是考证各景点植物配置的重要依据。通过这些诗文的描述，可看出盛时的植物景观是非常丰富的；既各具特性，又相映成趣，繁而不乱。

• 乾隆九年（1744年）由宫廷画师绘制的《圆明园四十景图咏》是仅存的对盛时景象写实性描绘的图形资料；每个景点只描绘一个季节且树木都进行了精心的搭配，虽然其中有一些植物是为了画中构图的需要进行了理想化的艺术加工，但从中仍能看出主要的植物群体；特别是画中对代表每个景区的特色树种的详尽描绘，可与御制诗相互核实对照，确定出主要的植物品种。

• 在嘉庆朝的《圆明园内工则例》中，列有“树木花木价值表”一章，记录了有近80种树木、花灌木及花卉等，皆为北方园林中常见的植物品种；虽然没有注明所种位置和数量，但它们无疑是当时园中存在的；且例中所列出的远非当时整个园子全部的植物品种，因此可参考同时期的其他皇家园林中的树木种类进行选择。

• 根据当年曾亲眼目睹过圆明园盛景的几位西方传教士来往信函中对植物景观的描述，虽然没有直接论及树木的品种，但可以使我们更好地理解园中景物的组成和种植类型：“所有山冈上都栽满了树木和花草，尤其是各种开花的花草更为普遍，好似一个人间天堂。”“在每条河的岸旁同样种植着各种花木”，“每座宫殿里，也充满了花草的芳香，使人在尽情地感受到一种天然的美”，就连英法入侵者也这样写道：“两旁环以绿草丛生的高坡，顶上密密种植着树木，凡在中国所能找到的，应有尽有。”

② 现状植物的调研与分析

圆明园历史上经历了数次大的破坏，原有树木已全部被焚烧掠夺殆尽，无一幸免。经过现场调查后，可以得出现状植物无论是树种的选择，还是种植的方式、种植的位置，都与画中、诗文中所描绘的相距甚远。事实上现状的这些树木都是当年为了阻止一些单位或个人滥占土地，而被迫有组织地进行了多次抢占式栽种；种植的树种、方式及位置都是没有进行考证和规划的，从1956年至圆明园管理处成立，由市园林局及管理处多次组织进行了大规模的植树绿化活动，共栽植了侧柏、油松、加杨、柳树、刺槐等乔木数十万株，这种没有任何约束的成排成行的密植，覆盖了众多景点，遮挡了阳光，使许多树木长势很差，且病虫害相当严重。大量的高大乔木被直接栽到了建筑遗址上和河湖中，随着时间的推移，树根对遗址的破坏就越严重。园中还有一些像加拿大杨、刺槐等不属于圆明园历史植物的外来树种，应保留这些长势良好的树木，同时制定一个长远的树种更替计划，最终还以原貌。另外多年前管理处利用收回的农民耕地，建立了一些大型苗圃，也应将其纳入整体规划加以改造。

③ 国际遗产保护宪章的相关内容

圆明园是文物遗址，同时又符合《佛罗伦萨宪章》中关于历史园林的定义，与其它文物不同，历史园林主要是由植物组成的建筑构造，它是具有生命力的，即指有死有生。其面貌反映着季节循环自然生死。宪章首先强调了日常维护的重要性，作为一个活的古迹，保存的园林既要求根据需要予以及时更换，也要求有一个长远的定期更换计划（或彻底地砍伐并重播成熟的品种），定期更换的植物必须根据各个地区确认的实践经验加以选择，目的在于确定那些已长成雏形的品种并将它们保存下来。宪章中对于历史园林的植物配置与更替这一问题上，除了强调生态特性和地方园林技术外，更强调了应严格保持并尊重历史和园林原有的意境。

④ 植物景观的恢复设计

本次恢复植物景观的树种规划是由以下5类的资料为依据制定的：

清五帝圆明园的御制诗文中有关植物的描述。

• 乾隆九年（1774年）的《圆明园四十景图》中的实地描绘。

• 被保留的20世纪五六十年代及以后种的现状大树。

• 嘉庆时期的《圆明园内工则例》中列出的“树木花木价值则例”有80余种树木（皆为北京的乡土树种）。

• 参考总体规划及专项规划中植物恢复规划等章节内容。

同时，我们又邀请了北京林业大学、北京市园林局、北京市园林科学研究所、北京植物园等多位专家学者进行了植物专题的论证研讨会，得到了一致认同。各景点用列表的形式表示出植物景观恢复从论证到确定的过程，并最终制定出了各景点树木品种名录。

案例1：镂月开云园林环境恢复设计

诗文记载：园中有牡丹数百本，环以名卉。纪恩堂前种植几株白玉兰，同时也是陈列兰花的地方。殿后有古松、翠竹。

四十景图咏中可以看到——牡丹植于自然山石围成的花池中。池中也点缀了少量低矮灌木。河边种植立柳，纪恩堂前2株白玉兰，墙外1株紫玉兰，山坡上有柏树、桃花、杏花。种植牡丹处没有大树遮挡阳光。

修复方案：

• 牡丹台遗址做成花台，将遗址覆土保护。花台上种植芍药200丛。

• 花池中，种植大株牡丹，配以小株牡丹，使牡丹数量达到800～1000株。

• 油松、玉兰、桃花、杏花均可以按图中种植。

• 沿河种植立柳、垂柳及碧桃。

• 现状2株大刺槐暂时保留。衰老后，伐除不再种植。

体会：镂月开云景区是以植物为主的景区，若能将牡丹台重建，景区基本完整。标牌介绍可以绘制康熙、雍正、乾隆三帝赏花的历史性场景，形象而生动，具有吸引力。

案例2：杏花春馆园林环境恢复设计

杏花春馆位于后湖西北部，是九州景区最大的一处园中园，占地22000m²，初名“菜圃”。乾隆九年（1744年）成四十景图时，为“矮屋疏篱，环植文杏，前辟小圃”的一派村野景象。至乾隆二十年（1785年）本景有了较大的改动，添建了许多建筑，成了类似山庄的景象，是皇帝饮酒赏杏花的地方。

2003年市文物局在环境修复工程开始的同时，也进行了文物勘察和挖掘，清理出了春雨轩等建筑遗址，并完成了对遗址的保护工程，使整个环境空间中的建筑布局与内湖、山体及植物的相互关系更加清晰。

• 山形的修复

作为九州景区的最高峰，喻比昆仑山峦起伏，冈阜相连，四周完全被山体所环抱，只在东侧和南侧山谷间留有小径，前有屏山，旁有侧山，背倚主山，中有内湖，环境非常独立、封闭。通过1933年、1963年及2002年三版测绘图的比较，可以看到，1963年图中在东南侧靠近河道的一座山峰，在2002年的图中已消失，被整体挖断后，就近填入后湖，成为鱼塘。因此修复时可依1963年图中的山顶高程，从后湖取回原土重新堆山，恢复原状；而北侧两座山峰，从四十景图中现可以看到景石和城关，在现状的勘查中分别发现了倒塌的山石和城关遗址，可依此确定山顶高度为12m。

• 植物的恢复

杏花春馆的植物景观主题非常明确，是赏杏花的场所。在四十景图及诗文记载中除了杏花外，还有油松、侧柏、柳树、玉兰、山桃等。依据这些历史文献，我们在山体的南坡、东坡种植了上百株杏花，同时点缀常绿树侧柏，北坡则保留现状长势良好的元宝枫。山顶种植高大的油松，春雨轩北侧种植十余株玉兰，使整个景区完全体现出当年的田园景色。

• 文物遗址的修复建议

只有将环境景观修复与文物遗址展示相结合才能体现出景区的完整性，再现其杰出的造园艺术。

山石的归安修缮：杏花春馆的山石是整个九州景区级别最高、用量最大、艺术价值最高的景点。其东侧全部是用太湖石堆叠的假山，“石洞窈而深”，南侧大型青石山洞依然保存良好，而山中的登山道及护坡石虽有倒塌但基本存在。全部归安后，将能形成浓厚的山庄意境。

适当复建点景的景观建筑：杏花春馆亭、得树亭以及山顶的城关都是非常有意境的小型点景建筑，能起到画龙点睛的作用，复建后可增加景区的空间特色。

文物遗址的展示：景点范围内的文物遗址已发掘、勘察完毕，并进行了修缮保护工程，建筑的台基轮廓高出地面形成围合，特别是四十景图中的井口石现在依然保存完好，山顶的城关遗址及登山道已整修完成，使人们既可体会到建筑群体组合的空间魅力，又可近观远望，感受周围九州景区景物的丰富和变化。

5）结语

圆明园是中国历史上建造规模最大的皇家园林，进行了大范围的人工堆山理水的造园活动，许多造园理论都在其中得到了运用和体现。本次环境恢复最直接的意义是提供给人们一个真实的环境空间，身在其中可感受到山形水系植物与建筑相互融合的紧密关系。这只是完成了第一步，今后还有许多工作需要完善，如现状大树的更替，增加解读系统，建筑的复建及遗址展示等，使人们更易读懂和理解它的内涵。

圆明园的建设时间长达六朝150余年，中间不断地增建改建，因此环境的恢复也不是短期能完成的。我们的工作是确保恢复工作沿着正确的轨迹和方向可持续进行，确保每一步的恢复工作都不仅具有原真性、可逆性，更具有可持续性，这是文物遗址恢复的重要原则。为了保证工程质量，先后聘请了文物、园林、规划、建筑、水利等方面的专家几十名，举行专题会上百次，对恢复工作进行科学论证和主题研讨。特别是孟兆祯院士、罗哲文先生曾多次亲临现场指导，确保了工程的顺利进行。

今天九州景区作为历史的繁华、屈辱、衰落、复兴的见证者，承载着301年的文化积淀，148年的屈辱历史，几十年的期盼，在历经了多次磨难后，终于完成了初步的开放。这是几代关心和支持圆明园的人们不懈努力和奋斗的结果。至此，圆明园全园4/5的环境恢复已初步完成。

九州清晏景区植物规划

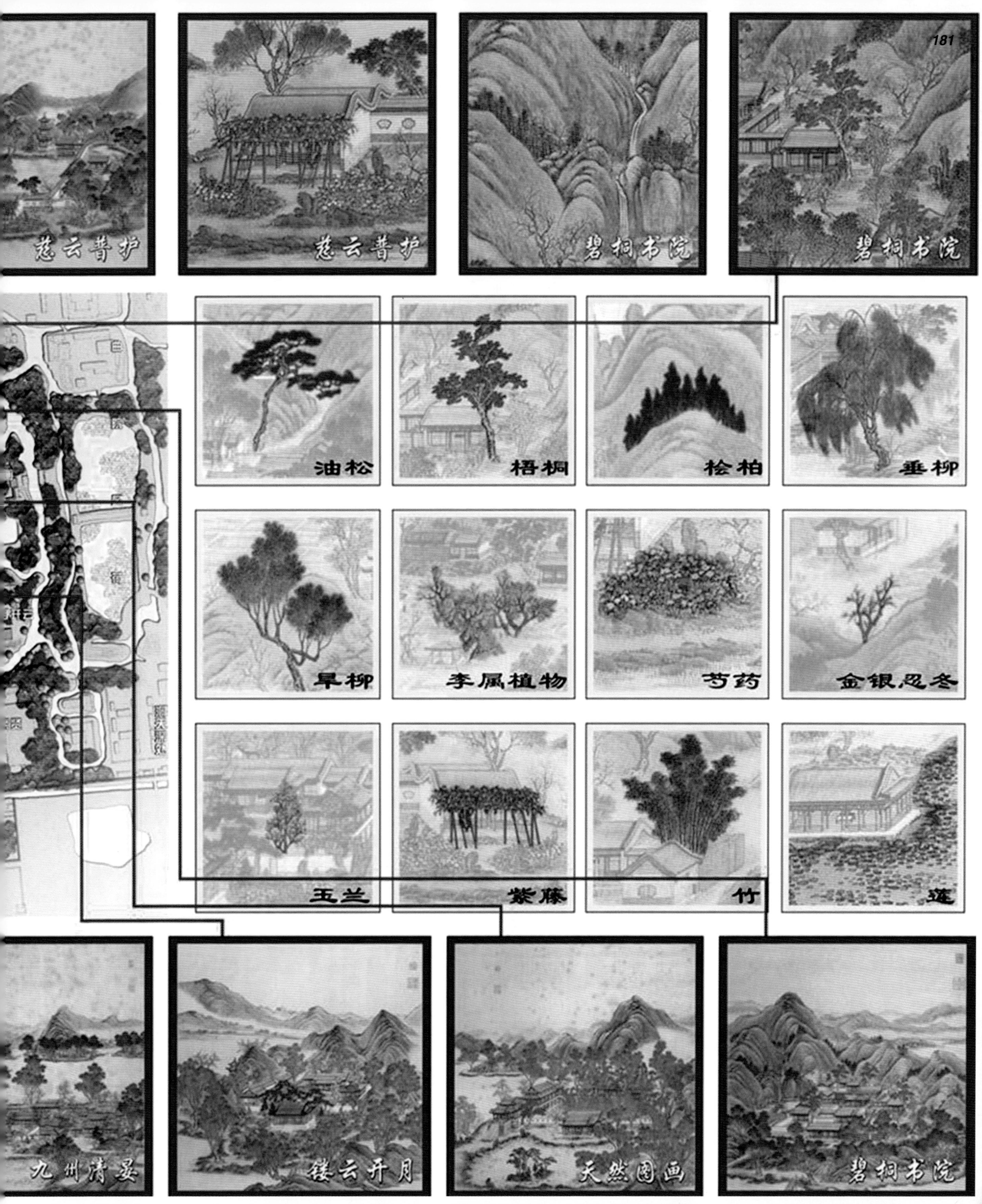
慈云普护
慈云普护
碧桐书院
碧桐书院
油松
梧桐
桧柏
垂柳
旱柳
李属植物
芍药
金银忍冬
玉兰
紫藤
竹
莲
九州清晏
镂云开月
天然图画
碧桐书院

九州清晏景区

九州清晏遗址景区山形水系植物景观意向

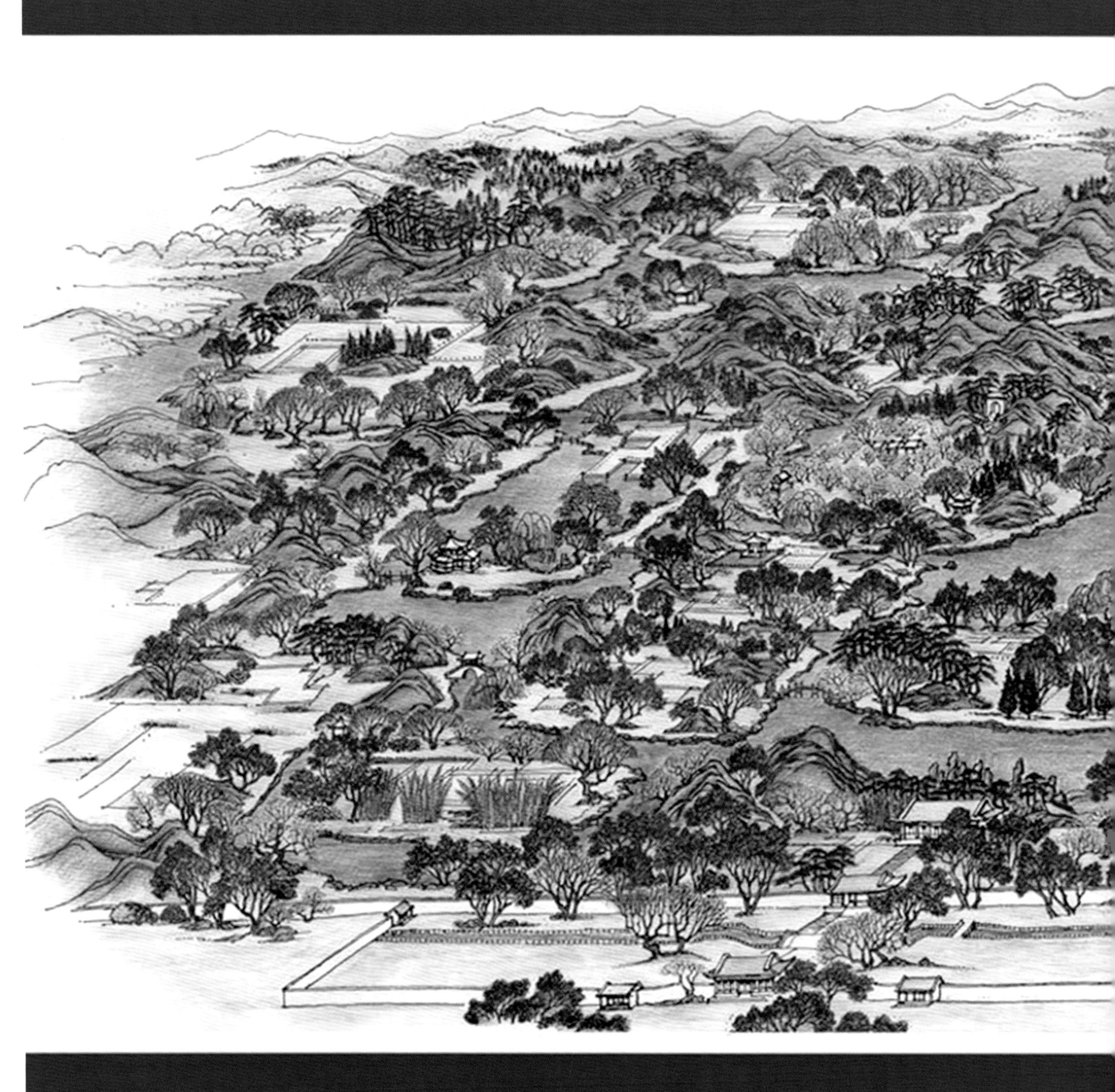

T.X　Z.Z.G

山石　人行桥

山体顺山路

遗址边保留的树木

经过考证恢复的棕亭桥（郭黛姮设计）

圆明园西部遗址经过10年的修复，已经依稀可见原有的山形水系的骨架和植物特色

九州清晏后湖修复后园景

（2）圆明园中的田园风光及耕织文化

盛时的圆明园在世人心目中是无与伦比的经典皇家园林。在外国人眼里，这里是一座他们未曾见到过的、充满想象和创造力的仙宫乐园。

“它荟萃了一个民族的几乎是超人类的想象力所创作的全部成果。”——雨果

“夜晚，所有的宫殿、楼宇、树林灯火通明……我在北京看到的远远超过了我在意大利和法国看到的一切。那里田野、草地、民房、茅屋、水牛、耕犁及其他农具，一切应有尽有。农夫们播种小麦、水稻。种植蔬菜和各种粮食，收割庄稼，采摘水果，总之尽可能模仿一切田间农活及简朴的乡野生活。”——王致诚

清帝也引以为自豪。乾隆说：此园“实天宝地灵之区，帝王豫游之地，无以逾此”。圆明园无论在西方人眼中，还是在皇帝自己眼中，都给予了极高的评价。圆明园堪称东方造园的巅峰之作，以致人们至今仍无法超越它。然而，愈是如此，就愈引发人们研究它、学习它的兴趣。

基于此，笔者希望通过对圆明园“田园风光”及“耕织文化”的研究，有可能再现一些当时的田园风光，并借此为现代社会服务，使圆明园遗址公园增添新的“活力”、“影响力”和“魅力”，古为今用，把对历史文化的研究落实到实际中。

1） 别具特色的宫苑建筑与田园风光

圆明园内与田园风光及耕织文化相关的景区不下10处。如杏花春馆、澹泊宁静、映水兰香、水木明瑟、多稼如云、鱼跃鸢飞、北远山村以及紫碧山房、武陵春色等。

这些景区多集中在九州清晏以北的地区。将百亩田地、十几处宫苑与皇帝的观稼、休闲、娱乐、宴请、读书等不同功能的景点交相呼应，融为一体，共同构成了别具风格的“宫廷式田园风光”。

2） 建园的特殊背景决定了内容与形式

对于风景园林设计师来说，首先感兴趣的是研究圆明园的立意、构思、景观构架和功能分区。为什么要建园？为谁建园？怎样建园？

① 为什么要建？为谁而建？

康熙帝喜欢塞外自然开阔的原野，对京城皇宫生活很不适应，于是在京西修建了畅春园，在那里园居、听政。康熙三十七年(1698年)皇四子胤禛21岁，被封为贝勒，出居外府。康熙三十八年(1699年)为其建王府，不久又在畅春园以北不远赐予花园，得到赐园后，胤禛开始积极建园，这就是后来的圆明园。

② 怎样建园？怎样建造这样一座大型园林？

怎样建园？与主人的政治地位、文化素养、信仰追求以及结交的朋友等都很有关系。

建园主人的文化背景：

•圆明园的主人是自幼接受皇室教育的皇四子胤禛。清朝文化受到满、汉、蒙等多元文化的影响，尤其汉文化侵润极深。胤禛非常有心计，在多方面仿效父皇，包括读书、书法等，并得到康熙的赞赏。对于“御用汉文化”，如盛京祭祖、曲阜祭孔、五台山礼佛等，他都参与。由于他是年长之子，能侍从皇帝巡视塞外，视察农业和水利工程，所以，胤禛的足迹从满族发祥地东北吉林至京城以至江南，遍及半个中国。对于帝国的山川大地、风物民俗、宗教礼仪、文化和经济都有相当的了解。这为其建造自己的庄园准备了条件。

•韬光养晦的富贵闲人。建造园林是文化、是艺术，但也不能脱离当时的政治。康熙四十七年(1708年)，清王朝发生了举朝震惊的废太子事件。康熙帝宣布废黜已册立24年的皇太子。朝政动荡，皇子分裂，康熙甚是烦恼。这时的胤禛已被册封为和硕雍亲王，他韬光养晦，把自己打扮成清心寡欲的“富贵闲人”。在园中建造了一些仿历史名人的文人园林，如源自陶渊明《桃花源记》的“武陵春色”，源自杜牧“借问酒家何处有，牧童遥指杏花村”的“杏花春馆”，还有模仿王维的“辋川图”建造的“北远山村”等。

•诚孝父皇，投其所好。胤禛迎合父皇的喜恶，投其所好，时刻注意维系与父皇的感情，父子之间融洽。康熙帝称赞他“能体朕意，爱朕之心，殷勤恳切，可谓诚孝”。值得一提的是，康熙重视农耕，胤禛也效仿康熙御制的“耕织图”，同样制作了一套“耕织图”，且将画面中的农夫改为自己，农妇改为福晋(胤禛之妻)，亲笔题诗并钤“雍亲王宝”、“破尘居士”印章。在园中，建有多处反映农耕生活的田园美景，得到康熙的赞许。

当年康熙重视农耕是被广为流传的一件事，也是胤禛兄弟牢记的一件事——康熙自称自幼喜欢观察庄稼、农作物。所得各地五谷菜蔬之种必种，并观察其结果和收获。在中南海丰泽

园的稻田中，他偶见一稻穗，较其他先熟，康熙联想到，南方可否一年两种两收呢？后来南方果然培养出了双季稻。另外，康熙常驻边外，知道边外水土肥美，但只种植黍稷之类，于是引种各类谷物教给当地农民。康熙重农耕的思想和教诲，胤禛牢记心上，并且落实到行动上，这也是他对父皇诚孝的一部分。

由此可知，胤禛在赐园之中，大兴农田桑麻之事，弘扬耕织文化，也是事出有因，既是受康熙教诲，也是当时的国策。

•康熙关心圆明园的建设。康熙四十六年(1707年)十一月十一日第一次临幸胤禛花园。那时想已初具规模。四十八年(1709年)康熙再次去时，那里的一切已合乎己意，很是高兴，于是御题"圆明园"匾额赐予胤禛。康熙始终关注圆明园的建设，胤禛也不断敬请父皇赏花、游园。《清圣祖实录》中记载，康熙共去过圆明园11次。由此得知圆明园的建设，不仅是胤禛的意愿，也渗透着康熙的思想和理念。

总之，胤禛建造圆明园，深得康熙的关注，胤禛也崇拜乃父，教诲悉听。当时已建成的十二景中，有生活居住、读书、赏景、追求田园生活及重视农耕为主要内容的不同景区。

③ 从赐园到临政、园居的御园

胤禛继承皇位之前的圆明园，是一座质朴、自然、田园式的园林。其造园理念及文化依托传统文人园林的成分较大，而皇权思想、皇家园林的气派没敢去刻意表现。他继位之后，经过3年修建，并在其在位的13年中，不断地经营、管理。到乾隆之前，圆明园已不仅是一座具有文人园林气质的田园式园林，而且体现了很高的皇权、皇家气派和文化内涵。总体布局上得到了极大的完善，西起昆仑山，万流归东海，九州清晏，万方安和，前宫后苑，皇家气派以及田园风光，观稼劝农。雍正十分满意，为此写《圆明园记》。

在《圆明园记》中，他说建园是为了"宜宁神受福，少屏烦喧，而风土清佳，惟园居为胜。……构殿于园之南，御以听政。园之中或辟田庐，或营蔬圃。平原月无，喜颖穰穰，偶一眺览，则暇思区夏，普祝有秋。至若凭栏观稼，临陌占云，望好雨之知时，冀良苗之应候，则农夫勤瘁，穑事艰难，其景象又恍然在苑囿间也"。

从《圆明园记》可以看出中，雍正在园中开辟了许多田地或菜圃，是为了能在园中观农事、验农桑、知农情、想农忙，体现他坚决贯彻康熙帝"重农桑以足衣食"的富国之策。在所有的赐园中，唯有圆明园，对于重农桑作了许多的安排。雍正在《圆明园记》中，表明了建设圆明园的过程，为什么建园，怎样建园以及园子的各种功能，并将"园明"的意义作了解释。按雍正的解释，圆明园命名的寓意是："夫圆而入神，君子之时中也；明而普照，达人之睿智也。"

④ 乾隆使圆明园更加辉煌

乾隆时期(1736～1795年)，对圆明园内进行过大规模的改扩建，使之更具皇家气派和皇家造园宗旨，设施更加完善，景致更加提升。自1736～1744年，经过7年左右的营造，圆明园整体形象达到乾隆心中的想象。他很是得意而谕旨令宫廷书画家沈源、唐岱、汪由敦，把最有代表性的40个景区，摹画成绢本彩绘，并亲自赋诗记盛。至今流传甚广的《圆明园四十景图咏》就是在乾隆九年(1744年)完成的。至此圆明园建设告成。

乾隆在《圆明园后记》中阐述了改造概况。阐明自己勤俭，没有再建新园而居于旧园，并评价其园"规模之宽敞，丘壑之幽深，风土草木之清佳，高楼邃室之具备，亦可称观止。实天宝地灵之区，帝王豫游之地，无以逾此。后世子孙，必不舍此而重费民财以创建苑囿，斯则深契朕法皇考勤俭之心以为心矣"。

3）御园亲耕

清代康、雍、乾三朝对农桑的重视程度是最高的，每年春季皇帝都要参加祭祀活动，亲自耕种籍田，还要到先农坛祭祀。乾隆每逢活动后，总要写诗记载，如《御园从耕恭记六韵》、《御园亲耕》、《御园躬耕》、《御园耕种》等，这些诗中描写记载了当时亲耕的情况和重农桑的重要性，表达了他关心农民及农业生产的心情。

"我朝得天下，马上搴旗帜。创武守以文，耕稼尤留意。"（乾隆《御园耕种》）从这段亲耕诗中可看出乾隆对"重农桑以足食"农业政策的重视程度。

在圆明园内种田、养蚕是皇帝及后妃每年春季首先要做的大事。园的北部留有大面积农田，是皇家重农耕的需要。用现代的语言讲，就是寓农耕文化于休闲娱乐之中。园囿与宫廷，勤政而重农，这宫殿式的园中园，与农田交融在一起。这种别具风格、有特色的园林正是我们要研究探讨的课题。

4）赏析圆明园中的田园风光景区

① 杏花春馆

胤禛建园时的"杏花村"，原为菜圃。后改名为杏花春馆——乾隆《圆明园四十景图咏》中“杏花春馆”诗序云：“由山亭迤逦而入，矮屋疏篱，东西参错。环植文杏，春深花发，烂然如霞。前辟小圃，杂莳蔬蓏，识野田村落景象。”内有春雨轩、杏花村等村舍小筑，园中还有水井。关于这里的景象，雍正曾写“沿湖游览至菜圃作”：

一行白鹭引舟行，十亩江渠解笑迎。

叠涧湍流清俗念，平湖烟景动闲情。

竹藏茅舍疏篱绕，蝶聚瓜畦晚照明。

最是小园饶野致，菜花香里桔槔声。

② 澹泊宁静

“澹泊宁静”，原名为“田字房”。周边稻田弥望，河水周环。后来乾隆改为“澹泊宁静”，从“田字房”改为“澹泊宁静”后，使景区田园味减弱，而皇家味提升。由于这一景区是连接“九州清晏”景区与北部田园风光最近的景区，皇帝在此纳凉，可看到北部、西部稻田，是重要的观稼、验农之处。

③ 映水兰香

“映水兰香”景区在“澹泊宁静”的西侧，园景以多稼轩为首，共有10景。建在台上的观稼轩，不施户牖，临水田而建，是皇帝凭东窗观稼的地方。随意布置的建筑之间皆为稻田。乾隆在诗中除描写景致之外，还表明：“园居岂为事游观，早晚农功倚槛看。”他居住在园中，不只是为游山玩水，早晚还要关心稼穑之事。多稼轩大殿墙壁上画有农器10具图像(即犁、耙、耧车、锄、水车、连耞等)。乾隆时期又将元代的“耕织图”藏于此轩。

④ 水木明瑟

自“澹泊宁静”过桥向北即是“水木明瑟”。在该景区中，皇帝最有兴趣的是以水推动的“风扇室”，供皇帝消暑。景区内耕种良田数亩。“朴室数楹，东牖临水田，座席间与农父老较晴量雨。”皇帝在游兴之余，又可关心农桑。

⑤ 文源阁

文源阁景区，是乾隆时期拆除原建在此处的一座重檐方亭后，为存放“四库全书”而建造的。笔者认为在没有建造文源阁之前，这里主要是一片庄稼地，中间有一座休息观稼的四方重檐亭，也是体现重农桑的主要地区。为了完整体现圆明园北部的田园风光，乾隆九年(1744年)时绘制了“澹泊宁静”、“映水兰香”、“水木明瑟”以及文源阁以前的景象示意图，以加深对北部田园风光的印象。4个景区连成一片，地域开阔、稻田弥望、水溪环绕，是皇帝观稼重农的标志性景区。乾隆有诗：“数畦水田趣，一脉戚农心。”几组古建筑群中又有精致的自然山水、叠石、松竹、荷塘、花丛，与田野形成对比。

⑥ 多稼如云

园中主要建筑有“多稼如云”、“芰荷香”。皇帝在此往北观看是村野人家，一派田家风味。往南看则是：“坡有桃、沼有莲，月地花天，虹梁云栋，巍若仙居矣”——田家风味与若似仙居，形成鲜明对比。

⑦ 若帆之阁(亦称耕耘堂)

北部依山面溪的一座小型园林，是乾隆二十九年(1764年)新添建的景区。园内有耕耘堂，筑于假山之巅，为皇帝登高阅视园外农稼之处。乾隆有耕耘诗九首。其中一首是：

山堂临园墙，墙外田近阅。

弄田园中多，莫如此亲切。

园中属宫物，墙外私恳别。

当官与治私，尽力殊勤拙。

⑧ 北远山村

这是北部最有代表性的景点，又称课农轩。建筑均矮小无奇，沿河岸自由布列，俨然江南水乡的一个村落，是雍正和乾隆最喜爱的地方。这一景区的诗词也最多。其原因是雍正继位之前，为回避朝廷斗争，把自己打扮成清心寡欲、与世无争的富贵闲人。

5） 圆明园中田园式园林的现代价值

圆明园与历代皇家园林不同的是：在御园中突出了农耕文化及田园诗般的意境。其景致之多、规模之大，非其他可比。笔者认为，这一点是康、雍、乾三代皇帝结合实际的创新，也是造园发展过程必然形成的结果。自然美、田园美、园林美与重农桑结合在一起，不仅有田园诗的意境，而且不失皇家园林之气派、权威，达到了完美之境界。

研究历史，发现传统文化的现代价值，才是“古为今用，推陈出新”的目的。

① 将原有大部分农田、菜地、果园，重新辟为农田菜圃。结合北部山形水系绿化植物的修复，按照现代人们对于自然、农田、庄稼的需求和渴望，以新的经营模式进行耕种，又是进行现代农业教育的场所。百亩庄稼产量可观，故又是农产品基地。

② 合理利用土地是资源节约的重要方式。圆明园西部1000多亩的园林，只有遗址。游人反映："没得看，看不懂。"这从某种意义上说就是对土地资源的浪费。建议在较集中的地段，在不影响保护遗址的前提下，开展提高土地利用价值的景观修复，如恢复农田、菜圃、果园。

③ 对于从事风景园林研究及设计者来说，除了设计城市公园、森林公园、郊野公园，今后还要设计具有田园风光的大园林，这将更符合当前北京园林绿化发展的方向。尤其对城市第二道绿化隔离地区更为适合，不能只种树，应当创新一种田园风光式的郊野公园。在这一点上，历史上的圆明园给我们提供了丰富的经验和案例。是园林中的田园，还是田园中的园林，有待新一代风景园林师来继承、发展和创新，使传统园林为现代社会服务。

乾隆大阅雕像

耕织图

耕织图

四月耕织图

清代的耕织文化

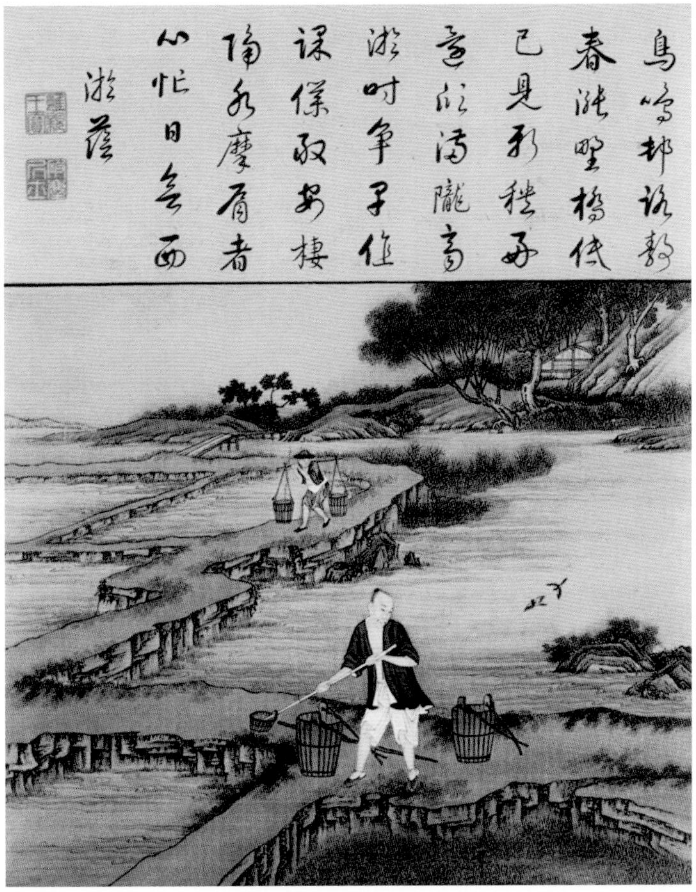

耕织图

耕织图

雍正先农坛祭祖全图

田园风光、耕织文化为特色的北部景区

T.X Z.J

映水兰香　澹泊宁静　水木明瑟全景图

檀馨谈意

六、实践生态文明中提升自觉

1.通州大运河森林公园——生态文明的实践

附：待整合地概念

2.绿化隔离地区的郊野公园

3.基于长远规划的平原造林工程

4.大型公园规划与区域整体复兴

5.下一个命题一定是文化

六、实践生态文明中提升自觉

党的十八大报告首次把生态文明列为建设中国特色社会主义的“五位一体”的总布局之中，标志着中国现代化转型正式进入了一个新的阶段。

生态文明建设被提到如此重要的地位，必然有着深厚的理论与现实背景，因此，我们需要对生态文明的战略意义有足够的认识。

生态危机，是当今世界共同面临的社会问题，大家在寻求解决问题方法的过程中，发现现代园林具有可以解决这一现实问题的能力，这成为我们解决困难的出路之一。

1. 通州大运河森林公园——生态文明的实践

这些年来我看到，在生态危机面前，园林景观规划设计表现了可以统筹更多的学科优势。主要是人们在寻求和探索解决现代生态危机中发现了景观园林在城市生态修复中具有的独特作用。风景园林、文化景观，兼顾了人们对自然生态与文化艺术等多方面的需求，可以在更高层面和更大角度为政府决策提供依据。在解决人们对生态渴望的同时附加了对文化艺术层面的更高追求。

（1）土地需要统筹整合

2007年，通州区计划在大运河两岸修建公路，同时要求种植沿路的行道树并对大运河两岸进行绿化。我参加了通州区林业局为这一项目招投标组织的现场踏勘而第一次来到这里。大运河整体呈西北—东南走向，长约10km，水面宽度200多米，两岸河堤宽度从几十米到400m，两岸有各种林带、果园、农田、鱼塘和滩涂，流域范围将近上万亩土地，虽然是一派荒野景象，但水岸平阔辽远，那种大的自然空间，使我顿时感到这里所具有的场地特质不容小觑。但眼前看到景象却是，水利局在治理河道，市政局在修建道路，园林局在绿化种树，而农民却在伐树卖钱，各家忙各家，我想，这样干将来会成什么样子呢？

这使我想起，在西二环金融广场设计初期，也是这样类似的情况。

金融街中心区城市绿化广场，位于西二环路北段，南起广宁伯街，北至武定侯街，设计时间是1998年。这是一条长450m，宽60m的狭长场地，由多家单位分别拥有使用和管理权，如交通、市政设施、单位红线用地等等。其中，市政部门管理的行道树（立柳）长势较差，而园林局负责的20多米宽的绿地内种植的国槐、毛白杨等，又由于长势旺，遮挡了一些地标建筑；再向内侧20m宽的地方，由北向南又分别属于沿街的3个机关单位。由于大家各行其是，沿街的景观参差混乱是可想而知了。城市土地本来就很紧张，绿化用地更是珍贵，我一直对这种现象不满。然而，在一般

右堤原状岛

左堤原状滩地

河滩地原状

情况下，园林设计是没有权力和力度协调这种问题的。

当时为了迎接国庆50周年，政府提出对二环路全线改造。我利用这个机会，在金融街改造中，大胆地提出了一个统筹整合利用土地、营造城市大景观的方案，这个思路，得到了沿街3个单位和更多相关部门的积极支持与配合，使我成功地设计了金融绿化广场。设计完成后，金融街整体环境以宏大的建筑气势和现代景观园林设计风格，给人们带来了全新的城市体验和视觉感受，这个广场很快成为二环路上的亮点和金融街标志景观。这也是我这一次尝试统筹整合利用土地来营造城市景观，并取得了成功的案例。

踏勘现场给我的直觉体验，以及我们对这块场地历史文化全面考察和深入研究，结合我多年从事城市景观园林设计，所形成的对于土地的敏锐感受力，使我看到了这里的巨大潜能。我感到这绝不是在河堤上修建两条公路，再加上简单的道路绿化所能包括的，这里有大文章可做。并且不论水利、市政道路、景观绿化、农民果园等，都不应该偏重任何一个方面单独去考虑。但是大运河厚重的文脉如何表现，当地农民的现实利益怎么协调，生态改善如何才能做到可持续发展，市政道路如何连通，怎样为现代人服务等等，又都是不容偏废的重要因素。由于当时的情况，根本不具备由谁来组织多家设计单位做这样综合性很强方案，在这种情况下，职业习惯带来的创作激情使我萌生了一种责任：一定要善待这块土地。于是，我主动向园林局提出“我来帮你们做一套运河绿地的整体规划”。这种想法立刻得到园林局局长的支持，但有人提出土地管理权限问题。对此，我认为，关键是要看方案的可行性。这些年，国家绿化事业发展非常快，我们必然会面临许多新的问题和挑战，做得好，符合实际情况，就有可能得到政府支持和认可，将不可能的事变成可能。

左堤市政路，绿前原状

右堤原状鱼池

（2）对城乡绿色空间的理解

大运河作为北京具有代表性的大型滨水集中绿地，属于城乡绿色大空间，方案的构思一定要突出场地原始、本质的特色，一定要表现我们这个时代对自然的理解和尊重，价值体现一定要做到承前启后和可持续发展。

生态和文化应当是这片土地的本质特征，生态是基础，没有良好的生态，就不能更好地表现文化。因此，生态修复和水源治污、河道生态化处理、对农民土地统筹利用等问题，是把它进一步提升为“森林公园”风景区的先决条件。只有具备了生态基础这个“平台”，才能上演各种有文化特色的“戏”。

按照什么原则修复生态环境？近期和远期的战略目标如何衔接？目标过大过远，显然会影响通州区人民的信心和兴趣，目标过近可能又达不到吸引人的水平。拿捏这个分寸，不仅需要丰富的经验，有时也需要直觉的判断。

此次的规划范围包括7000多亩土地，情况十分复杂。这需要景观园林设计师向更多相关学科进行学习后才能胜任，水利防洪、污水处理、市政道路设计与河岸安全设计、文物保护与利用等等。我们需要对实地调查研究的分析评价，需要从史料中获得大运河完整的历史文化面貌，需要了解当地农民对于河滩地的使用情况，以及他们希望通过规划来获得哪些现实可行的帮助。这些大量的错综复杂问题，都需要我们的深思熟虑，才能确定相对最优的土地利用方案，尤其是需要均衡多方面的利益。此外，还要考虑资金的问题，如何将方案做到接近实际，使通州区有能力实现这个方案，脱离现实的方案再好，也只能是纸上谈兵。

我站在北京城市整体景观的高度，认为一定要把握这个机遇。虽然面对的是一个复杂的问题，但我要以最短的时间，最简练的语言，概括最美的远景，使通州人民产生共鸣。“一河、两岸、六区、十八景”这9个字，提炼了我对于整体统筹、尊重历史、生态修复、综合整治的城市大景观设计理念。想不到，最初的方案在区委会立刻引起强烈反响，与会的领导无不感到震惊与鼓舞，他们没有想到，他们的家乡潜藏着这样了不起的价值，眼前的这片荒芜土地可以被描画得这样美好。整个会场的气氛一下子变得十分热烈，可以想见，这种情况对于我的创作激情产生了怎样的助推力。

在方案调整过程中，有些领导曾一度认为“一河、两岸、六区、十八景”是否太过繁琐，尤其对十八景，可以改为八景或十景。但是，没想到这个提法已经得到广大群众的认可，口口相传，大家对十八景的提法很认同，若改为八景，百姓不认可。这说明，一个好的方案就是一个恰当的适合当地文化的概括，一定要使它成为通州百姓自己的东西，这就是群众基础，有了政府和群众的参与，也是项目成功的重要基础。

通州大运河森林公园建设目标就是：治理河道，还清碧水；万亩林海，改变生态；运河景观，传承文脉；休闲旅游，造福后代。应当说，我创作的理念和灵感来自这块土地本身应有的价值，来自于通州区各级领导的慧眼识珠，也来自于我积累了一生的素养和专业修为。大家有时候说：“檀馨懂政治”，可能就是指我的责任心和自觉性吧。

（3）景观定位的四大特色

“东风吹雨晓来晴，春水高低五闸声。兰浆乍移明镜里，绿杨深处座闻莺。”（康熙）

“白云红树通州道，麦垄禾场九月秋。 好景沿途吟不了，豳风图画望中收。”（乾隆）

景观定位必然是场地特质的高度提炼：大运河流域的开阔辽远、气势宏大以及历史文化积淀决定了这里一定是北国田园大景观。我们结合过去皇帝康熙、乾隆对这里的描写，概括出大运河景观的四大特色：

运河平阔如镜——水；

平林层层如浪——树；

绿杨花树如画——景；

皇木沉船如烟——古。

可以说，这四大特色景观概括了“一河、两岸、六区、十八景”这一整体景观构架，具有相对唯一的可识别性。不论远观近赏，都能美景不断，四季宜人，有水，有园，有景，有花，有趣。

等待修复的土地

景观定位的四大特色

运河平阔如镜——水

平林层层如浪——树

绿杨花树如画——景

皇木沉船如烟——古

（4）植物景观规划是浓墨重彩的一笔

植物规划是这次生态整治的重点，是表现大运河大景观浓墨重彩的一笔。第一，树种一定要适地适树；第二，一定要考虑滨水的特点。

适地适树，强调的是技术、经济的科学合理，表现的是北方群落、四季林相和恢宏大气、绚丽大方的色彩，现状多种类、大面积片林、果林被赋予全新的定义而获得了重生。被重新规划了节奏、规模与色彩，堤岸绿化与运河水体、农田景观相互因借，时而穿梭在密林中，时而透过疏林看到远处的大运河、农田、果园、林舍，既能享受大自然之野趣，又能感觉现代城市景观的优美与便利。但也不能机械的都是大片，还要结合景区功能与场地特点，强调重要节点和景观群落，既保护现状，又要创新，还要安全科学，我们不是盲目地种，而是在科学指导下的多样性。像桃柳映岸、长虹花雨、银枫秋实、平林烟树这些四季植物景观的形成一定要经过科学合理的论证与精心地配置才能做到个体成立和总体协调，才能表现内在的规律和外在的美感。树种要单纯，但局部树种可以多样。在大运河边的植物群落，多大尺度合适，节奏韵律的变化，都是要研究和设计的重点。总之大空间大尺度，中等空间中等尺度，还要配小尺度空间。

滨水绿地景观与行洪河道如何科学合理地兼顾，我在这方面的经验是，因势利导，巧妙利用，把握资源的特殊性使其发挥最佳效益。首先需要根据不同洪水高程选择不同树种，大堤大部分面积处于50年一遇洪水的区域，是完全可结合道路建设形成观花和穿过树林的路；滨水滩地多在20～50年一遇洪水的区域，在这里选择深根和耐水湿的乡土树种作为林地骨架，配合多种灌木以及草本地被，一样营造出优美的四季景观。之所以选择耐水湿的深根树，就是考虑到一过性洪水一般不会在短时间内给林地带来毁灭性灾害。

（5）作为设计者的感受和体会

从一接触到这块土地，我就被深深地吸引和感动着，在这里大有文章可做。可以说，不论是在构思，还是绘图，还是在现场协调问题，我心里时时涌动着激情，每次去都会有不同的感受。春天，荡漾着的湖水和两岸的桃花、柳树，漫步林间，静谧感觉和舒适的空气湿度，在大面积常绿树林中，有清新的杀菌素的味道，还可以闻到树木枝叶的芬芳。夏天，五颜六色的草花，大尺度的自然景观、除了草花，还有精彩的湿地，弥望一二里地的荷花、芦苇、千屈菜，就像到了白洋淀一样，那么辽阔，这在中心城区，是完全不可想象的事情。生态条件的改善，招来了许多有生命的东西，人可以在这里自由地垂钓，蝴蝶、蜻蜓、昆虫、水禽、青蛙、鸟类不知道增加了多少。晚秋时节，城里差不多已经没有花了，但是这里成片的甘小菊，在阳光下，衬托着白色的树干，实在是美不胜收。城里人带着帐篷在这里露营，幼儿园阿姨带着孩子观光。这就是现代人最向往的城市森林公园。公园的管理等级和精细化程度，也超过了我们的想象，整洁、卫生，还有完备的服务设施，过去一般人都会认为，郊野公园会比城区公园在这方面会差一些，但在这里会全然颠覆你的感觉。我感觉到了通州区的人民对这片土地由衷的喜爱和格外的珍惜，从一片荒野到一幅蓝图再到超出想象的美好现实，还有后期持续不断的提升，这是在政府、设计师、百姓共同参与下一个很完美的设计。

我的另一个深刻的感受是：一个成功的设计，一定是集中了集体智慧，一定是大家的。我作为总设计师，始终感觉到有一个强力高效的支持系统，这个系统是最重要的，我们不是孤立的闭门搞设计，也不是脱离实际在搞设计，我知道改善生态环境，保护文化特征，提高民生质量是北京市当前最需要解决的重要问题，长期积累的环境恶化和水质污染，成为当今最突出的社会问题，我们从这里入手，就必然会得到政府的支持。另外你要热爱这片土地，要和当地的人有同样的感情，当你把这块土地最大的潜在价值挖掘和贡献出来，就会得到百姓的支持。还有就是设计人员一定要深入实际，不是简单画图了事，而是要把创意的思想，大家的思想、领导的思想、科学合理而艺术地落实到土地之上，要研究各方面的合理需求，包括研究土地和自然的需求，这是非常重要的。要把施工看成是设计再创造的过程，由于我们坚持现场服务5年的时间，才有可能获得今天这样完美的成果，这是大家共同的劳动成果，我们是最大限度地融于群众、融于生活，深入实际，用自己的专业知识为社会，为最广大群众服务，才能赢得良好的社会反响，大众化的社会价值就在于此。

我经常思考，城市景观园林设计的历史责任是什么？就是社会出现问题了，环境被破坏了，需要去改善，历史文化被淹没了，需要被挖掘，这就是时代赋予我们的社会历史责任，你有能力解决大家最关心的事情，成功就会属于你，而不是脱离社会、脱离政治、脱离经济。对于政府来说，群众的需要就是最大的政治，解决环境问题，社会有需求，群众有所想，政府也有财力，就是大家不知道怎样干，我们正是在这种情况下，把握住了机遇。我作为一生以园林为职业的人，是感到荣幸的，作为专业技术人员，需要研究政治的需要，群众的需求，经济的可能。只要你能把这些根本的东西融入思想意识当中，再加上较好的专业能力，就能主动出击，为政府出谋划策，就可能得到大家认同。应该说这个项目臻于完整地表现了我的设计思想和水平，表现了我们城市景观园林设计者的价值所在。关键就在于我们不但从思想层面琢磨透了这些东西，也能够从技术层面上应付自如，作为设计者来说，专业技术成熟的一个重要标志，就是要做到政治的成熟。

我一生从事城市景观园林设计职业，设计了数不清的作品，这是在我步入70岁时获得社会给予的重要机遇，也是我设计生涯中最值得纪念的项目之一。这个项目由最初的方向未卜到顺利实施，一举成为带动北京11条河道整治及滨水绿化的示范工程。对北京城市景观的提升和生态改善发挥了引领和推动的作用。我想，这应该是个人专业知识、文化修养、政治觉悟的一个综合的表现。懂得尊重自然，如果不是愿意将一己之力报答社会，对事业的执着热爱，我就不会在最初的两年时间里，在资金没有着落、没有合同情况下，毫不迟疑垫钱做设计，免费印制宣传册页，就像一个义务宣传员。回忆我当时在做设计时候，是一种纯粹的爱好和对社会的一种责任，由此我把握住了机遇。

通州大运河森林公园建成后得到多方面的肯定和奖励。现在已经成为通州区对外交往的窗口，成为中心城区和其他地区众多旅游者度假游览的地方，最近又获得AAAA级景区的殊荣。

我作为一名园林设计师，从园林到面向城市的景观园林，进而走向城乡绿地。在不断与时俱进中，不但开拓了自己的视野，也不断探索着中国现代景观园林行业前进和发展的新空间。现在，我们这个行业面临着更多的有关生态环境的项目，不但我们需要学习，我相信，大家都也都需要学习。只有勇于实践，敢去尝试的人，才有机会获得成功。

附：待整合地概念

一定区域内的各种不同用地类别，不同权属的土地，由于管理分割或其他原因，处于闲置、利用不合理或利用不充分的状态，土地的潜在价值不能很好地发挥，需要进行重新整合利用，实现生态、景观、文化、休憩等综合功能，从而达到土地利用的最优化。

以生态文明建设为目的，以可持续发展为原则，以园林景观为主导，统筹规划，在政府有关部门的统一领导下，充分考虑土地使用的兼容性，对其进行重新整合利用，使地块整合、功能复合、效应综合。这是一种新型的土地利用方式，是建设生态文明，提升土地的综合价值的一种新的尝试。在通州大运河滨河公园的建设中这种方式已经取得了很好的效果。

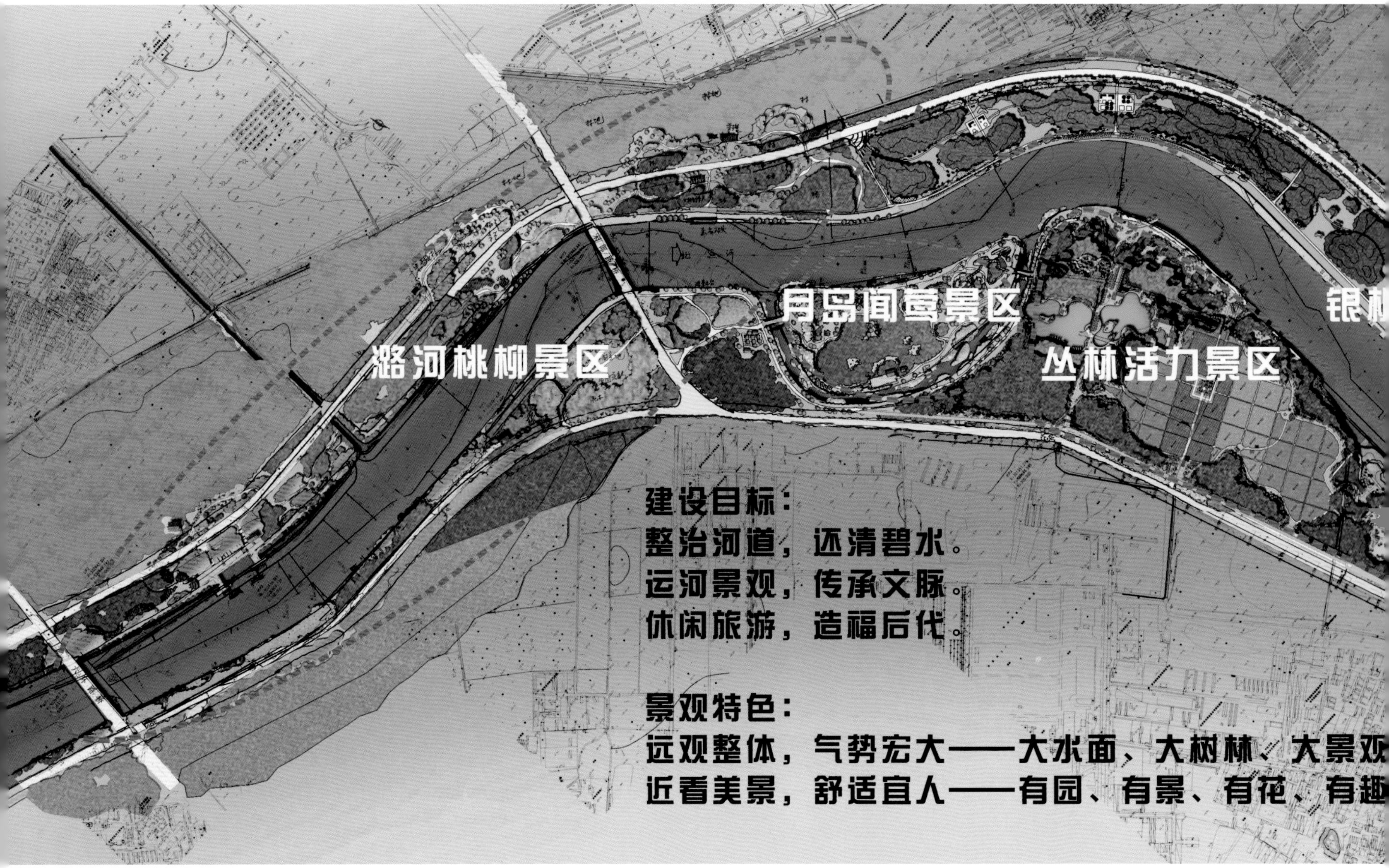

潞河桃柳景区

月岛闻莺景区

丛林活力景区

银

建设目标：

整治河道，还清碧水。

运河景观，传承文脉。

休闲旅游，造福后代。

景观特色：

远观整体，气势宏大——大水面、大树林、大景观

近看美景，舒适宜人——有园、有景、有花、有趣

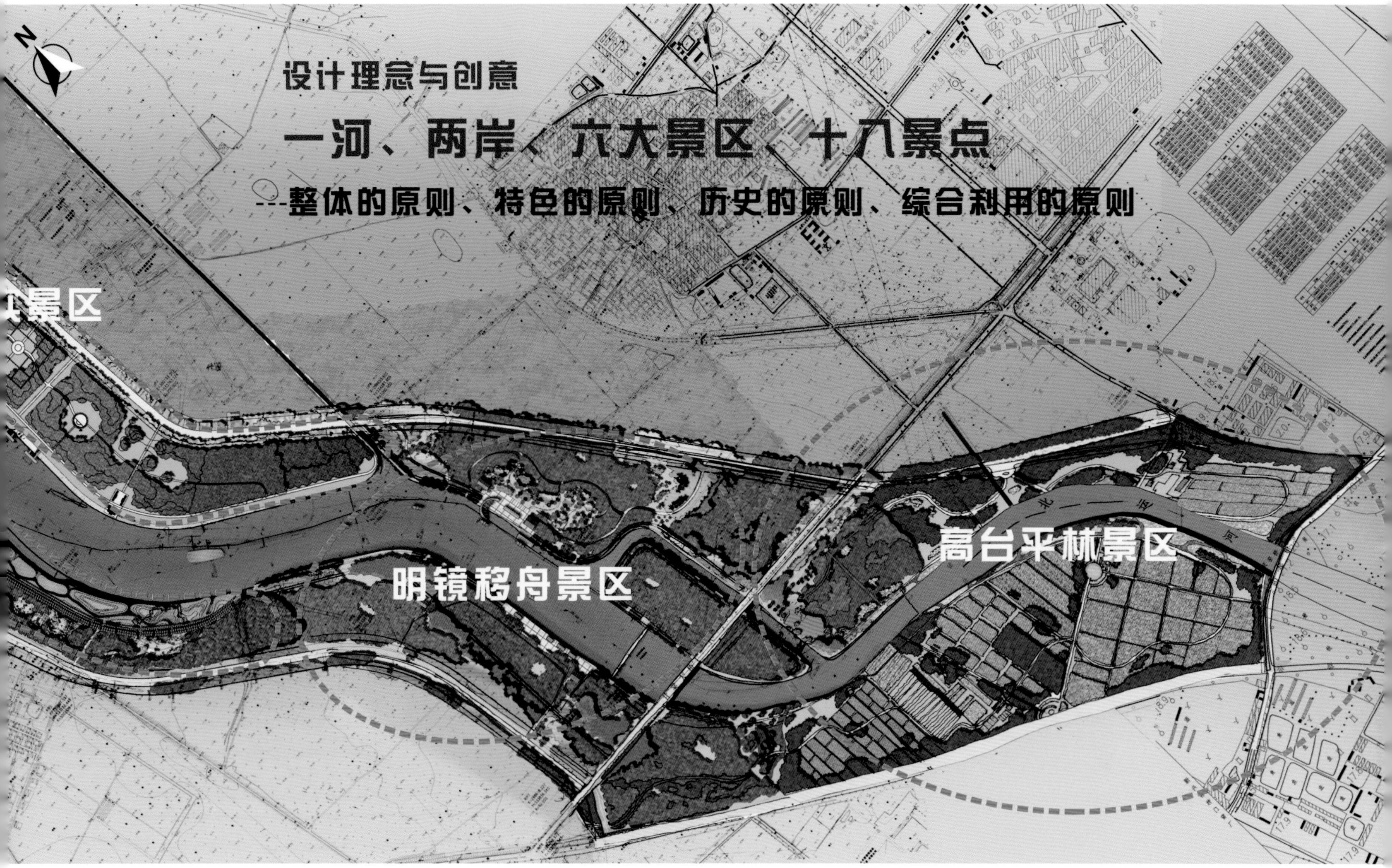

设计理念与创意

一河、两岸、六大景区、十八景点

---整体的原则、特色的原则、历史的原则、综合利用的原则

景区

明镜移舟景区

高台平林景区

规划总平面图

运河督运图是规划的重要依据

大运河旧貌换新颜

黄菖蒲、荷花3年之后

绿化之前

菖蒲3年之后

大运河旧貌换新颜

秋景千屈菜3年之后

绿化之前

林下黑心菊

林下波斯菊

林下草花

大运河森林公园植物大景观——千屈菜

大运河生态环境的修复，使大运河湿地成为野鸭、野鸟的栖息地

人工湿地的近自然景观

大运河人工湿地的近自然景观

开槽节广场

大运河的人文景观

电视剧实景保留

大运河码头

大运河的人文景观

开槽节广场

大运河督运图壁雕

大运河中的仿古船

大运河森林公园植物景观

自然、生态、功能、美观、人文

春光明媚

冬雪雾凇

夏日除草

秋叶似锦

冬雪

大运河森林公园自然景观

日落

晴雨

大运河森林公园自然景观

平镜

大运河森林公园建成后全景图

2. 绿化隔离地区的郊野公园

北京市绿地系统规划中，围绕中心城有一道绿化隔离地区，简称为“一隔”。经过许多年的征地绿化，已经种植了数百万株树木。一方面，这一地区基础生态条件得到了有效改善；另一方面，中心城市也陆续扩张到这些地区，因此，不论是居住在周边的群众，还是城里需要远足的人们，势必对这些绿地的游憩、休闲、健身以及文化功能提出了新的要求。

北京市政府2007年启动了绿化隔离地区郊野公园环建设，提出将“一隔”地区“建设成具有游憩功能的景观绿化带和生态保护带”，让群众直接享受绿化建设的成果。对于这部分绿地的规划，全市总面积约为125km^2，其中朝阳区约69km^2。从2007年以来，我们在朝阳区一共设计了古塔、东风、东坝等8个郊野公园。

郊野公园的概念来自英国英格兰的威尔士地区，是指在城市近郊区的树林中，开辟一些特别的地段，为附近的市民提供康乐和教育的设施，城市近郊更多的树林则被保护起来。

在北京情况有些不同，我们的基本特点是土地少，树木少，但是人很多。实施公园环，就是要将一些具备生态基础的地区连接起来，使这些地区的生态效益发挥作用。在此基础上，进一步有目的地提升一些具有公园性质的必要功能，以解决为人们服务的问题。

建设郊野公园，首先需要征收农民的土地，第二需要花费大量的建设资金，同时，还要保证有长期持续稳定的养护管理，要想实现“公园环京城，绿色促发展”的建设的目标，虽然需要国家政策的支持，也要看到，一个好的设计和稳定持续的管理，也能够起到促进地区经济的发展的作用，带来多方面的良性循环。

几年来，我们在参与郊野公园建设过程中，归纳了以下几点思考：

1）执行政府建郊野公园环政策，需要平衡国家和农民的利益，必须要替农民考虑今后的出路问题。

2）保护和利用好原有树木和植被，是实施绿色环保，发挥最大生态效益的根本所在，不能一路建设，一路破坏。

3）需要采用不同于设计城市公园的思路，要针对郊区的经济文化管理的基础，合理适当地设计具有“郊野”特色的公园。不必要盲目追求所谓“最好”，而是要讲究“最适合”。以实求适，这是我们悟出的道理。

4）北京第一道绿化隔离地区，是保护北京环境的生态林带。其中建设公园环的地区，应当以生态优先为基本原则，同时提供居民游憩、健身、娱乐的场所。公园性质的内容和建筑不要超出相关法规的限制。

5）关于定额设计。我们的规划设计必须学会“量入为出”和综合利用，特别是综合利用，对有条件和较大的郊野公园，整合在一起统一规划，取长补短，设计要善于用较少的投资，取得更好的建设效果。

6）目前，郊野公园的建设和土地利用，存在着以乡为单位的局限性，表现在土地的利用上缺少科学合理性。这就给我们提出了新的课题：对于土地的整合，怎样做才更加科学合理。

7）当前国家投入的建设费用，只能达到绿色生态环境基础的整合和公园景观及功能的小幅度提升，而对于文化及康体的更多需要，还有很大的差距。

8）北京的郊野公园具有显著的中国特色，它不同于欧洲设计意义上郊野公园，因此设计要从实际出发，要根据场地的条件提出切实可行的方案。

郊野公园作为北京园林绿化的新生事物，需要在实践过程中分阶段逐渐完善，对于更多的服务性项目和文化提升，将是我们今后更重要的任务。

另外，关于园林植物营造景观的理论，多年来基本形成了一定的美学体系，但在生态修复方面我们只能说是刚刚起步。我们必须有意识地加强运用新的科学的理论，通过“实践—总结—创新—再实践”的模式，构建量化、系统化、分析和综合的科学体系。我们看到，现代科学技术可以量化评价多种生态效益因子，甚至可以人为控制在更深层次的发展。植物群落的设计必须是合理、健康、高效和科学的。随着环境质量日益被重视，景观园林正由“景观主导型”向“生态主导型”过渡，由“精致园林”向“城市大园林”、“城乡绿色空间”发展。如何发挥园林植物生态效益的最大化，是生态修复的主要课题，而合理构建功能型植物群落，充分发挥植物的氧气制造厂（固碳释氧能力强）、天然除尘器（滞尘能力强）、静音墙（减弱噪声）、毒气吸收机（吸收有害气体）、负离子生产机（释放负离子）、细菌消毒站（释放杀菌素）、“芬多精”浴场（释放有益物质）、天然空调器（增湿降温）的作用，是生态修复的重要途径。

例如，东风公园位于朝阳区东风乡，属于北京市第一道绿化隔离朝阳区，总占地面积1500亩，其中一期工程面积1200亩（合80km^2）。公园前身为绿化隔离地区林地，地势低洼，土质盐碱，种植品种单一，长势较差，缺乏应有的基础设施，景观效果不理想。2008年经由市发改委、市绿化局批准实施建设，纳入北京市第一道绿化隔离地区郊野公园环。

东风公园以植物造景为主题特色，新植近3万株常绿、落叶乔木，4万株花灌木，地被花卉20余万平方米。园区以青年路划分为东区和西区两部分。东园建设有以湖区为中心的春满园景区和集中展示树木生长科普知识的自然之路景区，西园主要包括展示多种植物健康药用功能的健康园和供游人林下健身休闲的健身园。

健康园：

健康园是东风公园西区的一部分，占地4.2hm^2。园区共植乔木2870株，花灌木16100株，地被花田9560m^2，其中常绿乔木占整体乔木的45%。常绿树以油松、桧柏、华山松、雪松、侧柏、刺柏为主，落叶乔木以玉兰、银杏、杜仲、各种桃树、海棠、丁香、连翘为主，地被花田以月季、芍药、菊花、鸢尾、萱草为主，其中的侧柏、银杏、玉兰、杜仲、丁香、连翘、芍药、菊花都是著名的药用植物。

据测量1hm^2的桧柏树林1昼夜能挥发出30kg的杀菌素，可以消灭相当于1个中小城市1天内空气中游离的细菌。游人在健康园里休闲散步除了能呼吸到清洁的空气还能增长很多植物的药用知识。

春满园：

春满园位于东风公园东区，包括春花园、夏花园、秋叶园、冬姿园、自然之路以及中心湖区，以植物造景为主题特色。园内种植乔木近18000株，灌木25000余株，花卉近10万株。中心湖区水面近5000m^2，沿湖大量种植了玉兰、桃花、海棠、榆叶梅等春花树林，与柳树、水杉形成桃红柳绿的画面。

自然之路：

“自然之路”全长300m，沿路种植了近百种乔木、灌木、花卉，并近距离向游客介绍许多种对人体有益的园林植物，让大家在浏览的过程中学习植物科学知识。在这里游客可以和树木“交朋友”，观察植物一年四季生长变化，了解其生长过程、生态习性及药用价值。

东风公园平面图

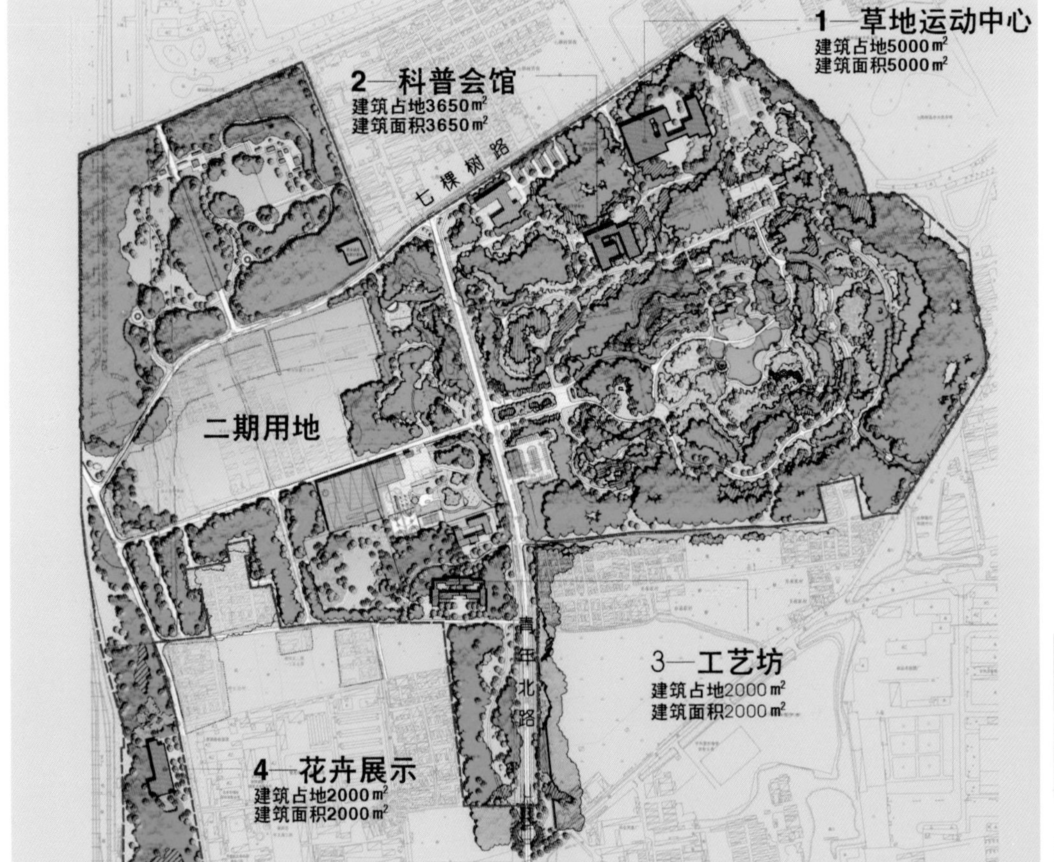

东风公园

古塔公園

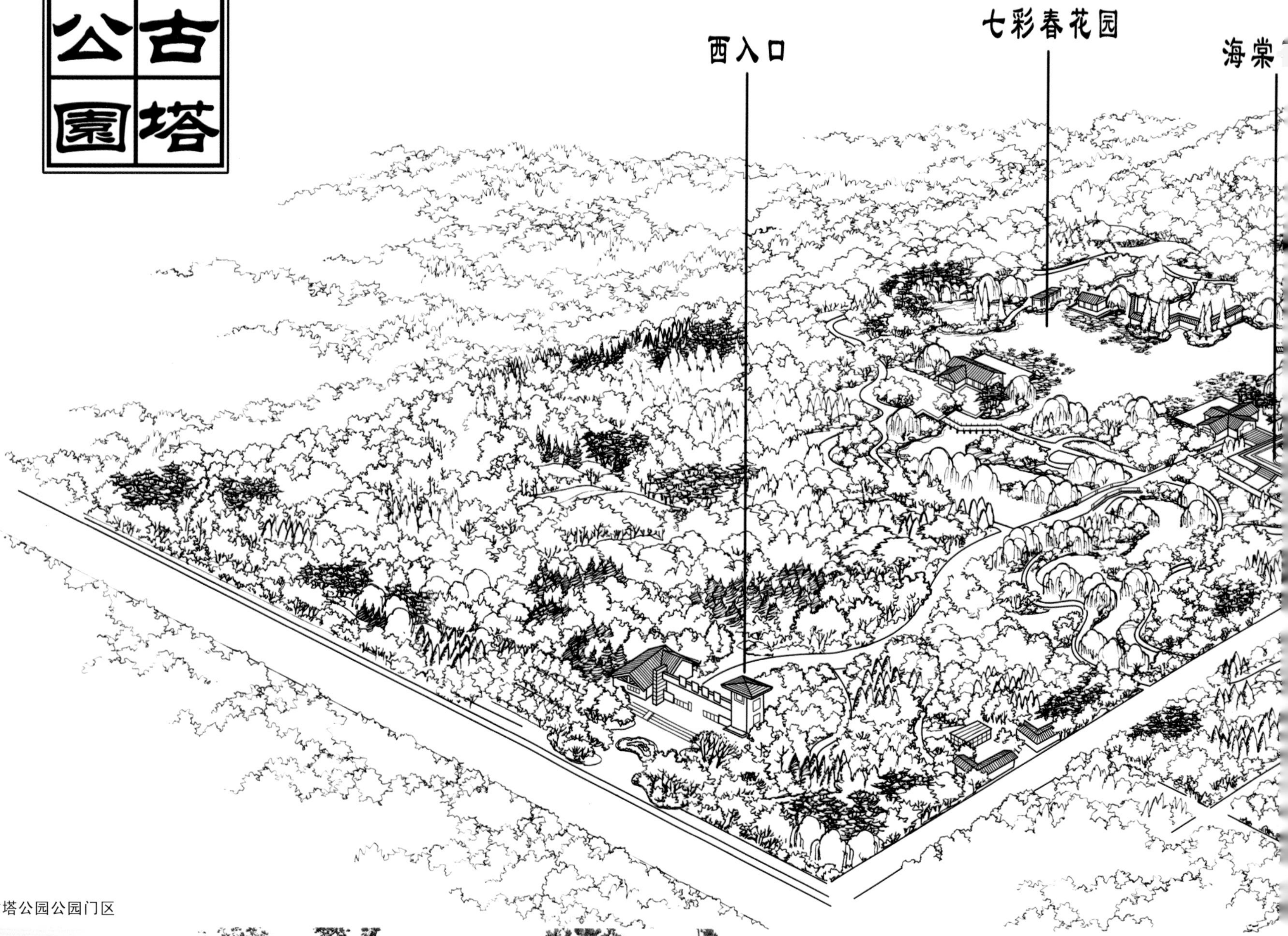

西入口

七彩春花园

海棠

古塔公园公园门区

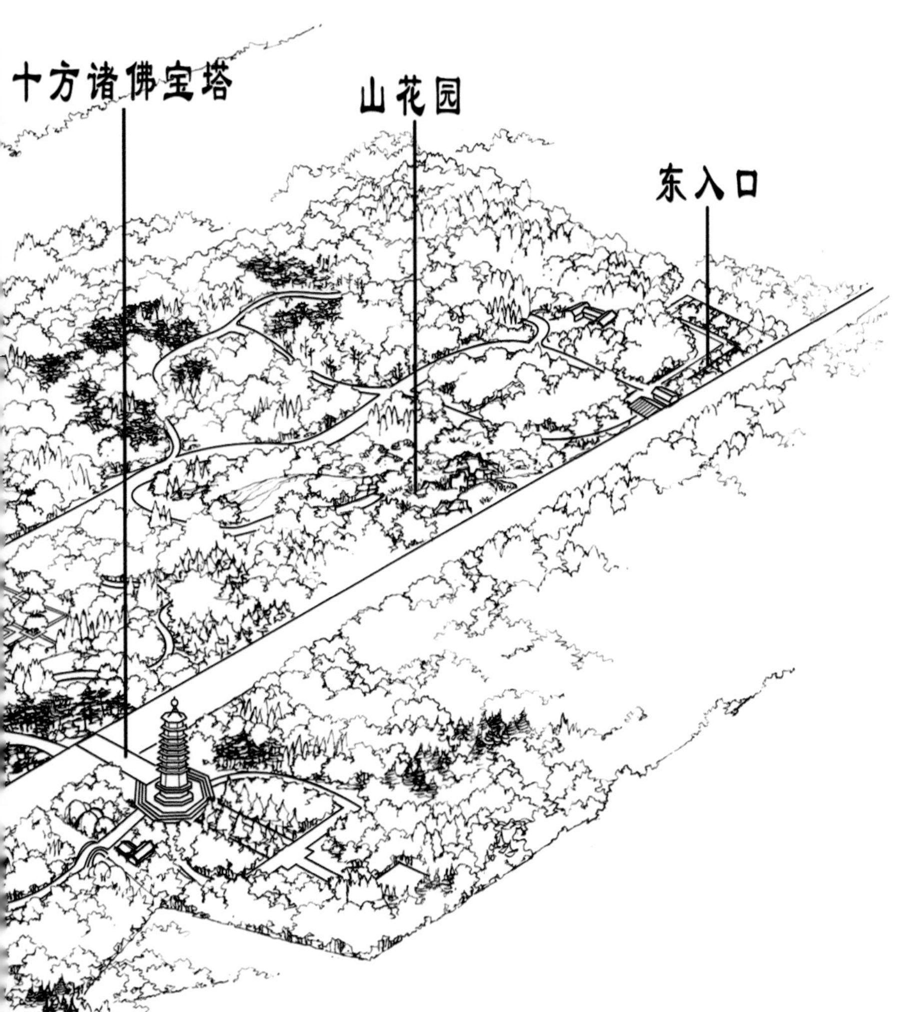

古塔公园

古塔公园平面图

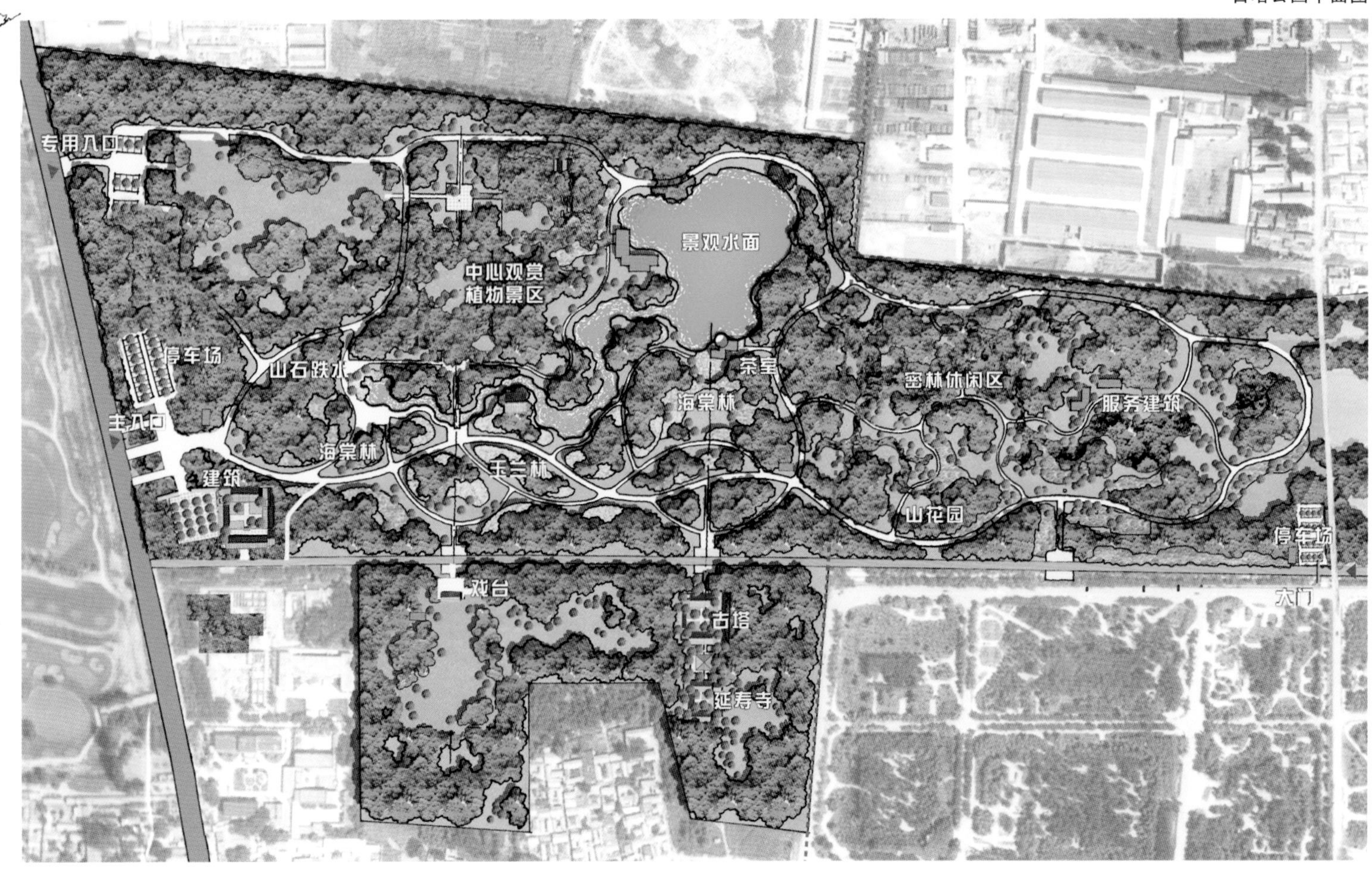

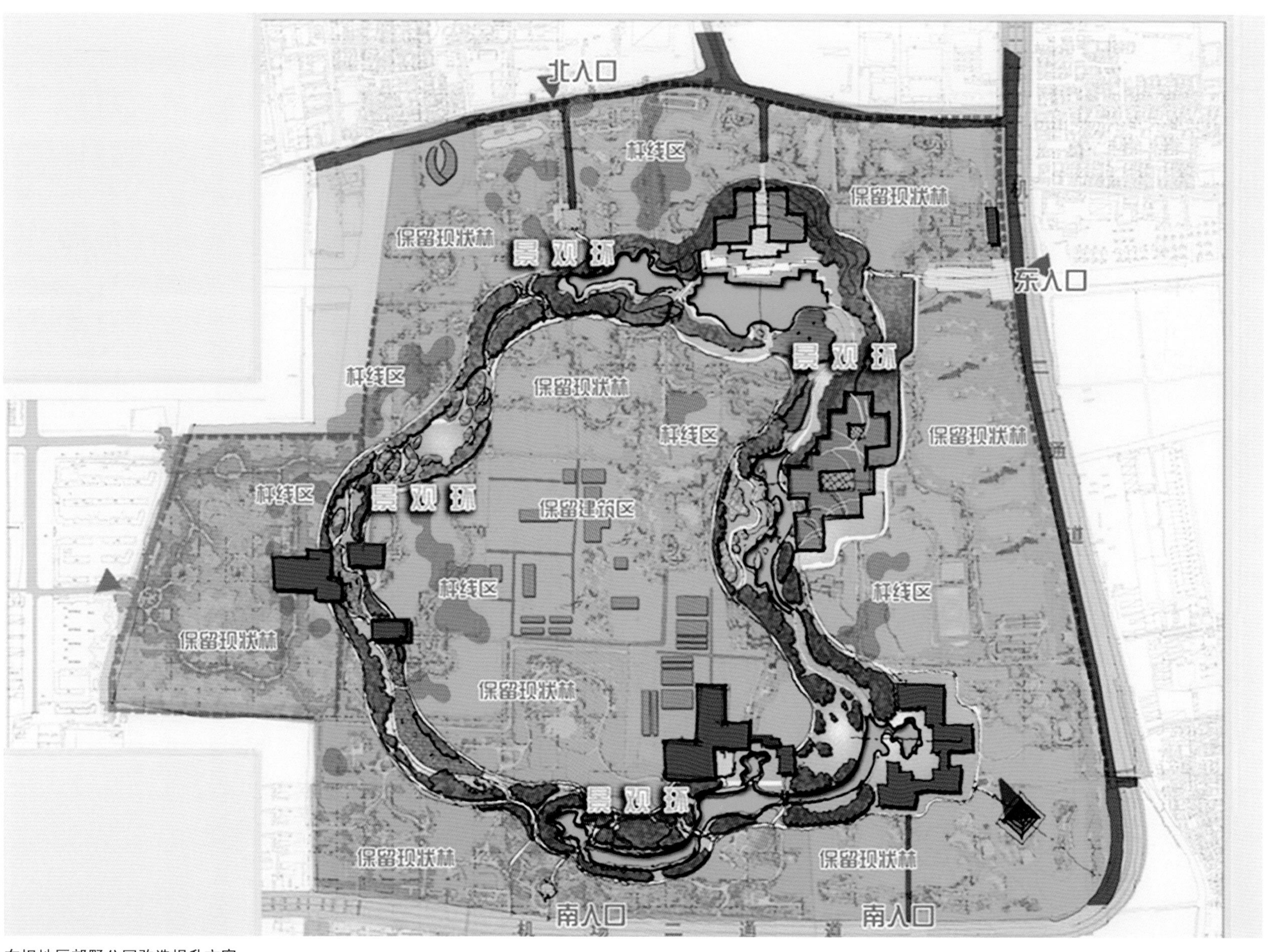

东坝地区郊野公园改造提升方案

总体把握——隐藏在绿色“海洋”中的几处景观建筑

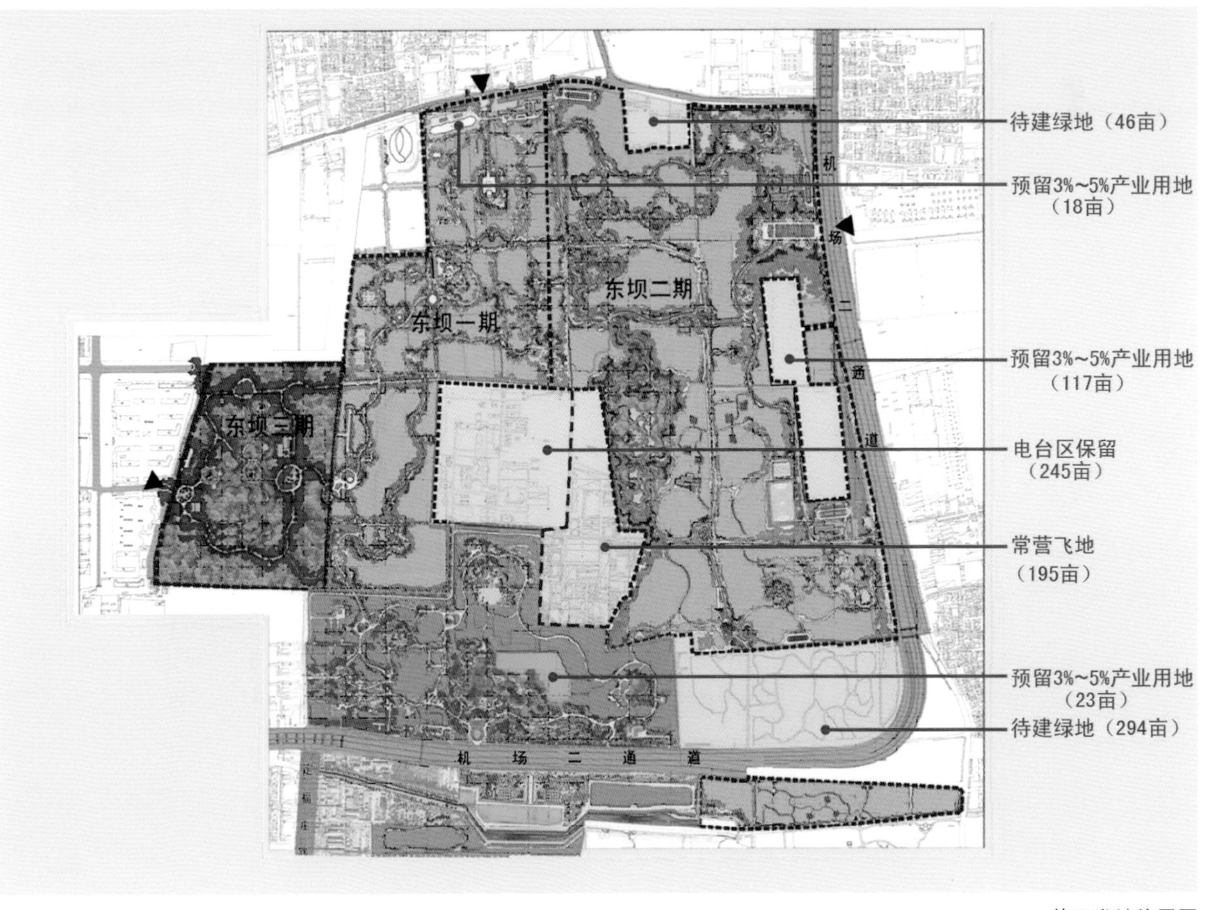

待开发地位置图

3. 基于长远规划的平原造林工程

从2012年开始，我们承接了通州、延庆等4个郊区10余万亩的平原造林设计任务。这不是公园，也不是滨水生态修复，而是平原造林。为了做好这项新的工作，我们需要学习包括林业、生态、旅游甚至林下经济等许多新的知识和信息。

为此，我曾专门请教了沈国舫院士："北京植物自然群落的模式中，有没有可以被借鉴用于平原造林的群落？"他回答说："北京造林主要是在山区，在历史记载中，平原地区没有大面积森林。"由此看来，百万亩平原造林，应该是一件是前人没有做过的事情。

虽说平原造林是一个新生事物，但是，对于园林行业来说，平原种树却是做了几十年的事情，只不过在面积上远没有今天这样的规模。平原地区适合种植哪些树种，我们还是积累了一些经验的。当然，我们过去的经验是不能简单套用到今天的，因为两种绿化的性质、目的和所针对的问题是不一样的。对于今天来说，放到首位的，就是生态效益的最大化。对于园林中的文化和艺术，应该在主要矛盾面前退而求其次。对于平原造林，我们没有现成的经验，只能通过实践学习、总结和不断改进。

在设计过程中，大家深感理论的储备和支撑不足。在这期间，我们得知有的单位，已经对奥林匹克森林公园的种植设计进行了几年的追踪调研，对其中一些重要的生态因子，从定性到定量，开展了科研性质的研究，这使我获得一定的启发。可以用于种植设计的定量的数据，虽然还需要经过若干年的测试、总结和验证，但我认为思路却是很好的。这些科学的概念和方法，可以有选择地用于平原造林实践。例如：乡土树种，生长旺盛，生态效益就大；乔木比灌木生态效益大；复层种植，生态效益高；林缘会因为负离子高而空气质量好；复层种植的含菌量大，不宜种在林缘或接近人活动的地段等等。

目前，关于植物环保功能的数据，南方测试的比较多，北方较少。一个地区到底种什么树，怎样种，在什么地方种就能够达到环保、保健、康复和养生作用？目前我们掌握的数据还很初步，只能从概念上使用，从定性上使用。但是，我们的设计不需要像数学那样精确。影响植物生长的相关因子很多，空间和时间具有可变性，植物是有生命特征的群体，不可能成为一成不变的数据，输入计算机，一按鼠标，就能自动完成。数据可以起到辅助植物种植设计，使之趋于科学合理的作用，但其中经验还是非常重要的。

现阶段我们做了这么多工作，有正确的一面，也有主观的一面。这一切都需要等待时间来验证和总结，经过十几年、几十年，甚至百年之后，才能评论我们的功过。

日本的一位林业专家，80年前，曾在明治神宫设计了一片人工自然群落，这么多年来，这片群落表现了持续稳定的状态，这才证明了设计师最初对人工植物群落所进行的，模拟自然的推论是正确的。

除了平原造林的生态功能和科学性之外，有些事情今天也应当预见到。我们认为每个区县、乡镇，拿出几千亩、几万亩进行平原造林，是对北京改善生态做出了很大贡献和很大牺牲，我们为什么不能研究每块土地的潜在价值并兼顾农民的利益，使它们成为可持续发展的动力，而不是为了种树而种树，甚至有些地方乱种，没几年就可能重新再种。为了改变这一状况，我们在设计中，努力预先加入一些长远的总体规划，例如，坚持一乡（镇）一特色的规划思路：我们设计了西集镇环保林和樱桃王国、潞城中医药树木园、漷县的林下花卉、台湖镇体育文化公园等等。有了长远的蓝图，然后再落实到当前应当从哪里种，怎样种，种什么树。我们的设计，力争为将来的发展，多留一些弹性空间。有了科学的规划和长远的设想，使农民看到这块土地的远景，他们就会增加信心，主动拿出土地参与造林，为改变北京市的生态环境做出贡献。

随着社会的发展和时代的进步，人们一定还会有更新、更好的设想。

总之，即使是以生态优先的平原造林，也不能以单一的生态因子来决定规划设计的模式。应当树立综合的，有长远预见性的规划设计理念，多专业合作，共同完成。这是史无前例的生态工程，对于未来，我们希望的是少留一些遗憾。作为园林人是有责任、有能力参与这项伟大的事业并且发挥出我们的正能量。

4. 大型公园规划与区域整体复兴

在北京近几年的绿地建设中，出现了一种大型化的趋势。从郊野公园环，到11个万亩滨河森林公园，还有如奥林匹克森林公园及南海子公园等等。这类单体近万亩的大型公园的出现，超出了现行公园设计规范和我们的实践经验，这就要求设计者突破一般性公园规划的界限，用新的设计理念和方法，在更高、更广的层面去思考问题。

自然林中的步行系统

通向运河的人行路

入口的标牌

西集环保园

1万㎡以上的树林，具有养生功能

总平面图

N

孔兴路

新觅西路

北运河

规划东南部过境通道

京津公路

大堤

觅西路

图例：

片林

绿道景观林

秋叶林

草地

阳光花田

一级入口

二级入口

规划高速公路

规划一级道路

规划二级道路

现状道路

漷县万亩森林方案图

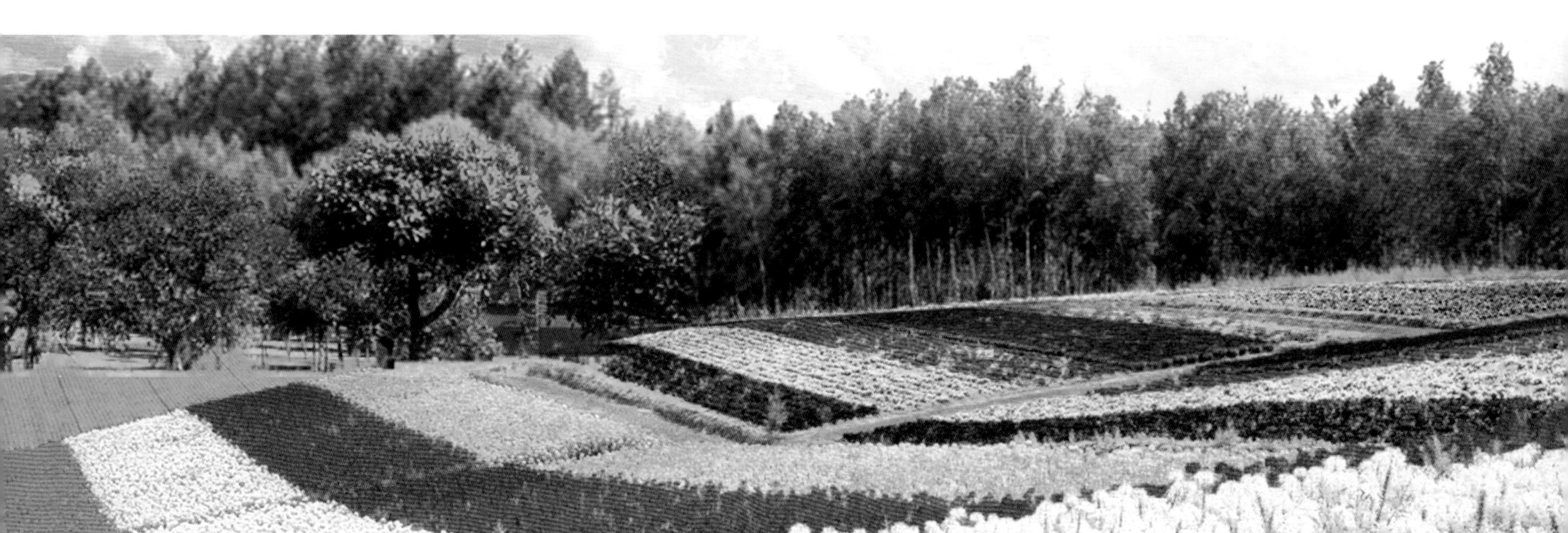

林中空地，阳光灿烂的花田

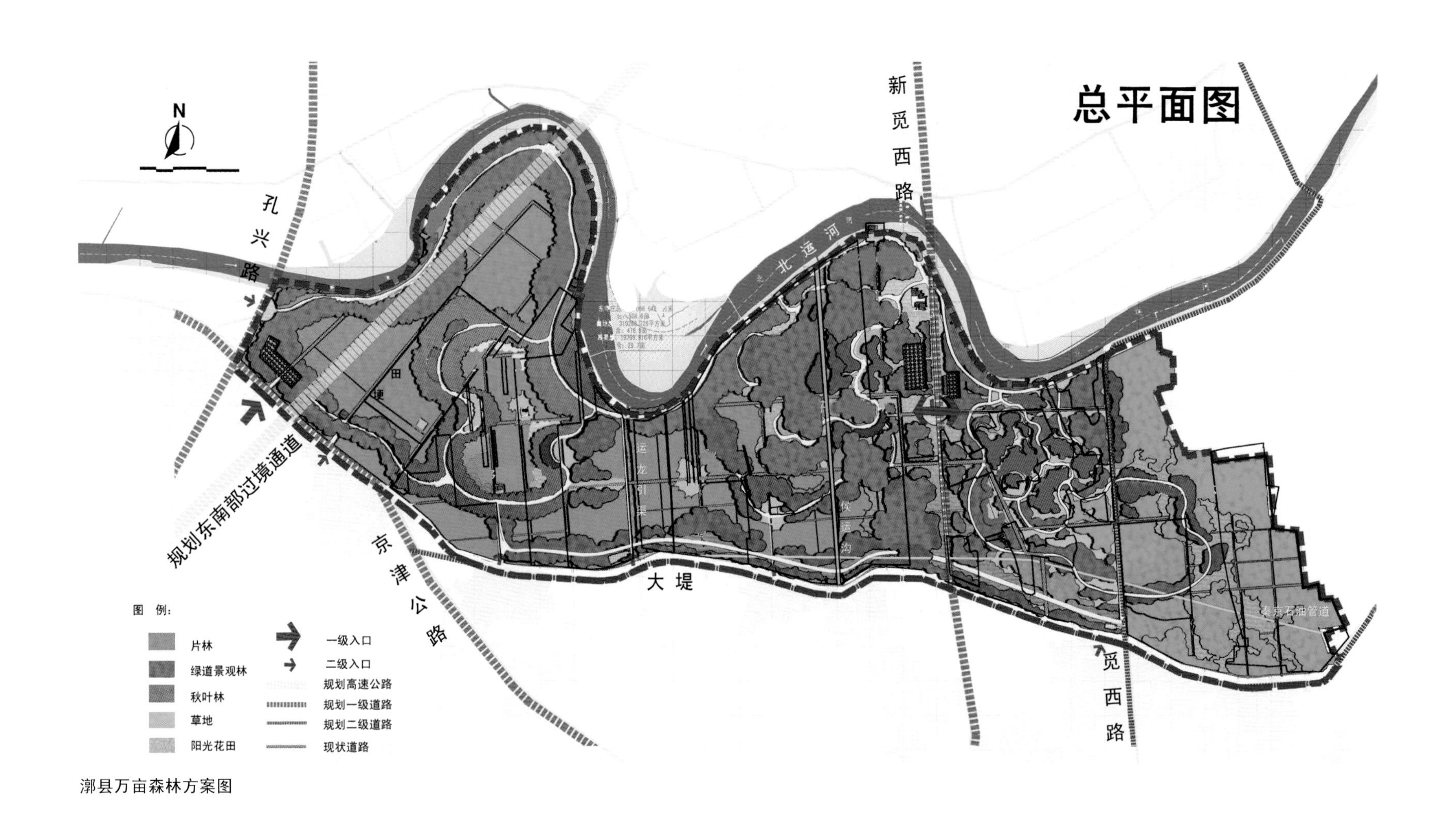

林下经济（花卉）

运河曲水，万亩林海

集中完整的滨河森林，体现大尺度、大景观

大运河

基于长远规划的平原造林——台湖

台湖近万亩规划绿地首先要做一个长远规划，然后再确定当年绿化的地区

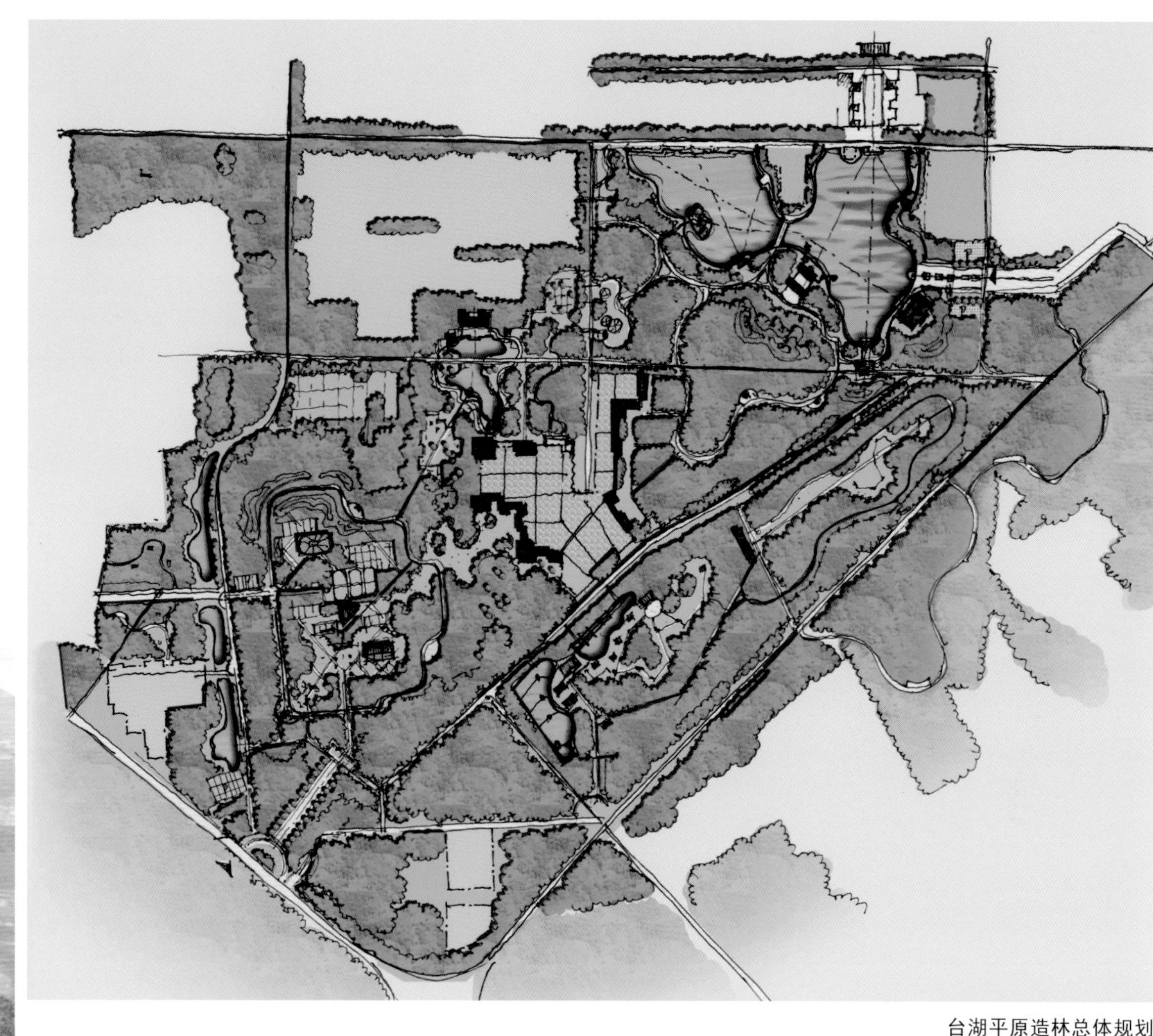

台湖平原造林总体规划

台湖平原造林近期实施的详细规划

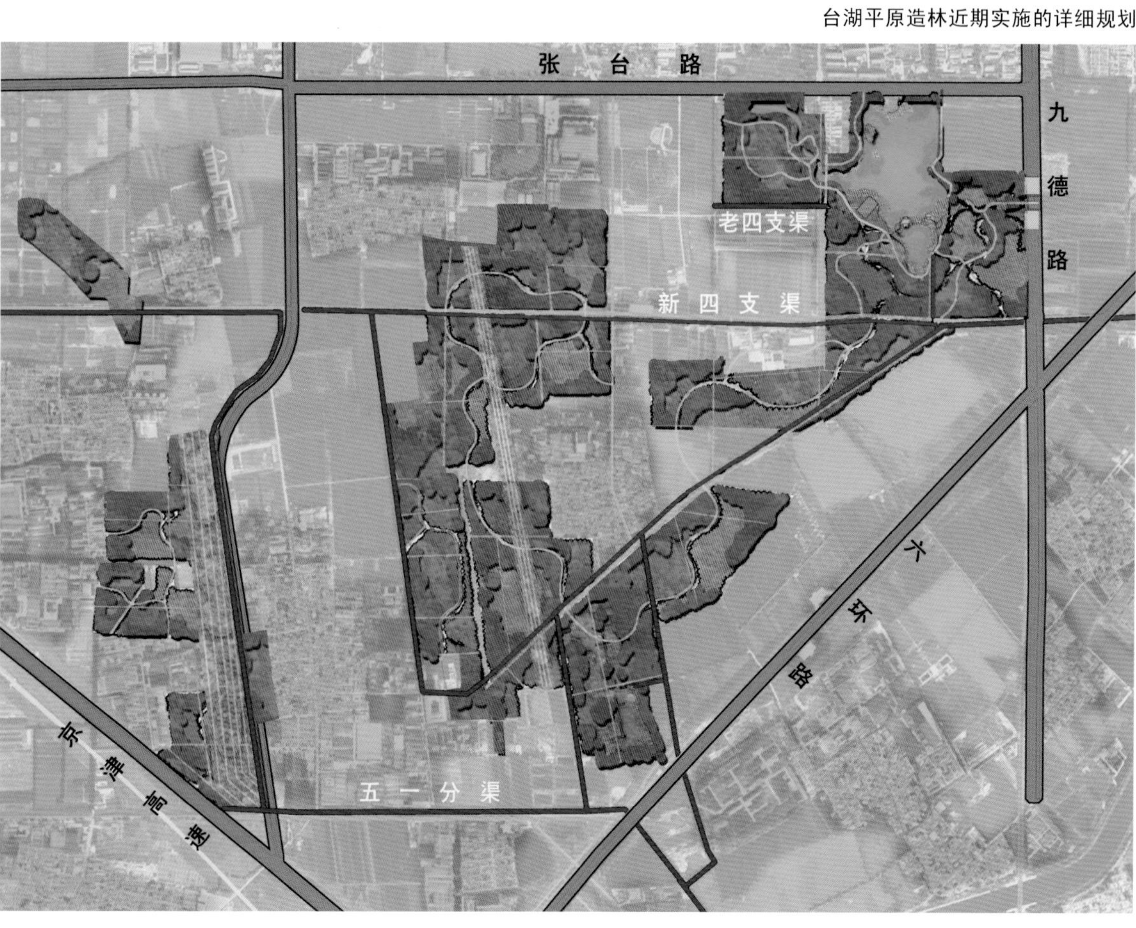

南海子公园位于北京市大兴区东北部，北京南中轴延长线上，公园北起南五环路、南抵黄亦路、西接凉风灌渠、东至规划的南海子东路，占地801hm^2，分两期建设。其中一期已建成部分160hm^2，现在规划的二期占地面积641hm^2。

南海子地区位于永定河冲积扇前缘，历史上这里湖泊星罗棋布，河流纵横交错，动植物资源十分丰富。这里还是我国特有珍稀动物——麋鹿的繁衍生息之地。

南海子先后经历了辽金肇始、元代奠基、明代拓展、清中鼎盛、清末衰败5个时期，通过历代帝王和皇族的行围狩猎、阅兵演武、农耕游牧，具有深厚的皇家文化底蕴，历史上曾有16座围台，在明朝成为燕京十景之一的“南囿秋风”。

20世纪80年代后期，这个地区原有的湿地逐渐消失，人们挖沙取土，破坏了植被，遗留下大大小小的坑塘又被不加分类、不加隔离的垃圾填埋。垃圾总量曾达到2400万m^3。土壤、空气、地下水受到严重污染，给当地及周边地区社会经济发展带来很大的隐患。另外，区域内聚集了各类低端产业500多家，流动人口超过10万人。

一个地区的复兴，有多种途径，其中通过营建大型的公园为区域发展注入活力与动力，并构成品牌效应，形成人群、文化圈和经济圈的聚集，已成为一种新的模式。南海子公园作为南城复兴计划率先启动的标志，必然会提出如何让这类大型公园的规划与城市总体发展规划相互促进，更快实现区域复兴与地区繁荣协调发展等问题。我们试图通过对南海子公园二期景观的总体规划，对这些问题进行比较认真探索和思考，提出一

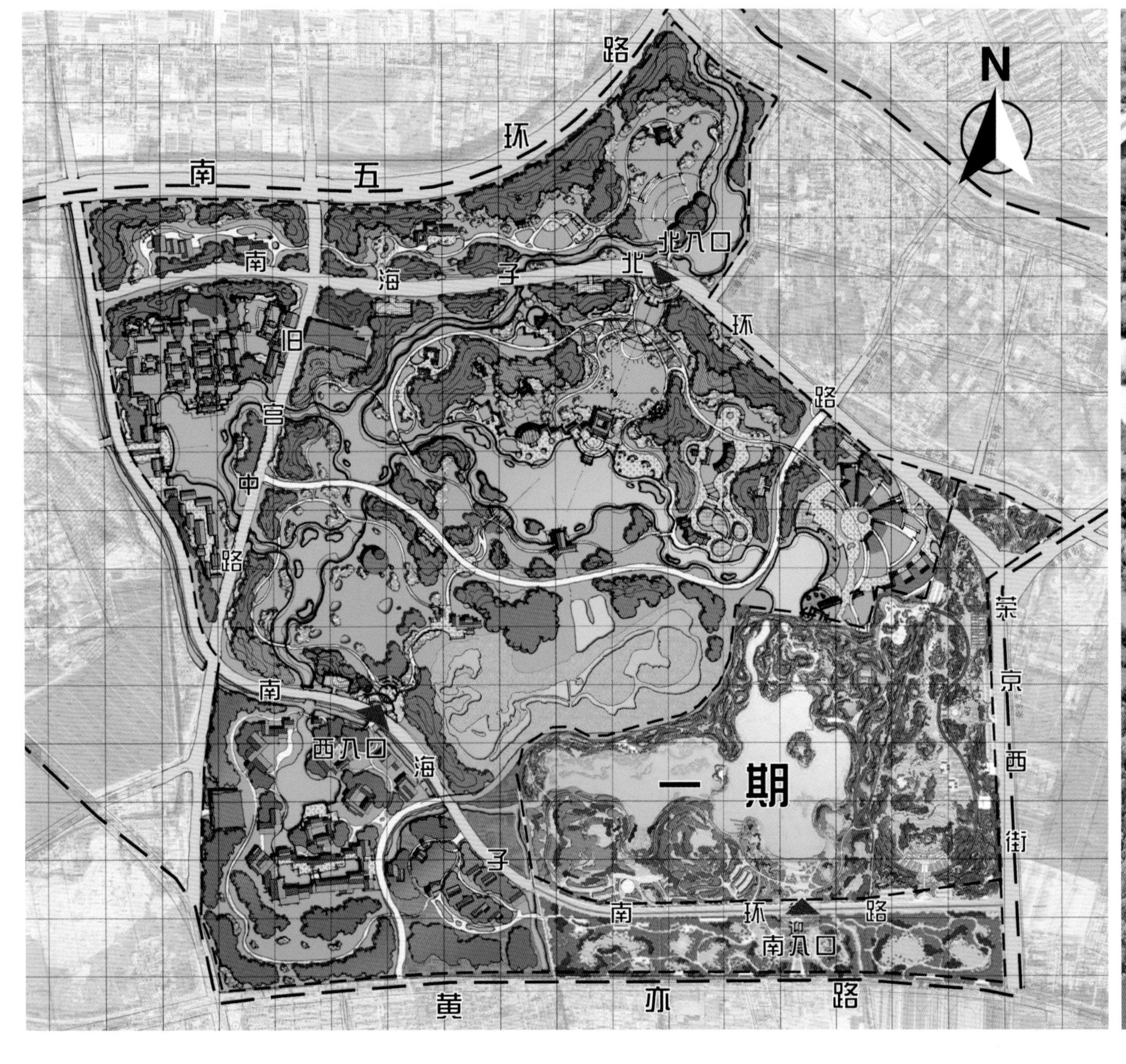

些既现实可行又具有一定前瞻性的规划和设计思路。希望将南海子公园建设成为集麋鹿保护、生态湿地、彰显特色文化为主题的大型综合性公园，并以此带动周边地区的综合发展。

1）借鉴纽约的中央公园、西安曲江、北京朝阳公园这些比较成功的案例，探索“文化品牌+旅游景点+城市运营”或“公园绿地休闲+体育健身+商业开发”的城市大型公园建设模式。

2）在保持和彰显其文化特色前提下，兼顾郊野与城市公园的共有特征，强调山水空间和植物景观的大尺度感，同时，具有逐渐向外发散形成更大文化圈和经济圈的可行性，使公园成为带动区域发展的主体和中心。

3）自然湿地资源、历史人文资源，是南海子公园具有的突出优势和特色。我们的规划就是要使这些资源在大兴区“三城、三带、一轴、多点、网络化”现代化城市发展格局中发挥更出色的作用。随着“南城行动”的推进，以及南中轴经济的向南发展，使这里成为复合型的绿色综合体，进一步提升周边产业的附加值，同时促进公园进一步的持续发展。

4）通过万枝花节、湿地鹿鸣、南囿秋风和猎苑冬雪，来营造具有北京特色、四季分明的植物大景观。

我们规划的南海子公园，以麋鹿保护、生态湿地、文化传承为三大主题特色，形成与北京北部奥林匹克森林公园和中心城区历史文化南北呼应的景观格局，成为北京南城复兴的一个标志。

南海子公园规划

南海子万枝花节创意

春季

海南子万枝花节

夏季

湿地鹿鸣

南海子台山创意——九台环碧的文化提升

秋季

南囿秋风

冬季

猎苑冬雪

中而新的建筑形式

建筑形式的控制

木结构生态建筑

明清苑囿古建形式

建筑形式的控制

仿古建形式

5. 下一个命题一定是文化

多年的实践经验告诉我，一个场地的生态改善和文化提升往往需要经过不同阶段才能完成，对于这样的过程，我们应当具有思想上的认识和准备。尤其是大尺度的项目，不要寄希望生态效益和文化品位一步到位。一般的情况是，只有当生态效益基本稳定的时候，群众健身、文化休闲等更多社会服务功能才有可能被提出，北宫就是一个例子。另外，奥林匹克森林公园也是在取得基本生态效益之后，开始进一步提出对不同文化主题的提升要求。

（1）北宫森林公园——荒山造林后的文化提升

北宫森林公园位于丰台区西北部丘陵浅山区，西山南端的余脉上，西部与石景山区戒台寺相连，东部为平原城区。总面积大约9km²，距离市中心20km。

2004年，我们接手这个项目时候，此处已初具森林公园骨架，并且已经吸引了不少游人登山、赏景、野游。大家都认识到了这是一块风水宝地。

多年来，在这里林业部门的管理下，虽然形成了良好的生态基础，但是，并没有森林公园的概念。因此，这里在管理层面、服务系统及人文景观等方面有着很大提升的空间。

对此，我认为：我们的任务需要为公园提出一个比较现实和全面的总体规划。规划的核心，就是要充分保护现有资源，发挥它们潜在的特色价值。

规划的目标是，使这里成为距离城市最近的国家级森林公园。

1）保护性设计的构思

应该说，这是一项保护性设计，为此我提出了三大功能分区：自然植被保护区、风景游览区和发展控制区。

保护性设计最基本的概念就是对场地精神的理解与尊重，讲究的是不动筋骨的因势利导，但是，又要有旧貌换新颜的对比。因此，这样的设计难度往往比其他类型的设计要大许多。应该说，能否承担这样的设计任务，代表了设计师思想和技术成熟的程度。

2）中国自然山水园的文化先行

这个公园虽然已初具中国自然山水园的基本架构，此前也营造了一些景区，但景点尚无品题，还达不到以文化来吸引和感染游人的程度。为此，我仔细研究历史脉络和现状情况，提出用景区和景名概括全园，以自然风光促进人文景观的丰富和发展。

经过规划改造，全园形成了16处比较成形的景观，主要有北宫山庄，这是一个建在半山腰的一组院落，依山临水、林木掩映，具有5800m²的会议接待和餐饮娱乐能力。伴霞阁，是在山峰上的高阁，供登山者在此休憩，是俯视全园的制高点。彩云甸，是原来的采石场，虽然地势开阔平坦，但土层很薄，不适合种植大树和密林，但是完全可以采用植生带，种植山地野花形成草甸景观。紫荆山，我们利用主峰阳坡大片长势良好，高度有2～3m的荆条营造成景，效果非常不错。由于山坡陡峭，荆条起着很好的固土保水作用，荆条春天紫花成片，同时又是很好的蜜源植物，能招蜂引蝶，这个特色可谓是信手拈来，全不费力。此外，还有小江南、茗盛楼、百鸟林、桦林沟等。可谓是“全园十六景，景景不相同。山林有特色，沟沟景致殊。”

3）生态效益是这里最大的效益

这里自然条件这样好，也经过了多年经营，仍然感觉山不够绿、树不够大，林不够密，秋不够红。

我们发现，规划范围内大部分为山地和谷地。经过以前多年爆破造林，许多乡土植被自然适生状态良好，除了以大量荆条为主的灌木林，山上及沟谷还生长着侧柏、油松、黄栌、杏树、柿树、元宝枫、洋槐、榆树等山区树种。在小江南湖区种植有适合平原生长的垂柳、雪松、栾树、银杏、水杉等树种。植物分布表明，这里在总体具有北京郊区的植被风貌前提下，还具有更多相对复杂的小气候条件，而利用好这个条件，完全可以获得更多的生态效益。

我们对于植物规划提出的意见是：强调对原生和次生植物群落的严格保护，大力发展适生的乡土植物品种，如白桦、樟子松、合欢、栾树、椴树、栎树类、落叶松、槭树类，还可以种植锦鸡儿、沙棘、胡枝子、胡颓子等耐干旱的植物。利用多种小气候条件营造多样性植物景观，如色彩斑斓的枫林路，绚丽多彩的宿根花卉园，九寨风韵的芳泽溪等。在必要地段改变绿化种植形式的单一模式，在自然的地形条件下，多采用自然式种植形成的景观，在规则或人工地形条件下，不妨采用规则式加自由式的种植模式。大量增加彩叶和地被植物品种，在保护野趣中增加自然的色彩并注入合理的文化内容。真正形成春有花，夏有荫，秋有果，冬有绿，一派山清、水秀、林阔、景奇、谷幽、泉美，人与自然和谐的北国风光。

北宫国家森林公园现在已经成为国家AAAA级风景区了，这是一座现代化大都市的生态旅游景区，是北京西南郊一颗璀璨的绿色明珠。丰台区因为这个公园，增加了很大的知名度，这里成为他们的会议中心。

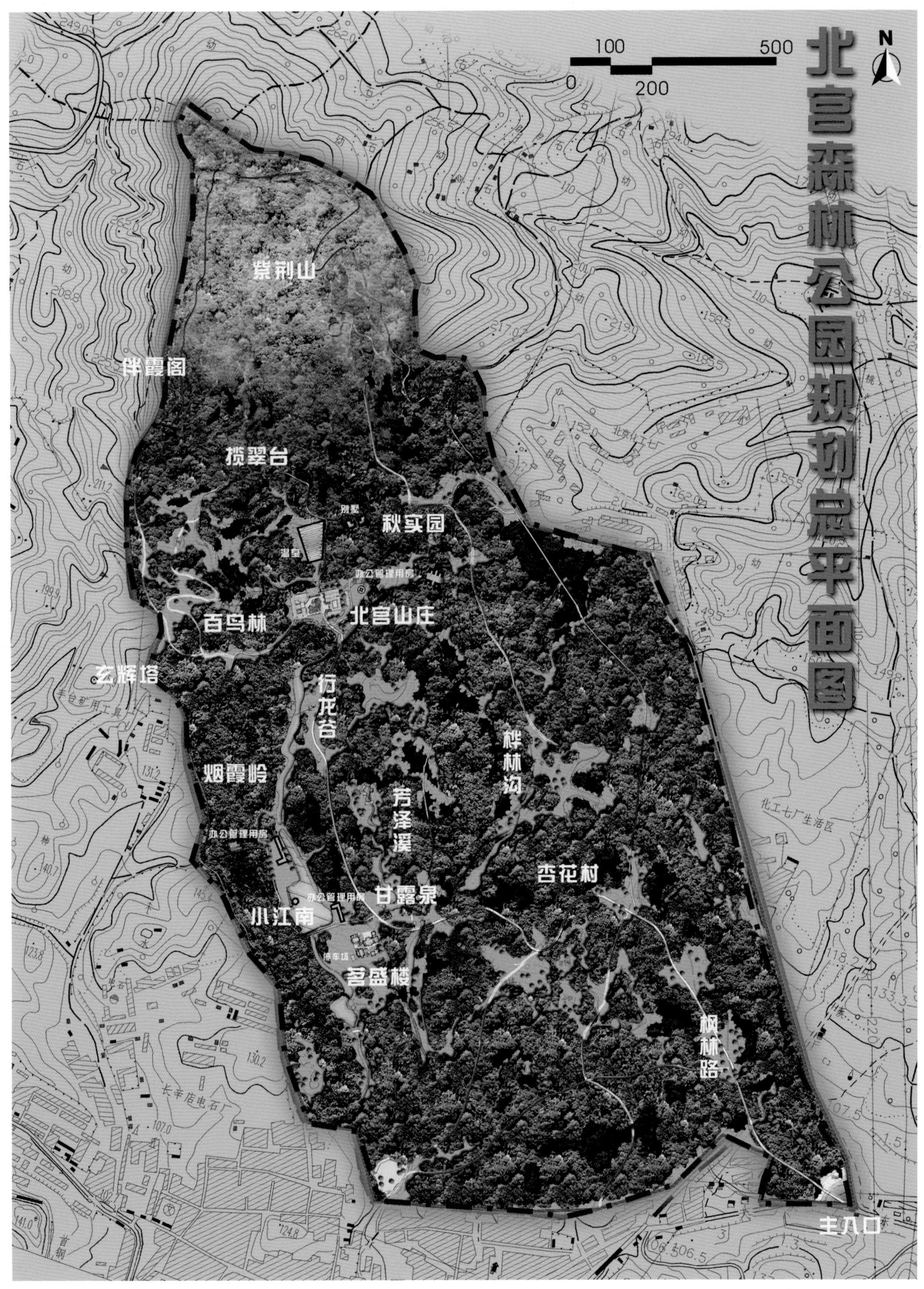

北宫森林公园规划总平面图

北宫山庄

门区入口的景石

公园中的林荫大道

北宫森林公园实景

森林+文化提升郊野公园品质

小江南区茶室

（2）奥林匹克森林公园——关于持续完善的规律

奥林匹克森林公园，是为了迎接2008年北京奥运会而修建的大型公园，总面积6.8km^2，从2005年建设到2008年7月开放，历时约3年。从2008年奥运会闭幕以来，对于公园的功能完善和文化提升一直没有停止过。

从历史上看，清代修圆明园用了150年，我们的朝阳公园也建设了60年，大家熟知的陶然亭公园、龙潭公园、紫竹院公园也无不是从20世纪50年代一直修到现在。根据这些建设经验，我们看到一个规律，任何一个公园或绿地，尤其是特大型公园的建设，第一步都是从改善生态环境，绿化植树开始的，它们的建设，必然都是一个有着发生、发展一直到成熟的完整过程。在这个成长的过程中，差不多都是从改善生态开始，到逐步丰富它的各种功能和设施，再到景观和文化逐渐丰富成熟，这个过程有时需要很长的时间。

奥林匹克森林公园做得很好，有山有水，有湿地，还有很多的林木，也有一个宏大的主题。可是，在奥运会开过以后，就有群众提出，这里“没得玩，看不懂”。为什么我们造山理水，种了那么多树，有了生态良好的环境，修了那么宽敞的广场，人们还是不满足呢？这就需要我们进一步研究，公园如何更好地为人服务的问题。一般来讲，人们对公园是有基本概念和要求的，认为公园一定是生态良好，寓知识和文化于休闲之中的地方，尤其北京人，对公园的要求更高，来到公园，要玩、要赏，看文化、看历史、看故事。如果仅仅生态良好而功能和文化不能满足大家的需求，群众就不认为这是个公园。为此，我们这几年一直在对奥林匹克森林公园作文化提升方面的规划设计。研究一个场地在具备生态基础之后，如何完善设施，怎样增加文化内容的问题。首先要把人参观的线路规划好，我们在湖区做了一个步行系统，沿路补充了很多春季的花卉，丰富了公园的景观内容。在这以后，又围绕奥林匹克精神这一主题，深化了奥林匹克公园的雕塑，还有适合儿童野营的项目等。北京奥运会的成功举办，得到了世界上的普遍好评，胡锦涛主席认为，我们在奥运会建设过程中所体现的廉政作风和经验，是值得肯定和纪念的。于是，我们又进一步设计了与奥林匹克精神相符合的廉政主题景区，在公园中增添了与廉政文化有关的特色内容。当然，我们在提升奥林匹克森林公园的功能和文化时，需要尊重原有的构架，保留原有的精彩点，特别是山形水系和湿地这些最值得肯定的东西。

对于任何一个公园、一片绿地来说，生态基础一定是完善功能和提升文化的重要平台。在建设郊野公园和生态造林的初期，就应当以生态优先为原则，如果在这种情形下，过分地一味强调文化，就会显得不合时宜。例如，我们现在做的百万亩平原造林，当每平方米的建设费在50～70元左右时，只能完成生态基础这个平台。但是，下一个命题一定是文化，对此，我们一定要有预见性。别看现在我们只是种树，但我们的规划中包含着长远的打算。

人们永远不会简单地满足于已经获得的东西，当一处荒地、废地变成了绿地，有了一定的生态基础，人们一定要提出对文化的进一步诉求，奥林匹克森林公园就是一个现实的例子。对于现在的百万亩平原造林，我知道，用不了几年，一定会进行新的整治和提升，一定是使用功能的提升和文化的提升，还有时尚的要求和地区的特色。20世纪80年代，龙潭湖、紫竹院、陶然亭已经成为公园以后，市领导又进一步提出要搞“龙文化”、“竹文化”、“亭文化”所谓的一园一特色。这就说明，人类的文明是无止境的，而且，物质文明和精神文明是互相促进的。一个好的公园，一定要有文化的东西。人们来到公园，除了享受良好生态之外，就是要享受文化。

作为公园来说，尤其是北京的公园，没有文化，是不能称其为公园的。有人说，随着世界文化交流的迅猛发展，中国与西方现代景观园林会有一些趋同化的表现。我认为，在形式和功能之外，中国与西方现代景观园林对比，两者最大的不同就在于文化。

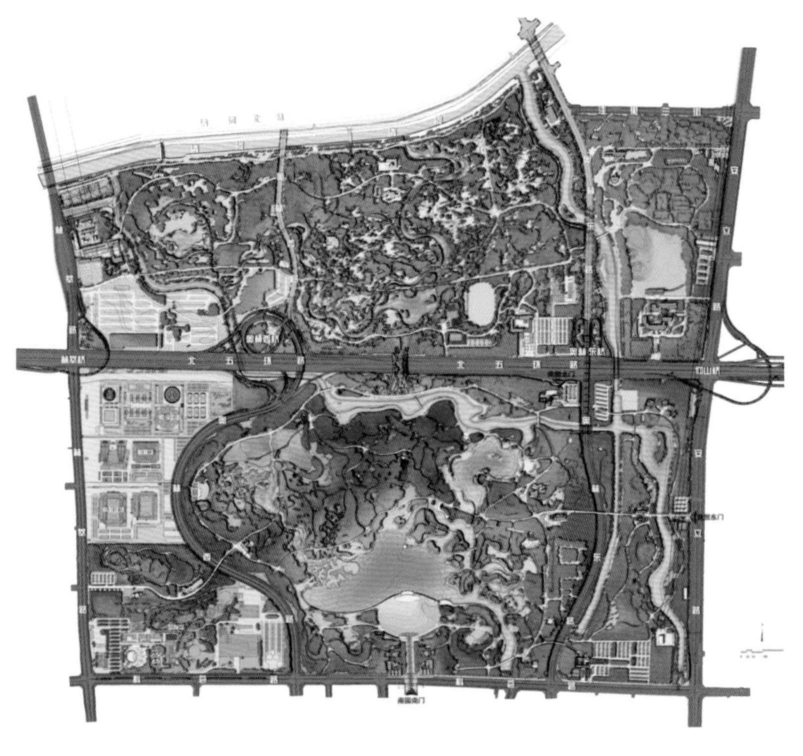

奥林匹克森林公园

公园中不断充实现代雕塑

奥林匹克森林公园

新增加的向日葵园

奥林匹克森林公园

奥林匹克森林公园新增加的廉政主题文化

檀馨谈意

七、继承与创新永无止境

1.现代园林的文化传承

2.中国现代园林的新秀

3.曹雪芹小道——现代功能与历史文化

4.对植物的认知使我在设计中游刃有余

5.植物景观设计在生态文明建设中的价值

6.山水文化随笔

7.从园林走向广阔的城乡绿地

8.城市园林绿化——生态文明建设的生力军

七、继承与创新永无止境

2012年，北京开始万亩平原造林，这主要来自于环境的压力，尤其是PM2.5带来的生态危机。进入这一阶段，我已经74岁了。为什么我还能够有十足的精力从事园林景观设计呢？这除了要感谢我的祖辈和父母给了我健康的基因以外，我认为我一生从事园林设计，这个行业给予我的滋养也是非常重要的，它使我能够保持积极、健康的心态。孔子说：人“七十从心所欲不逾矩”，说的是在这个阶段，人的情志和思想应当获得了极大地解放，不论做人与做事，都应当具有更高的境界。现在，我们园林行业也需要面对在平原地区大规模植树造林这样的新课题，在新的形势面前，虽然我们的行业有着更广阔的前景，但也会出现更多的问题，因此每一天都需要学习。

回想半个多世纪的历程，我们从相对有限空间的园林，一步一步走向开放的城市空间，进而又开始迈向城乡一体的绿色空间。我相信，这其中的每一步跨越都不能离开继承与创新这样一个根本的命题。对于中国现代园林，继承与创新将永无止境。

1. 现代园林的文化传承

（1）中国现代园林

1）现代园林的科学概念

为了阐述这个观点，我们专门对这一词组进行查询。遗憾的是现行应用工具书对此尚无表达。

1999年李嘉乐先生主编《中国园林小百科》的前言表述：“园林营造在我国历史悠久，一般人都不会对园林感到陌生，还有不少人对园林风光情有独钟。但是若问起园林二字究竟何以诠释，恐怕多数答案与现代园林的科学概念相距甚远。两千年来园林的形式和内容不断发展，特别是近百年来，由于科学技术突飞猛进，人类改造自然的本领日新月异，使得人类与自然的关系日趋紧张，园林绿化也从最初提供优美的消闲境域发展成为健全生活居住地生态系统的重要手段，成为人类与自然和谐共处的必要内容。现代园林建设所从事的工作不仅包括在继承传统技艺的基础上创造今天社会所需要的各类园林绿地，而且要保持生态健全的城市园林绿地系统，科学地规划广袤大地上的自然景观，并加以保护和改善，以保证我们的家园得以持续利用，保证我们的子孙后代能够在富饶美丽的大地上劳动生息。”

2012年2月改版后的《现代园林》(Modern Landscape Architecture)杂志办刊目标的表述：“探索基于中国传统文化的现代园林发展方向。”

2013年3月14日查百度百科的表述为：“中国现代园林泛指适合我国现代化进程的当代园林。”

我们对以上检索作了如下初步分析：第一，现行应用工具书对这一概念的尚未收录，是否说明“现代园林”的发展变化还没有完成足够的积累，或曰至今还缺少起码的稳定？第二，李嘉乐先生的表述第一次提出了这个命题，并搭建了这个命题的基本构架。比较完整且公允地组织了相关要素，但其中缺少对于文化的明确表述。第三，《现代园林》的办刊目标虽然明确，但似乎强调了“中国传统文化”，缺少一些对“西方有益文化”吸收的部分。第四，百度百科的表述属于时间断代。

2）中国现代园林的一些特点

我们认为，我国现代园林的发展在时间上有了近1个世纪的积累。虽然时间不算长，但也经历了从城市绿化、风景园林、景观园林到今天的PM2.5生态危机凸显等曲折的历史过程，在这一过程中，西方园林文化的引进与结合是中国现代园林最主要的特点。对于其它特点的进一步分析，则需要联系和强调现代园林在时代发展过程中出现的必然现象和必须面对的问题。

与中国传统园林比较——从主要为王公贵族少数人服务到为现代社会人民大众服务，基本完成了由精英文化向大众文化的转变。园林在今天已经成为大众不可或缺的生活方式之一。社会和群众的参与和干预，成为现代园林的重要特点之一。

与单纯文化享乐比较——作为现代社会市政基础设施的功能更加强化，改善环境、维护城市健康肌理的生态功能更加突出。现代园林（植物）作为唯一有生命的城市基础设施，日益发挥着重要的生产者的作用。同时，现代园林所具有的开放性也决定了艺术表现形式的繁荣与多元。

与园林环境空间比较——已经由初始定义的内部有限空间，变化、扩展成为更加广阔的城市开放空间。因此，其多层面的内涵与外延必然会发生根本性的变化。在这点上，西方现代园林理论表现了更现实和长远的先进性。

与西方发展现状比较——在人口密度、现代文明的认知差异、社会体制等方面存在着不可类比的基础，但另一方面，我们具有的文化底蕴和“文化自觉”新理性以及面临的发展机遇，也有独特优势。

与其他相关领域比较——在表现人与自然的关系上，需要对哲学思想、文化艺术和科学技术等的高度提炼与综合。这就使现代园林在内涵的丰度与外延的广度上具有了独特的复杂多样性。因此，在实际操作中，尤其需要更多学科和专业的协同合作。

基于以上分析，我们进一步认为，对中国现代园林的理解，需要有整体的视野、本体的角度和发展的观点。

整体视野——需要有对世界园林文化的整体认识，有对包括中国在内更大范围现代园林发展趋向的认识，尤其需要把我们放到其中并进行清醒地比对。

本体角度——这是中国现代园林能否像中国传统园林一样，自立于世界民族之林，形成民族文化风格和流派的根基所在。孟兆祯先生说：“我们不可能依靠外国设计师为我们创造中国风景园林的特色！”

发展的观点——最重要的是实践，没有足够数量的实践，即使是最微小的发展也无从谈起。

党的十八大“生态文明”和“美丽中国”的提出，深刻地表明当今社会危机的程度以及这个时代觉悟的高度，也为中国现代园林的健康发展指明了方向，提供了前所未有的发展机遇。

3）中国现代园林的表现形式

这里仅限于对改革开放35年以来（1978～2013年）的简述，这是我们很多人亲身经历过的时代。

这个时期主要表现为：“园林建设自主创造力得到空前解放，单体园林、城市绿化、大地景观开始了全面发展。”科学技术虽然飞速发展，但对大量引进的西方理念还来不及消化，使现代园林的“许多创作，经常是对场景进行肤浅的克隆与模仿，却忽视了地域、城市的个性。人们麻木并且欣喜地切断了民族自身固有的文脉，使大众对景观环境难以产生亲切感和认同感，或说特点变得不太鲜明了。不少地方很使人有不论南北、不知东西之慨”。以2001年北京申办奥运会成功为基本标志，开始出现了理性重归的发端，但“千城一面”仍然是此后相当一段时期较为普遍的现象。20世纪90年代著名的社会学家费孝通提出“文化自觉”（自信与自省）从一定程度上廓清了思想意识上的偏颇。客观上PM2.5凸现的生态危机，主观上对此前积累、震荡的反刍与思考，还有国力的稳步强盛和社会整体意识的进步，都对现代园林的思想内容和表现形式起到了积极的促进作用。

我们看到，在东、西文化的激烈碰撞与冲突中，中国的传统园林文化经受了全面而深刻的批判，但是在进入新的世纪，当人类共同面对新的困难时，人们在它们身上又重新发现了仍然适用的方法和工具。这一点，说明先进文化所具有的批判和更新能力。

（2）文化传承

今天，我们不可能再按照简单狭隘或者一般性的理解来定义中国现代园林中的文化传承，仅仅局限于古代的、中国的、民族的。最近几十年，东、西方文化的高度交流与发展，使人们很快地从原来的故步自封改变成为欣赏彼此，时代的进步实在是太快了。“文化自觉”，作为一种新的理性观点，能够帮助我们更加全面、客观地理解文化传承这一概念，使我们具有开放的园林文化传承的更大襟怀。

1）对传统园林文化的认识

不论古代抑或现代园林，无不因时代而产生。中外历史发展中曾经的时尚和实用所形成的经典，作为一种文化能够相传成统，必然有其合理成分。今天的流行时尚，“有哪些可以积淀成为流派，形成时代风格，作为历史特征留给我们的后代，这是要有待时日的。”只有积淀成为文化，锤炼成为经典，才有可能成为明天的传统。

• 民族优秀文化。对于世界而言，我国古代先哲们在实践中发现的相关规律，对于今天仍然适用，这应该是值得我们自豪的地方。明代计成《园冶》中阐述的“虽由人作、宛自天开”，“因地制宜”，“巧于因借”等相关思想，具有深意而且通俗，是传统而时尚的理念。理解自然、利用和保护自然，能融合而出新，是《园冶》之所以成为不朽的最根本原因。

但是一些人会说，里面的文字诘倔难懂，这在很大程度上成为我们使用的障碍。这一事实使我们对自己的优秀传统文化产生了一定的距离和陌生感，甚至不如了解西方那样亲近。对于这些，我们没有理由苛责古人，倒是应该反思，他们是既往，我们是开来，他们不可能生活在我们这个时代，而我们可以随时翻检他们的思想。有人比我们更早、更准确地认识了客观规律，这是应当被尊重的事实。对于规律，只要认识和使用就好，从来没有厚此薄彼的必要。

当世界把圆明园当作中国传统园林的优秀典范时，我们是否知道，在修建的后期，这座东方园林也成功吸纳过西方的有益文化。“它荟萃了一个民族的，几乎是超人类的想象力所创作的全部成果”。——雨果

中国早在100多年前就被西方人誉为“世界园林之母”，这不仅包含觊觎和艳羡，更表现了舆论在事实面前的公正。

• 西方有益文化。由于历史的原因，中国传统园林的优秀文化，主要产生于农业文明，而西方现代园林的优秀文化，则更多来自于工业文明。而且西方传统园林的发源并不逊于东方传统园林。“世界上最早的园林可以追溯到公元前16世纪的埃及”。“从17世纪开始，英国把贵族的私园开放成公园”。更不用说近代奥姆斯特德(Frederick Law Olmsted，1822～1903年)对世界园林所作出的贡献了。

如果说以中国传统园林为代表，针对相对封闭的内部有限空间，已经具有相当完整的学说和理论的话，那么，西方基于全民共享、完全开放的城市外部空间的科学理论，则是在更宽广的领域表现了更加现实的意义。

2）文化传承的表现形式

东方和西方的园林文化殊多不同，却源出一脉而各具魅力。在表现人与自然的关系中，共同抑或先后体现着时代发展的递进和自然规律的演替。只不过西方显得直白且具有征服性，东方显得委婉而融合性强。

正是这种基于全人类的和而不同，才有了事物的丰富多彩，我们完全没有必要在危机面前争论不休。中国现代园林正在采用符合时代的新理性，在重新协调与自然的关系中焕发着旺盛的生命力。人既不能返回森林，也不能无限扩张城市。人们既知道扩张城市的可怕，也知道返回自然的可笑。聪明的人类发现，天有厚生之德，连接这二者之间的是生物多样性，而园林恰是与生物多样性连接度最广泛的行业之一。为其所具有的学科综合性，成为沟通原生自然与人工自然的桥梁。现代园林不仅能够更好地利用、修复和保护自然，也能够让城市更接近自然。

文化的传承，是在持续、反复的实践中不断得到发展与完善的一个过程。现代园林只有不断地批判吸收古今中外的优秀文化，把它们作为我们的“创作源”，关心社会、适应时代、永远创新，才能成就中国的现代园林新的辉煌。

（3）结语

近1个世纪以来，中国的现代园林是在讨论和巨变中走过来的。对于中国现代园林的文化传承问题，我们需要通过实践和理论的交互验证，各抒己见，以求共识。在“生态文明”、“美丽中国”的基本国策指引下，弘扬中华优秀文化，吸收西方有益文化，博采众长，努力创新，焕发“世界园林之母”的青春，才能解决我们自己的问题，为世界园林做出新的贡献。

2. 中国现代园林的新秀

随着人们物质文明的提高和满足，精神层面的需求也提到日程之中。电视节目中的“养生堂”节目颇受中老年人群的欢迎。“养生地产”的出现，也预示着“养生文化”已成为社会的需求和关注点。不久前，我们曾在北京地坛公园内设计了一座“中医药养生园”，是由园林设计师与中医药专家合作共同完成的。建成以后至今一直受到社会的关注和好评。为此，邀请我们在园林中以“养生文化”为主题的项目接踵而来。养生园林可以说是中国现代园林的新秀。

为了能够设计好“养生园林”，我们就需要补充、研究有关中外养生文化的知识和信息。从概念上讲疗养、保健、养生是有区别的。就“养生”而言，是中国传统文化延展下的概念。中国养生文化的传承至今又再兴起。养生目的是为了健康长寿，什么叫健康？1990年WTO对健康的定义是：“健康不仅是躯体没有疾病，而且还要具备心理健康，社会适应良好和道德健康”。与健康有关的行业和社会组织很多。园林在这个问题上能够为社会提供哪些服务？以什么方式服务？怎样服务？我们也应当积极应对。“养生”有许多方式，其中自然养生是最重要，也是最佳的养生方式。说到“自然”，除了大自然之外，园林也是人工的第二自然。园林的创作之源就是大自然，但是它是吸取了大自然中最美最好最适合人需要的那些元素，然后根据人的需要浓缩到园林中。园林是源于自然、高于自然，服务于人的第二自然空间。园林对于中国人，已经成为追求理想生活环境的代言词。许多历史名园的园名就直接表述了“颐年养生”的目的，例如“颐和园”、“长春园”、“宁寿园”， 以修养为品题的“莲园”、“壶园”、“后乐园”、“自得园”、“偕乐园”等等。

园林以“自然”为核心价值，“养生”以自然养生为最佳场所。在园林设计中要研究——山水空间和“空间养生”的关系，不同尺度的空间对人的感受不同。山、水、瀑布、涌泉产生的负氧离子与“养生”的关系。植物养生与五觉——视觉、听觉、嗅觉、触觉、味觉与养生最为直接具体。园林中的各类园路场地也影响着园林中的养生。还可以通过间接的手段，利用园林小品、雕塑传递养生知识。

当前，正在兴起的园林养生需求，也是摆在我们面前的，需要现代园林回答的新课题。

地坛“中医药养生园”——建成后的实景照片

自然意境养生

雨露养生

园林环境养生创意
2013年4月绘

山水养生

药圃

3. 曹雪芹小道——现代功能与历史文化

（1）曹雪芹小道概况

曹雪芹小道是指连接北京植物园黄叶村与温泉镇白家疃（途经三柱香山顶至簸箕水方向）两地的山间小道。

该小道长约6.6km，地处大西山风景区，曾是曹雪芹晚年从山前黄叶村迁往山后白家疃所走过的路，也是他著书之余休憩、散步的地方。白家疃村至今留有小石桥及四间土房遗存、贤王祠和编筐编篓手艺、曹雪芹风筝等非物质文化遗存。

这段小路蜿蜒曲折，两侧景致迷人，与山前北京植物园的黄叶村曹雪芹故居、山后白家疃村曹雪芹遗迹形成浑然整体，极具文化旅游开发和登山健身的双重价值。

曹雪芹小道承载着深厚的历史文化底蕴，融入了大西山的优美风景之中，是人文与自然相结合的健康之路；同时，通过与该地区乡村旅游，尤其是春秋季节采摘结合，更增加了大西山旅游区的魅力。

（2）规划思路

规划方案以曹雪芹小道为主题，用“一个扁担两个筐”的模式，即“黄叶村”+“登山健身小道”+“白家疃景区”的模式，以曹雪芹文化为依托，体现“小道、山乡休闲、古村新貌”的创意方向并引出白家疃村的新农村建设设想。

本方案需解决几个问题：

1）曹雪芹小道的路由确定和道路的工程做法。

2）沿路的景观及服务休息设施的设计。

3）曹雪芹小道的文化寓意及特色。

（3）曹雪芹小道设计方案

1）曹雪芹小道的路由确定和道路的工程做法

路由的选择：自卧佛寺黄叶村经樱桃沟经过三柱香主峰的山路不止一条。其中已修好的防火通道向北可以到白家疃，但沿路的景观不理想；往南经过三柱香主峰山路崎岖景致变化较多。因此建议选择南线。目前，由于多年封山，路已长满杂草荆棘，很难通行。

山路的修筑：应当求其野趣自然，利用原有路床就地取材，道路应当方便、安全、舒适。

山路多用自然石、花岗石、青石、毛石。台阶石约有2500阶。山路密度根据游人数量及山地条件，建议山路一般宽1.2m，有条件处1.5～2.0m。休息观景平台，根据场地条件，规模为50～100m^2。山路的安全防护栏杆应当多样化——栏杆、自然石、毛石，点状、墙状，也可以高低错落。

2）沿路的景观及服务休息设施的设计

曹雪芹小道自黄叶村至白家疃，全长有6600m。其中结合植物园游览路线及白家疃的防火通道，是已经建成可以通车的道路，约有3800m，还有2800m陡峭路没有修山路。因此，已经修好的道路存在一个利用问题，没有修的山路是本次规划设计的重点。

在2800m的山路上，最困难的是要从海拔200m登山至海拔500m，再由500m高度下山至200m高度，这段路，大约有2000个台阶。为此，每走250～300m，登高50～60m就设一个休息站。其中较综合性的为2处，在三柱香主峰东南侧1处，山西北侧1处。休息站设有安全服务管理用房、厕所、休息避雨廊、垃圾筒、指示牌、观景台、饮水站等设施。其他休息点则结合地形，在缓坡及景观优美的地方设置。休息点上设置座凳小桌、观景平台、垃圾筒指路牌、宣传牌等，并栽植主题性植物。全线休息站共9处。

休息站选择的原则，首先要地势较开阔平缓、安全。景观较优美，可以借景，可以赏景。

（4）曹雪芹小道的文化寓意及特色

西山地区山路很多，通向白家疃的山路也不止一条，如何将曹雪芹小道设计成既有登山功能，又能够联想曹雪芹及红楼梦的有关情节的小道，这是设计的重点。

主题素材的选择：曹雪芹高才博学、能诗善画，多才多艺，扶危济贫，一身傲骨。重点选择与曹雪芹的创作思想和生活细节有关联的题材，情景要自然、含蓄，点到为止，使游人在登山、散步过程引发联想，寓知识于娱乐之中。

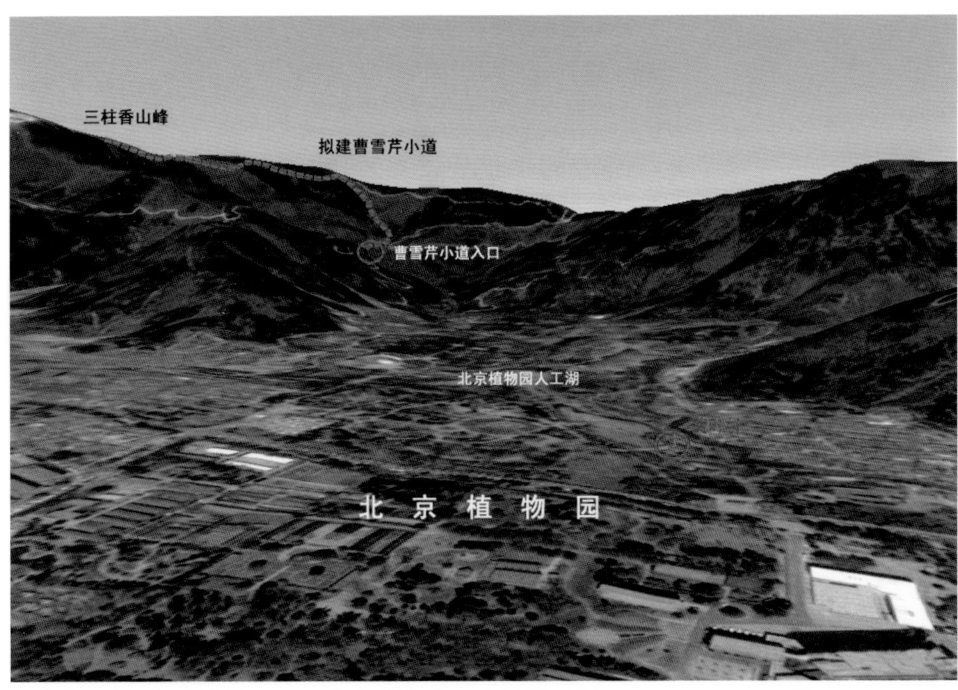

曹雪芹小道山南位置图

沿曹雪芹小道登山远足

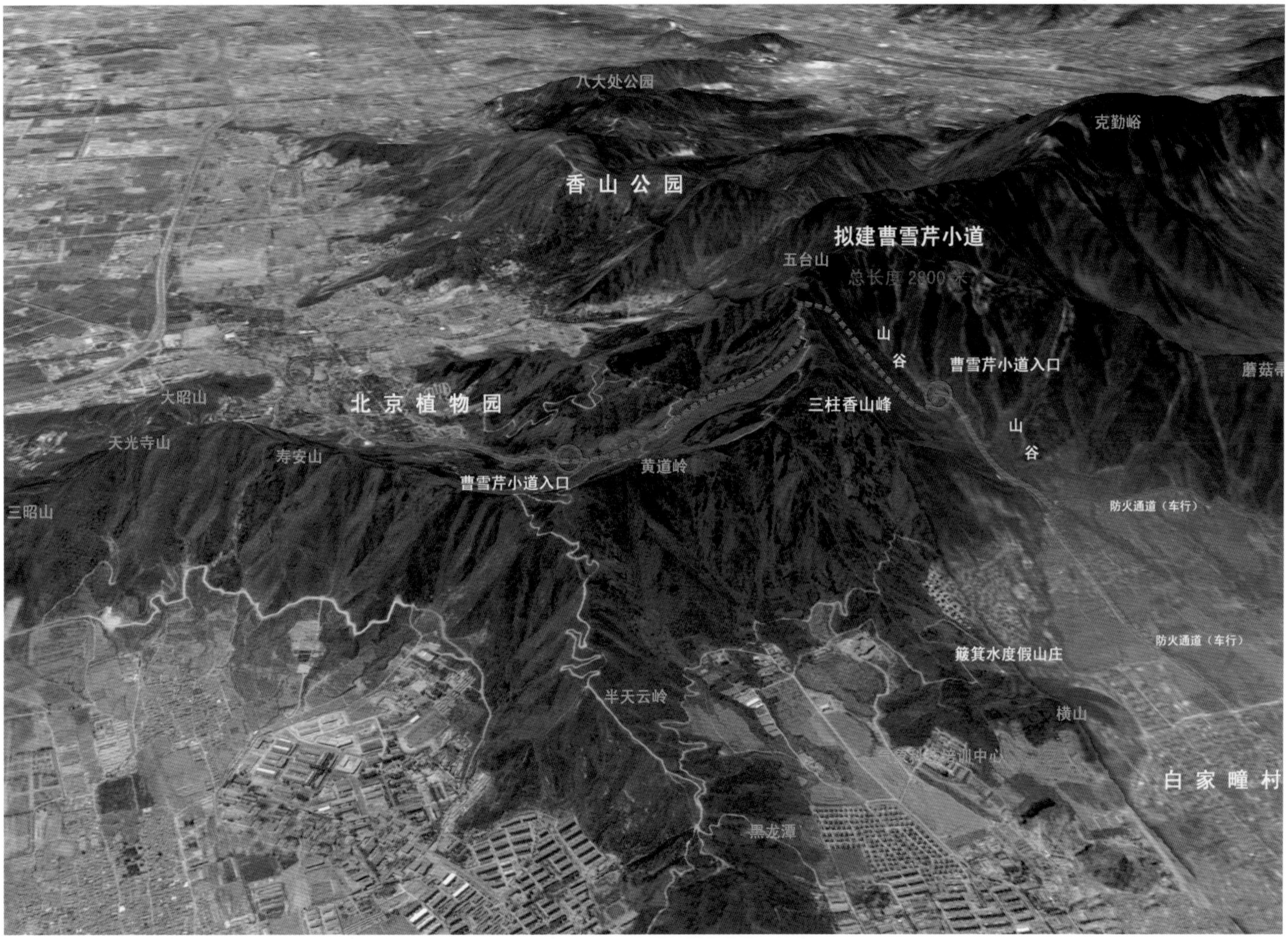

八大处公园
克勤峪
香 山 公 园
拟建曹雪芹小道
五台山
山
谷
曹雪芹小道入口
大昭山
北 京 植 物 园
三柱香山峰
天光寺山
寿安山
黄道岭
曹雪芹小道入口
山
谷
三昭山
防火通道（车行）
防火通道（车行）
簸箕水度假山庄
半天云岭
横山
白 家 疃 村
黑龙潭

曹雪芹小道位置总图

曹雪芹小道起点

北京植物园曹雪芹纪念馆

曹雪芹小道越过三柱香主峰俯视曹雪芹故居白家疃

曹雪芹小道现状

红楼梦中的“元宝石”

原状山路，待维修

山路遗存

沿路景点设计方案

五言绝句诗

山北休息站

曹氏风筝

菊花诗

4. 对植物的认知使我在设计中游刃有余

我在2007年2月1日接受中国花卉报记者采访时，曾发表过一些关于植物造景方面的观点。

中国传统园林在植物造景方面有着深厚的历史，但当代园林设计更多已不局限在围墙之内，而是身处城市开放空间环境。如今，我们身边的园林更多地建在路边和住宅区内，对于这种变化了的环境，学校没有专门讲植物造景的课程，我们的实践经验也非常有限，因此，需要设计师在实践中不断摸索。

（1）绿地设计要与整体环境相协调

很多设计师对园林植物的生态习性和四季形态是比较了解的，配置上也懂得要高低错落、疏密有致，但设计出的作品就是效果不好，原因主要有两点：一是虽然了解植物生态习性，但却没有放在本地特定的物候条件下去考虑它会有怎样的表现；二是虽然知道配置的一些基本原则，但却没有从与周围建筑环境相搭配的角度去考虑。比如北京有很多带状绿地，怎样设计才不会让高大乔木挡住周围建筑的视线，甚至还能掩盖周围环境的缺点就是一门学问。绿化设计是整个城市的一部分，因此，园林设计师进行设计之前，应充分理解城市规划师和建筑师的设计意图是很重要的。

以元大都城垣遗址公园为例，其中有一条长达700m的油松林设计，换了其他的设计师也许会每100m就换一个景致，用以追求中国古典园林所谓步移景异的效果。而我当时设计这条700m长油松林，是要考虑更多路过的人们是从车上观看这片景色的，行进速度很快，700m恰好符合游人的视觉节奏，不会因景色变化太快影响观赏效果。此外，具有一定规模的大片油松林也显示出了北京作为中国首都的大气和厚重，与元大都遗址的气质也相符合。

（2）永无止境的追求自然和创新

自从有园林景观设计以来，对自然的模仿和追求就没有停止过，但真正典型的自然却是很多设计师所不了解的。掌握自然规律才能塑造出真正典型的自然美，一条捷径就是在自然界中选择美，然后把其中最好的部分带到城市里来。当然，在此基础上的创新也是必需的，这也是我不断追求的目标，每一个新的项目都力求有所变化。

皇城根遗址公园就是一个非常成功的例子，公园共长2.4km，植物种植理念摆脱了以往将带状公园分为春、夏、秋、冬四段的思路，而是将四季融在公园的每个部分里，造成“春全线，秋成片，冬连线”的效果，游人步入其中会一直有景可看，后来证明这种设计达到了很好的效果。为了感悟植物设计的自然属性，2003年我专门去了一趟九寨沟，从那里的原始森林中得到了很大启发，并且已经将新的种植理念运用到2006年完成的北京北二环城市公园的设计中。

如国子承贤，是北二环城市公园的一个部分，由一片油松林组成，树林中既有一些十几米高的大树，也有一部分一两米高的小树，最多的是四五米高的油松。这些树龄不同、高低错落、距离不同的油松正是模仿了九寨沟原始森林群落的自然状态，不像其它地方的树木种植，像是把苗圃原封不动地搬家一样。大小不同的油松如同国子监传承国学文化，有学之士代代相传的文化氛围相契合，体现了种植设计要和文化传统相结合，这自然而然地联系到我下面要说的一个问题。

（3）文化传统是种植设计的命脉

与文化传统的结合能赋予种植设计更高的境界。中国人喜欢赏景，更喜欢欣赏景中的意境。皇城根遗址公园的种植设计就反映了北京作为皇城所特有的“红墙、黄瓦、绿树”的历史文脉，紫叶李和枫树的红色、银杏的黄色和松树的绿色很好地体现了这一点。同时，着力打造出的“玉兰春雨”、“御泉夏爽”、“银（杏）枫（元宝枫）秋色”、“松竹冬翠”一年四季的代表景致，塑造出了具有诗情画意的意境，让游人徜徉其中有无尽的遐想。这正符合了中国人赏景的习惯，自然会得到百姓的喜欢。

实际上，植物种植是一种文化，必须站在城市的高度，与民族传统结合在一起，并从大自然中吸取经验才能成功。同时城市在发展，观念在不断变化，种植设计也要与时俱进。城市是大家的，设计师只注重搞个人爱好的创作是行不通的，只有师法自然，富含文化底蕴，才能建设出美丽的家园。

我们设计的园林景观，
植物在景观中是主角

5. 植物景观设计在生态文明建设中的价值

2013年5月20日，我应邀为中国农业大学观赏园艺与园林系园林规划设计方向2012级研究生作了讲座。

同学们：

现在，园林事业发展特别迅猛，社会在不断地进步，国家特别需要人才，作为老一辈有责任为你们讲点东西。只要大家喜欢这个行业，有热情，不管现在起步是怎样，将来都有可能成为行业里的精英、骨干。我希望你们成长得快一点，能跟上时代的需要。你们现在听我的课，10年、20年以后，也许你们能回忆起来，当时你们队伍是多小啊！而等将来咱们国家生态文明发展到更高阶段时候，就会看到我们这个行业，队伍是越来越大。

我是1957年上的大学，1961年大学毕业，1960年提前出来当教师。在管理档案工作中，我发现当时园林专业前几届每个班才有7个人，9个人，13个人，最多的一班50个人。所以说，你们现在比起我们创业的时候，队伍要壮大多了，现在全国有十几万、几十万人从事园林行业。并且，你们现在起步要比我们当年高出许多。想当年，别说老师，就是国家都不知道将来怎么搞园林，就只知道古典园林。从事这一行，关键是对事业要喜欢，有热情。我们这些人能坚持到现在，就是因为兴趣和热情，一说到园林，说到认花、认草、种树，就特别兴奋；说到画画，背着夹子就走，到处写生。根据我的经历和经验，不论是国家机关或是企业公司，在挑选学生的时候，很重要的是考察你是不是喜欢这个行业。我对于希望到创新公司的学生，并不十分看重考试的分数，我首先看你喜欢不喜欢这个行业，有没有热情，爱不爱学习。一般来说，勤学好问和谦虚的人，大多会有比较好的前途。只要你好学，肯努力，不断证明你在公司的价值，就可以有很好的前途，关键就是看一个人的兴趣和热情。

我们公司成立20周年，我已经在园林行业工作了50多年。1970～1979这差不多10年时间，我在林大当老师，我是搞园林设计的，但是，当时不仅需要我教制图，还要教园林建筑，教美术，什么都教。因为那时，一是师资力量比较紧，社会和学生需要学什么，老师就要教什么。又因为我的兴趣、爱好比较广泛，能够承担较多的跨界课程，就这样当了10年老师。

今天，按照预先的安排，我给同学们从园林行业最基础，也是最重要的植物景观设计讲起。

植物景观设计，这是苏雪痕老师提出的概念。以前叫作植物造景，最早叫植物种植设计。什么叫种植设计？就是怎么种树。当年，种植设计的概念还很窄，你认识了树，了解它的习性，能掌握几种种植模式，如此而已。那个时代，国家在这方面投入很少，设计人员一年也干不了几项设计。

我作为过来人，每当面对你们这些年轻的学生时，我常常感觉讲一些人生哲学和感悟可能要比向你们灌输专业知识和技能来得更实际一些。

我把人生分成4个阶段：成长、成才、成功、成熟。你们都经过了成长，从出生到上学；现在是站在了成才的起点，需要做研究生，参加工作，从工程师一直到高工，才算成才；有了积累和事业，实现了奋斗的目标与理想，可以视为成功，这些，我都经历过，我四五十岁的时候，感觉自己是一个很能干的人，自己觉得自己了不起：参与了很多重要的项目，获得了数不清的设计大奖，成为全国劳模，享受各种特殊待遇，获得了社会的尊重等等，算得上是一种成功吧，最后完了没有啊？没有，还有一个叫作成熟。我现在70多岁了，我走过了那么多的路，经历了数不清的事，我知道我们这个行业的社会责任是什么，我也知道一个人达到成功的不二路径是什么。现在我的思想是比较通达了，也不会做错什么事，我也知道哪些是需要我们一代一代接力传承的东西。最重要的，是我对人和事物的理解，人说四十多岁，逞强好胜，我当年也是这样，可是要是没有年轻人的逞强好胜，那事业也是不能发展的。但是，现在回过头来，仍然感觉自己当年的幼稚。怎么会就你了不起啊，即便是你现在的这个能力，摆在整个事业面前，也不过就是那么一个点，实在是没什么了不起的！所以什么叫大师，我从来不认为自己是什么大师。孔子说：五十知天命，在50多岁的时候我确实明白了很多的道理。

我觉得你们，就像毛主席说的，是七八点钟的太阳，蒸蒸日上。现在告诉你们一些我们曾经经历的东西，就是希望成为你们前进的动力。1993年，有人说檀工你都55了，都该退休了，还出来办什么公司。可我这一办公司就办了20年。我怎么有那么大动力？到昨天我还在做方案，我觉得那是我生活的一部分了，园林已经成为我的全部乐趣！因为有了这个境界，所以就可以做到完全地投入而没有限制，所以包括这次来给你们讲课，我认为是责任的缘故，只要你们喜欢，你们愿意，我就会告诉一些对你们有点好处、对园林事业有点好处的事情和道理，这就是我的心态。

下面，还是集中讲一下植物景观设计。我本人很赞同苏雪痕老师的观点。它是一个比较与时俱进的概念；不能叫种植，种植太窄了；植物造景，又太园林味了；植物景观，每个人对景观有不同的定义。我们公司叫北京创新景观设计园林公司，为什么不单单叫园林，我不认为园林能概括一切，所以我们是景观园林设计公司。景观两个字的内涵与外延是比较丰富的，我们公司有我们公司的解释，现在有的人只强调“景观”，争当景观第一人，他能当就当，当不了就当不了，以后他到我这个年龄，就什么都明白了。

我主要按照以下五个标题来讲

1）植物景观设计是个系统工程，要以实践成果为检验的最高标准，园林本身就是重实践，即有可操作性的特征。

其实你们已经处在植物景观设计这个系统中了。作为研究生，已经掌握了很多的知识，这是系统工程的第一步。怎样才能说自己会种树、会种花呢？首先你需要认识各种植物；继而需要明白怎么种树，为什么种树；还需要明白和预见种植后的效果。这个过程有时需要很长的时间，甚至可能50年或是100年以后，才能知道你今天所做事情的对错与否。这树今天种下去，明天就死了，你就做错了；10年未到，你种的东西都没了；你种的植物20年以后看很好，30年又不行了，这还是不行。好的植物景观设计，是需要时间来检验的。因为有了这种心态，我才知道我这一辈子，50年，我回头一看，我做了500多项工程，真正留下来的有多少，哪些到现在还在发挥着作用，哪些半截就消亡了，那时才能知道你对社会有什么贡献。

所以现在有的人设计了一个项目，施工一完就报优秀设计，上国际拿大奖，社会对你的考验哪会有那么简单。我曾经考察过那些年轻人做的蔗田景观，春节时候甘蔗全割了，成了一块荒野，种草还有个绿呢，这就是经不起考验的设计。所以说，这个行业要以实践和时间作为检验成功与否的标准。我为什么加这个可操作性呢？有些人尽是胡思乱想，从美国抄点，欧洲抄点，古典园林抄点，就出来一个设计，你能够实施吗？一棵树画的真漂亮，可现实哪里找这样的树呢？说大柳树是弯着倒映在河里的好，现实种植可能吗？再说，所谓近自然的复层结构，5层、7层、8层，连同地被，一层层爬到树上。讲的甲方都晕了，不错不错，没听过，没见过，好！谁给你施工呢？谁给你管理啊？说到生态园林，说种树能改变PM2.5，这PM2.5改变的话，得要看指标啊，不是你凭空说了算的，可操作性要在实践中去验证。

所以我就觉得园林行业是一个非常需要付出的，“前人种树，后人乘凉”，一定要有牺牲精神。不是你当时种瓜得瓜，种豆得豆，立竿见影去收获。不是那样的，我们的社会责任特别大。你们现在很年轻，你们要到我这个年龄，还有半个世纪呢。你今天做的事，几十年以后回来再看，实践会证明我们到底为社会解决了什么问题。所以咱们这个行业，实际是很了不起的！可以看得很大很大，因为我们看到了它在治理国土环境中的重要作用，也可以缩到很小很小，直接关系到我们家中小花园的一棵树。要提高人们生活环境质量，谁都离不开我们这个行业。政府提出的“生态文明，五位一体”的战略目标，更是为我们行业开拓了广阔前景。

2）植物景观设计，在空间上具有区域性的规定，在时间上有延续性、长期性、稳定性、不确定性的特征。

空间上，也有区域性的规定。适地适树，了解植物的地域特征非常重要，什么样就得什么样！你非得把热带植物放到北京，把寒带植物种到南京，就一定会失败。适地适树、乡土树种，什么意思啊？就是要尊重植物的空间规定性。现在，北京成千上万地种白桦，一定要搞个白桦林，我是反对的，因为历史上，北京平原地区就没有成片的白桦林。从2012年北京开始百万亩平原造林，这个概念有多大？还得是平原，还不许上山。政府下了这么大决心，农田都不种了，小麦都不种了，你不老老实实去种乡土树种，而是去种白桦林，不要等很长时间，就会有结论的。我现在不会和他们去强争辩，实践证明错就是错，对就是对，只能用事实去教育他们。经验往往需要付出代价。

区域性规定，是客观的、科学的、被实践证明的东西。设计师一定要知道什么叫绿色、生态、低碳和可持续性。这是我们的口号，是非常正确的。适地适树，必然管理是极方便的，水也少浇，生长健壮又省时间。像槐树，100年以后，参天大树一样，这才是我们的目的。希望你们从年轻就重视这些，不做那些违反客观规律的事。至于植物景观设计在时间上有延续性、长期性、可变性和不确定性的特征，刚才不是讲了嘛，像前人种树后人乘凉一样，没有这个牺牲精神，你甭当园林设计师。你尽想出个风头，得个大奖，得个大师，这怎么可以呢？真正的优秀设计师是有的，日本有一个林业的专家，80年前在一块1000亩的荒地上面做了一个设计。上面是针叶树，他们认为针叶树长得快，如桧柏、松树，在针叶树下种了一片慢长阔叶常绿树，以下再种灌木。设计师用红色和黑色的毛笔画了一张模式图，他预想针叶树20～30年会衰退，常绿阔叶树经过自然更新会长起来，这位设计师预料这里50年以后将是一片阔叶混交林。现在80年过去了，证明了设计师的水平。为此，我特别去日本，看了这片树林，非常茂密的，以至于人都进不去。这是日本最成功的人造林。对此我是深有感触，真的特别感动：这才叫设计大师。

现在，这100万亩平原造林，10年、20年、30年、50年以后，这块地是什么样啊？种完还没20年就砍了，还没几年就没了，你这不是浪费土地，浪费东西嘛！所以这里的学问是很大的。现在有些领导和设计师，并不知道自己身上担子的沉重，也不去想今天这样做，以后会是怎样的景象。所以说，你们要有预见性，不要只学会在图纸上点几个点，画两个圈，设计费一拿，就算完了。实际上，我们的责任是解决社会最关心的问题，就是改善环境，改善PM2.5，使空气干净些，使温度能下降，湿度能增加，能达到这个目的，才是咱们的责任。

关于不确定性。日本最著名的明治神宫旁的人工林，按照常规发展应该是不错的，但是有一段时间，突然长了松毛虫，很多的针叶树同时死掉了。说明了我们还需要考虑到自然的更新中的更多因素，天灾、病虫害等等。人工林完全模拟自然，也是不可能的。实际上，近自然的人工群落更有可操作性。

3）植物景观设计在生态文明建设中有不可替代的作用和巨大潜力。

现在园林是热门专业，说明社会特别需要我们。国家现在提出包括生态文明在内的五位一体，这都是环境恶化使然。以中国目前的发展速度，每年平均是9%～10%的GDP增长率，必然带来环境的压力。我们知道，所有的事情都不能脱离生态，所以生态文明就会成为国策，这是一个战略问题。长时间在土地上“种”更多的房子，修高速路，开发矿山，GDP是上去了，但是人们发现，我们身边的树少了，而修复环境需要更多、更好地种树，园林是因此而获得发展机会。当然，我们也不可能再糊里糊涂种树，要知道现在这样做，多年以后可能出现的效果。只有植物才能够改善环境，它们的作用是不可替代的。但是我们现在对它们的研究还很不够，现在的一些研究报告科学性并不高，就是怎么美啊，红的配绿的，后面高前面低有层次，前头还有色带，这几招太肤浅了。真正的作用咱们还没有研究透。最近，我们也请了一些研究者作报告，就讲植物景观的科学性，讲很多数据。如果你有了科学性和数据，就能证明你这个东西是能算出来的。当然也需要有定性的概念，而不可能完全是定量的。

2001年，我设计的皇城根遗址公园，就是一个以绿化种植为主的带状公园。当时，东城区的区长问我的设计构思，我说：附近的王府井有那么密集的建筑，只有房子，最缺少的就是绿色和自然。他又问我，你种那么多树有什么好处啊？我脑子反应比较快，我说绿带地表的温度要比旁边的马路低5～7℃，空气湿度能增加15%～30%，我这些话是根据20世纪80年代李嘉乐、陈自新等人的相关研究成果而来。真没想到，他很快就找人暗暗作了测量，然后对我说，您说得很对啊。因此，对外宣传我们需要有科学的数据和指标。他还对别人说：“早知有檀馨，何必去招标。”所以我说植物景观设计在生态文明建设中有不可替代的作用。你们一定要掌握绿化种植的科学性，有真本事才行。

4）在风景园林行业中，植物景观设计是基本功，同时要与其他各种景观元素和相关学科互相沟通，共同合作，以适应应尽的社会责任，完成社会的期盼。

需要告诉大家的是，学会绿化种植设计，是进入咱们行业的必修课和敲门砖。因为这是我们这个专业区别于其他相近行业的最重要特征，你们在竞争工作岗位时候，说我会画铺装，会画台阶，会做喷泉，那是不行的，因为这是建筑专业的特征，你说会做雕塑，那些专门搞环艺和工美的水平更高。现在，一些设计公司业务范围很大，什么都会，就是不会绿化种植。你们要是没有这个基本功，就跟人家比不了。“一技之长”就是你的价值。因此，你们要学习科学种植。那些成熟的设计大师，他们之所以有权威，在于他们的修养是很全面的，懂植物、懂绿化、懂规划、懂园林、懂艺术、懂哲学，才有可能成为一个行业的大师。可是现在我们好多人还是中师和小师呢，就觉得自己了不得了。

这次园博会，我去看过两回，根据观察，觉得那里最缺的就是对植物的设计应用。他们对于一些抽象的意境，都有很高的艺术表现力，无非是在硬质材料上做文章，玻璃啊、石头子啊、钢索绳子等等。包括一些海归的设计师，我研究过他们的一些东西，他们在国外受到了一些熏陶，是不错的，也可以借鉴过来，但是最大的问题是，他们不是从乡土的绿化种植开始的，于是，就有人在城市绿地里种了一片甘蔗田，大家认为甘蔗是农作物，他就说，农作物就不能进入园林吗？这世界上就没有什么绝对不可以的东西，可什么是园林？园林景观是源于自然而又高于自然，是从自然界筛选的最好的东西。怎么叫高？第一个就是给人服务，人得觉得它美。你不美我选你干嘛，甘蔗从种到生长到收割，一个周期完了，完了就没了。正好赶上我们去参观，他们说，明年再来吧！园林不是庄稼地，庄稼地允许你明年再种，但园林就要有相对持续和稳定的效益，否则就不是稳定啊！就像野草的美，是需要筛选出相对最好的，保持美的时间更长，更稳定。

园林不是很随便的，而是精选的。你们学习植物，苏老师让你们认识2000种植物，我是有不同看法的，我觉得对于实际应用，有些浪费精力，这2000种植物都在山上呢。你又没有生产力，我要你又没有，那就只会停留在认识阶段，同学们能熟练地应用几百种，就是有用之才了。所以你们要扎扎实实地学习专业，出去多观察，回来多思考，跟老师多研究，这是进入园林行业最基本的东西。特别是年轻的海归派，需要补上这一课，如果不会种树，那么我只能说你是一个不成熟的设计师，成熟的设计师是需要很全面的知识。所有的设计必须根据场地的需要，我们是服务于社会的，所以我希望你们把基本功学扎实，既然干园林就不能不懂植物，不能不会种植设计，这就是我今天所讲当中最关键的问题。但是作为一个合格的景观园林设计师，还是要能将很多景观元素和相关科学互相沟通，共同合作，才能适应社会需要。

社会对我们的期盼是改善环境，让人生活得更好，让环境更美，我们有责任努力达到这个目标。反之，如果只会种树也是不全面的，也就只能是个入门，这个天地很大，需要你去学习更多。

5）创造具有中国特色的植物景观设计理论与方法。

目前我们正在为创新公司成立20年做总结，因此需要对这样的问题进行更多思考。在这里，我希望你们能立足当下，往长远看，要能意识到你们的责任，树立一种信心，承担一种责任。不能忘记我们是在创造具有中国特色植物景观设计，为什么？中国一直以自己是园林之母而自矜，固然这句话外国人对我们是赞誉，我们自己可不能这么认为，至少我们现在不够园林之母的资格，我们还不够先进，但是我们的古典园林确实足够，如何看待祖先创造的文化是非常重要的，我发现中国的自然山水园，中国的自然式的种植，都是我们民族和祖先的原创。这个东西很不容易，我们需要有正确的心态来研究它啊！

现在绿化种植大致分成三类：自然式种植、规则式种植和自由式种植。

观察自然，学习自然，按自然的规律种的叫自然式种植。树木有大小，竖向有高低，同种不同龄，姿态有风景，季相有变化，这都是我们的祖先通过观察自然得来的。在欧洲，我去法国看，法国人认为上帝创造了自然，自然就是给人服务的。所以他们认为可以号令自然，凡尔赛宫的树，那么高大的树都要整齐划一地修剪，还不如就砌个墙算了。那梨树都捆在铁丝网上，跟大十字架似的，然后梨都是平着长，不圆着长。你要说它不好，客观也觉得他们挺有主意的。那是他们的原创，融入了西方人的逻辑和哲学观念。中国人可不敢那样，我们会把植物人性化，会崇拜它们，把松树视为英雄，把槐树视为文宗，没有人对植物不敬畏。东、西方民族观念不一致，所以西方偏重规则式。可是，随着文化的交流，人们都会有所改变，就开始把规则的和自然的结合起来。比如现在流行的色带，讲究层次和色彩，前低后高等就是其中的一个模式。我觉着这三种类型，我们可以根据实际需要来灵活使用。

我们需要更多研究中国人的审美价值和生态理念，中国特色植物设计的理论方法是什么？就是结合生态文明，我们的所有建设和生活，都离不开自然生态。那么，我们怎么才能搞好绿化种植，其实我们每一个项目，都是很好的科研平台。就说这百万亩造林，我们去年做了7万亩，今年做了5万亩。那1万亩之大，都是看不见边，简直跑都跑不过来。我们能不能通过如此大规模的人工林，逐渐总结出我们的理论和方法。在这个总结当中，我们需要传承的是全世界的文化遗产，而绝不仅仅是中国自然式的，还应该有法国的，还应该有欧洲先进国家的，我们需要站在中国的立场上，摸索出新的东西。但是万变不离其宗，我们的根得对。我认为这个时代的伟大实践，一定会产生新的观点和理论。百万亩造林，全世界都没有，日本明治维新那会不过才1000亩嘛，1000亩80年以后是最牛的人工林了，那我们这100万亩难道就没有可以总结的东西吗？只要我们肯于实践，善于总结，我们将来也会有的，所以你们现在要赶快学本事，就可以进入到我们改良生态的大环境中来。

现在你们作为园林事业的接班人，第一步要学习好绿化种植，得认识树种，自己学习，跟老师学习，通过学习、研究人家是怎么做的，人家根据什么种的来提高自己。在广泛学习的同时，逐渐积累相关科学知识，打好基础。其中最重要的就是真心喜欢这个行业。

园林创造第二自然，在生态文明中发挥着重要作用

群众在我们设计的公园中

6. 山水文化随笔

（1）师法自然的山水文化

我所设计的有名的园林，无不与自然山水园的模式相关。孟兆祯院士所著《园衍》对自然山水园总结得十分全面，并且能与现代园林实践相结合。书中提到的许多方面，我非常有同感。

我国的山水文化是中华民族优秀文化传统的一部分。诗情画意的自然山水园林是中国传统园林特色，区别于西方意大利台地园、法国规则式园林、英国风景式园林，并能独树一帜，成为自立于世界之林的、具有原创价值的园林。我们为先辈们的文化创造而引以为荣，引以为自豪。

作为中华民族文化的继承人，我们有责任、有义务，将这一优秀的文化遗产继承、创新、发展，并创造出有中国特色的现代园林，使之最终能自立于世界文化之林。我们将继续追寻“世界园林之母”的梦想，为此而努力奋斗。

在此，我想谈谈具有传统风格的自然山水园林的现代表现问题。

1）山水文化：中国园林文化之根

首先是文化的熏陶和个人修养。一方水土养一方人，我们生活在富饶辽阔的中华大地上，山水资源遍及全国，无所不有，无处不在，无山不美，无水不秀。先辈们通过有景有情的山水诗文、田原诗文，描绘出这些壮丽秀美的祖国山河。中国历代画家大师们，画出了多少壮丽的祖国山河。近代的诗人、画家更是将时代视角，赋予在诗画中。我们从小生活在这片沃土中，在中华民族优秀文化氛围中成长、成材、成熟。我想我的山水情缘、山水感染和对山水的热爱、崇拜，是从骨子里，从根基上铸定的，有抹不去的基因。

2）传统文化的山水诗、山水画的影响

我从小背诵的陶渊明《桃花源记》——“晋太元中，武陵人捕鱼为业。缘溪行，忘路之远近。忽逢桃花林，夹岸数百步，中无杂草，芳草鲜美，落英缤纷，……林尽水源，便得一山，山有小口，仿佛若有光。便舍船，从口入，初极狭，才通人。复行数十米，豁然开朗”。这就像一幅图画，深深地印在我的记忆中。

欧阳修的《醉翁亭记》——“环滁皆山也。其西南诸峰，林壑尤美。望之蔚然而深秀者，琅琊也。山行六七里，渐闻水声潺潺而泻出于两峰之间者，酿泉也。峰回路转，有亭翼然临于泉上者，醉翁亭也。……醉翁之意不在酒，在乎山水之间也。山水之乐，得之心而寓之酒也。……野芳发而幽香，佳木秀而繁阴，风霜高洁，水落而石出者，山间之四时也……”这些诗句在我的山水园林的设计中都有过体现。“智者乐水，仁者乐山”《论语·雍也》，孟子的“登泰山而小天下”，这些已成为我的案头箴言。

若说影响最深的，还是在大学学习专业课期间，老师讲的郭熙的《林泉高致》，炳宗的《画山水序》，荆浩的《山水诀》等画论名篇中对山水审美、山水规律的概括指引。记忆最深的有郭熙的《山水训》：“山以水为血脉，以草木为毛发，以烟云为神采，故山得水而活，得草木而华，得烟云而秀媚。水以山为面，以亭榭为眉目，以渔钓为精神，故水得山而媚，得亭榭而明快，得渔钓而旷落，此山水之布置也”。“石者，天地之骨也，骨贵坚深而不浅露。水者，天地之血也，血贵周流而不凝滞。山无烟云如春无花草”。“山无云则不秀，无水则不媚，无道路则不活，无林木则不生，无深远则浅，无平远则近，无高远则下”。“山有三远：自山下而仰山巅，谓之高远；自山前而窥山后，谓之深远；自近山而望远山，谓之平远。高远之色清明，深远之色重晦；平远之色有明有晦；高远之势突兀，深远之意重叠，平远之意冲融而缥缥缈缈”。

另外，山水画在构图上也讲究虚实相生，留白、远近、疏密、浓淡皆出意境。“山因水活，水因山秀”。“地得水而柔，水得地而流”。“水令人远、石令人古”。“山水必相映而成趣”。“假山以水为妙”。“远近山水咫尺千里”。“移天缩地在君怀”。“以丈山尺水之势，行千里河山之神”。这些理论已经从感性提升至理性的审美范畴。张彦远在《历代名画论》中所说的“意在笔先，画尽意在，所以全神气也”。这些绘画理论是园林自然山水园设计取之不尽、用之不竭的源泉。

3）《园冶》必读之处

我读《园冶》数遍，每次体会都不同。在后来的设计实践中，最应当记住的，常为应用的理论经典有“三分匠人，七分主人”，“能主之人”，“妙于得体合宜”，“园林巧于因借，精在得体”，“俗则屏之，嘉则收之”，“景因境而成”，“相地合宜，构园得体”，“园地惟山林最胜”，“自成天然之趣，不烦人事之工”，“片石多致，寸石生情”，“约十亩之基，须开池者三。余七分之地，为叠土者四”，“开荒欲引长流，摘景全留杂树”，“固作千年事，宁知百岁人”，“寻闲是福，知享即仙”，“花间隐榭，水际安亭”。

掇山——“多方景胜，咫尺山林”。“有真为假，做假成真”。“池中理山，园中第一胜也”。“峭壁山者，靠壁理也。藉以粉壁为纸，以石为绘也”。

借景——“构园无格，借景有因。”“因借无由，触情俱是”。“夫借景，林园之最要者也。如远借、邻借，仰借，俯借，应时而借，然物情所逗，目寄心期，似意在笔先。庶几描写之尽哉”！

（注：由于物性的诱导，引起了眼前看到的一切，使心之感动而结成意境，必须想好了创意，才能设计好）。

《园冶》全文深奥，不易理解。初时理解不多。在造园实践时曾反复学习以上典语，每次读每次的体会都不同，逐渐理解并能运用于实践中。可见《园冶》是一部耐人寻味的宝书。正是如此，读《园冶》一书，还要读得进，出得来；不可不读，不能死读。

4）《园衍》的理论学习

大家研究山水文化需要统一的语言。孟教授在他所著的《园衍》中，将现代的造园理论，阐述得非常系统清楚，其中对于山体各部位名称，作了统一的定性和解释，为我们共同研究中国的山水文化提供了十分必要的条件，在文章中这样叙述：

大山为岳（嶽）。山从立面可分为山脚（山麓）、山腰、山头三部分。高而尖的山头称峰，高而圆的山头称峦，高而平的山头称为顶或台。所谓“横看成岭侧成峰，远近高低各不同”。山凸出部分称之为坡，山之凹入部分称之为“谷”，其中两旁山高而谷窄者称为“峡”，两山稍低而山间稍宽者称“峪”，谷扩展成“壑”，壑扩展成“坝”。山之陷进而不通者，小者为“穴”，大者称“岫”。再深无论通否称之为“洞”，山高不悬出为“崖”，悬出为“悬岩”，高而平者称“壁”，高空架石可通人称“飞梁”，水中踏步称“步石”或“汀石”。设计自然山水园林时，需要掌握这些基本知识，更需掌握叠山理水的方法。

（2）“外师造化，内得心源”的积累

1）向大自然学习，源于自然的创作灵感

我们虽然生在长在自然山水美丽而丰富的国度中，也受到了历史文化的熏陶和专业的教育。但是真正能领略大自然山水之奥妙，还要自己不断地直接或间接地到真山真水，典型的山水园林中去体验学习。“外师造化，内得心源”日积月累，不断提高自己的山水审美修养和欣赏能力。将看到的化为自己的内心感悟，再物化为设计图，只有这样才可能设计出从现代人的审美视角出发，使现代人喜爱和欣赏的新的山水园林。

现代园林中的假山艺术是以自然为师的创作思想，从大自然中吸取灵感，根据可能获得的石材品质，结合实际进行设计。例如，我去黄山考查体验后，根据写生记忆设计的峭壁山，可以感到黄山的影子，山势优美，山峦起伏，层次叠加，效果逼真。而香山饭店清音泉是依照山水画意堆叠的假山，其中，瀑布下有一块“断水石”，使瀑布像真山中的瀑布一样，有深远莫测的感觉。饭店中的飞云石组则是我去石林观察、写生体验后，仿照石林风景区里的“出水观音”石组的意境而设计的。有一石突出，从石围拜之势，放在饭店主建筑的中轴线上，适地适势，效果最佳。我们要从大自然中发现美、创造美，贡献给大家欣赏。

2）现代假山叠石艺术的发展

中国现代园林中的山水文化与叠石艺术，继承了传统的山石技艺，并使用现代技术手段，而全国石材的信息交流的市场化运作，更使得现代园林中的置石、掇山的内容及规模远远超过了传统园林。现代园林结合挡土、下沉空间，山石造景，围合空间、创造意境等功能，与景观很好地结合起来。在思想和精神层面的寓意少于传统园林，追求整体，似真山，山姿山容气势自然豪放，简单、现代、直白，符合现代人对艺术的审美情趣。不像古人那样，多愁善感，忧国忧民。“智者乐水，仁者乐山”的哲学寓意，则是少数精英们才能进一步追求和需要的。不过，对于赏石的偏爱，世界没有哪个国家能与中国媲美。中国对于山石艺术的鉴赏，普遍扎根于百姓之中，人们不仅是对美的石质的欣赏，还寄予各种寓意，许多现代写字楼前都放置一块“泰山石”， 既“时尚”也具有中国特色，山石已经成为一种文化现象。

3）现代山水园林给城市人提供了接近自然、体验自然的场所

在现代园林中，自然山水园林能创造出预想不到的效果。人们在城市里，在办公室中，在计算机房，受到多方面的压抑和噪声干扰，空气污染带来身心不适。人们期盼回归到大自然中，但距离远时间也不允许。那么在公园中，在庭院里，在花园里，在每日可以多次到达的绿色开放空间中，在我们创造的第二自然中，去接近自然，接近山水的精神，就可以使人们的身心都得到缓解，得到恢复，得到心灵的安慰。正在兴起的养生园林，用地形、山石、植物设计出大、中、小不同尺度的空间，使人们得到休息和满足。现代的山水文化园林，是最能达到人们对自然、对

山林、对山水的需要和渴望，对于修身养性，陶冶性情，消除疲劳更带来身体和精神的双重享受。

现代园林就是为现代人服务的园林，树林草地也好，山水风景也好，形式可以是多种的，风格也可以不同，但是，目的只有一个——为后代人创造第二自然。

4）“山水文化”——地产商的新卖点

堆山掇石是我国传统园林的精髓所在。现在有机械吊车和提供各种山石的市场，这使山石艺术在现代园林中获得了更广阔的舞台，并且变成备受欢迎的园林元素。当然，山石艺术是自然山水园中的重要角色，现今几十吨上百吨的石头不难获得，故而许多房地产商以山石艺术作“卖点”，花了大钱也做出了几个少见的优秀案例，例如：山水文园住宅区，在临四环路一面叠堆的大假山，在北京也是一道别致的风景线；紫御华府的中心假山群，使用了近万吨石头，把一座真山按编号移了过来，气势之大是空前的，再结合植树、瀑布、雾泉，所呈现的综合完整的景观，使人有身临于真山瀑布之中的感觉。

5）国外也喜欢中国假山技艺

在日本北海道地区，我们给日本朋友设计的“天华园”中，应日方要求用几千吨当地山石，堆了一座峡谷大假山。由于所采山石不适合堆山，为达到抗震要求，在中心安装了几十根大钢柱，并采取钢筋固定山石的结构形式。因此，在山石艺术方面，没有达到理想的高度。尽管如此，在规模上仍可算是日本第一。叠石掇山是中国园林的原创特色，引入日本，水土不服，也不大像“真山”，只能当作一个技艺的输出而存在。

6）山水文化扎根于广大群众之中，作为文化一定会传承发展

对于赏石的偏爱，已经成为广大群众的一种习俗，成了一种文化现象。2000多年前，我国就有赏石的记载。时至今日一直方兴未艾。家中有赏石，院中有奇石，机关单位门前，甚至现代写字楼前也喜爱放置一大块“泰山石”，寄托主人的心愿和精神层面的诉求。

由于现在科学技术发达，交通便利，山石的交流也呈范围扩大的倾向。香山饭店“飞云石”，就是从石林运来的。过去颐和园中的观赏石——“败家石”，青云岫，在运到房山时就几乎败了家，花不起钱运了。现在“南极”的石头也能放置在海洋局的办公楼前。向国外输出的园林甚至可以用海运解决山石资源问题。现在的堆山叠石，无论从技术、规模还是追求的意境方面，与传统园林都有很大的变化和发展，创新的方面也很多。作为一种民族的文化现象，一定会传承下去，并能不断地发展与创新。

（3）师法自然，也要有创造性思维

观察自然，向自然学习，也要有创造性思维，才可能去发现，才可能揭示自然之美，并找到大自然对人的恩赐，给人们带来精神的、心里的启发和审美享受。例如，我们在做“门头沟百里画廊”景观规划时，发现那里山的类型多变，形式多样，好似天然地质博物馆，有隆起的斜山，有冰川划痕，有的山如塔，有的山如狮林，如瀑布……，我们一直以一种创造性思维去观察真山，想发现更为有价值的东西。一天下午，晚霞西照，山体阴影明显，光线特殊，我赶快拍摄了几张照片，便离开了深山区。

回到家中，打开相机在iPad中放大，根据山里的照片分析山景效果，找找新的感觉。一张一张，突然，一个神奇的人像出现在照片之中——那座大山像个人坐在那里，像谁？长脸宽肩挺胸正坐，手持大刀，这不是一幅“关公”的神像吗？这个发现，使我很激动，我们把照片做成了贺年片，送给了区委书记。他们也很惊讶，为什么几十年也没发现，过去数百年也没发现这幅神像呢？真是感谢你们的发现。在山水文化的传承中，百姓相信“山有神则名，有水则灵”。这个发现会给当地百姓带来好运。对提高知名度、影响力吸引游人开展旅游。当然生活就会带来改善。这片高山，百姓称为“塔岭”，在路口的那座“关公”拿大刀的山峰，现在称为“将军峰”。后来，在观察山，发现山的潜在价值时，我们本着这一创造性发现，又发现了山中的特殊风景，具有地质科学的价值山体。

对于大自然的客观存在，只有当人们的主观意识和客观一致时才能发现大自然本来的面貌。学习、修养、观察、发现是无止境的。

如何去观察山，欣赏山，发现它的价值。不妨用绘画理论和地质结构的科学角度对不同景观划分类型，选择观赏点。例如，山有雄伟之美，秀丽之美，像形之美，险峻之美，幽深之美，平远之美，高远之美，奇特之美等等。然后再将有较高的景观价值的山点景题名。有了恰当的名字，山就会增色。“偌大景致无名无姓，也会顿然失色”。点景名称很重要，名字起的不好，对景致也是一个损害。例如，有一座山，山平而直，当地称为“门板

山”，但长江镇江边的“赤壁”不也是直而平的绝壁吗？门板和赤壁这两个名字，在文化层面上，相差就很远。可见，名字也很重要，不好的名字起到反作用。

（4）山水园林有如大自然综合体

山水园林指的是以自然山水的形式所表现的园林空间。构成这些空间的造园要素包括：植物（为主）、地形、山体、假山、水体、动物、建筑、小品等等。园林中的要素很多，山水园林是个模仿大自然的第二自然，是“自然的综合体”。为什么要提出“综合体”概念？我想提醒，在设计园林堆山叠石时，不要只用“山石”元素，山石还要与水结合，与植物结合，共同构成源于自然高于自然的第二自然，使人能看、能赏、能游、能居、能体验到真正大自然山林之美，满足人们对自然渴望。但是经常要注意的问题是，有些园林中的山石过多，过生硬，过冷，没有植物没有水，为了堆山而堆山。现在大家愿意堆假山，喜欢山石，要注意如果事情做过了头，就会走到相反方面。我们应当在技术技艺上多去研究，创新，使叠石掇山的山水园林艺术健康发展。

（5）传统与现代

传统与现代是一个“永恒”的话题。没有传统就没有现代，现代的文化，百年以后就变成了传统。这种辩证思维使我们能够从容对待现代与传统的关系。

传统文化要适应现代人的文化需要，要为现代人服务，要与现代社会的经济、政治、社会思潮相呼应。因此，传统必须改革、创新，改变是常态，不变才是暂时的。

基于这种认识的提高，传统的山水园林文化，其中包括山石艺术，也要改变创新。要适合现代人的审美观，服从于功能和经济，创造被现代人喜爱的现代山水文化，才可能使这一文化传承下去，为创造具有中国特色的现代园林发挥重要作用。

85年.
写於黄山.
石笋矼、老翁下棋
仙人探菊 仙人晒棋、
飞来钟、笔架峰

1984年黄山速写
源于自然的创作灵感

源于自然的创作灵感

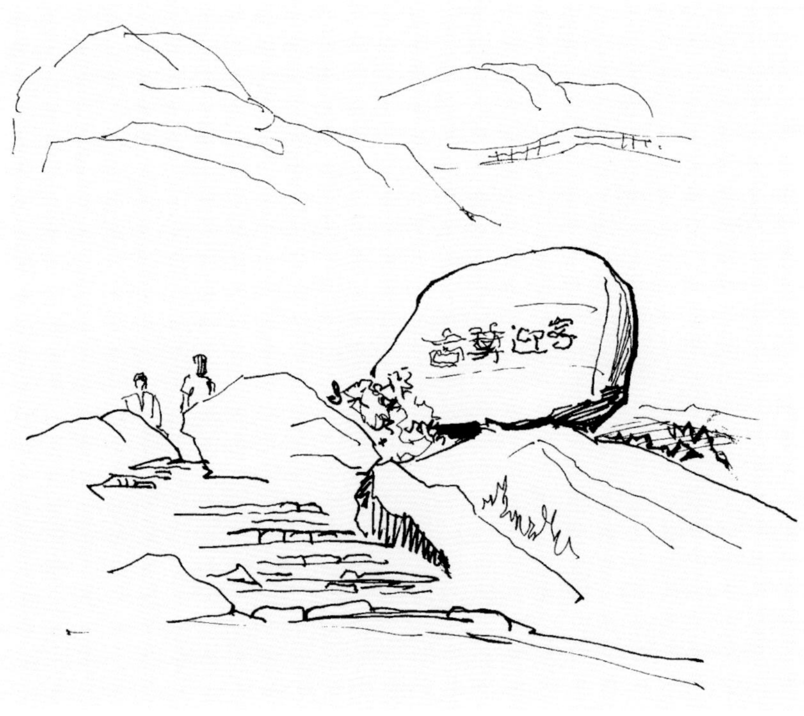

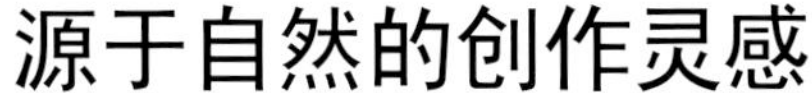

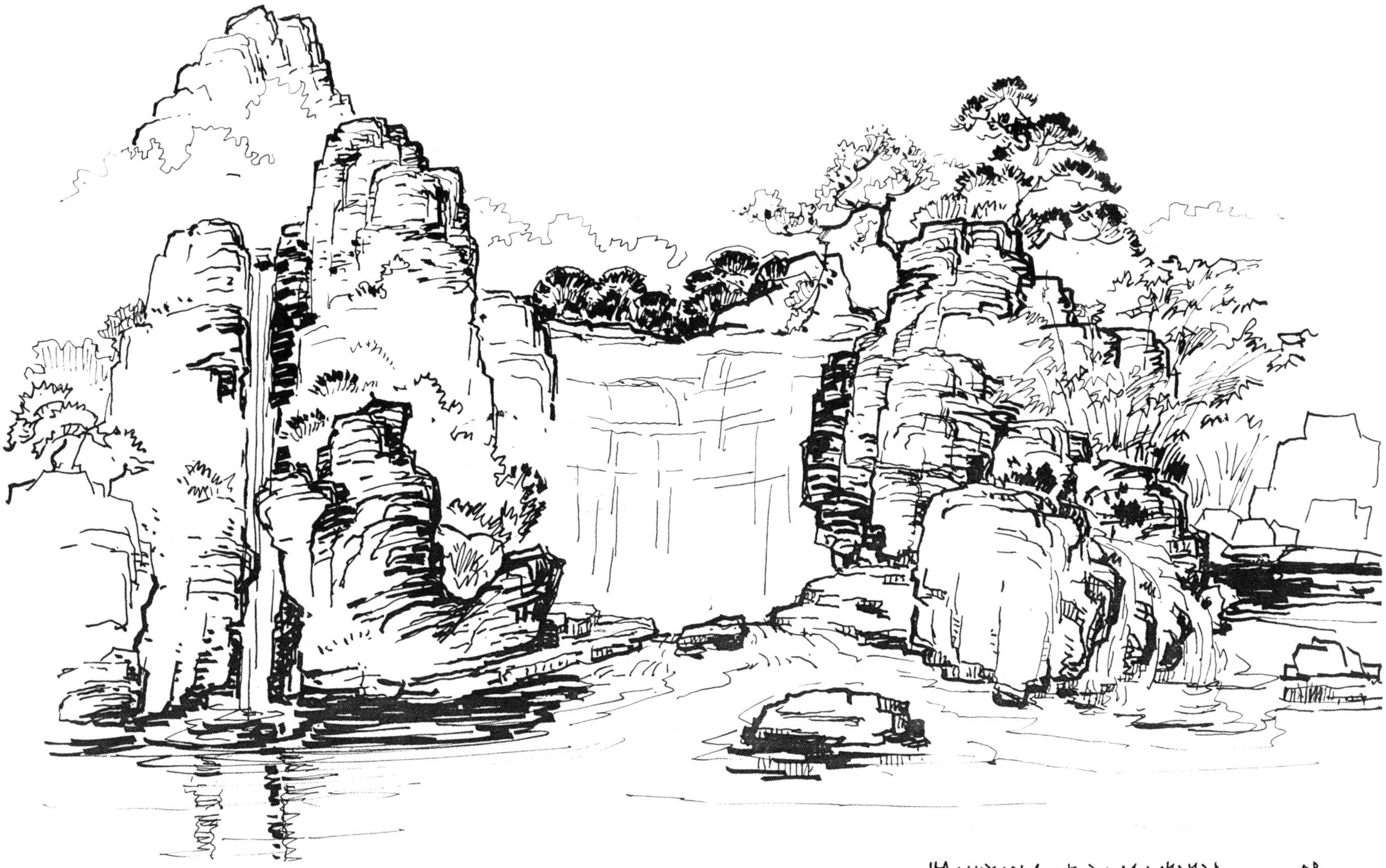

紫竹院公园.清凉世界方案设计 88.8.檀

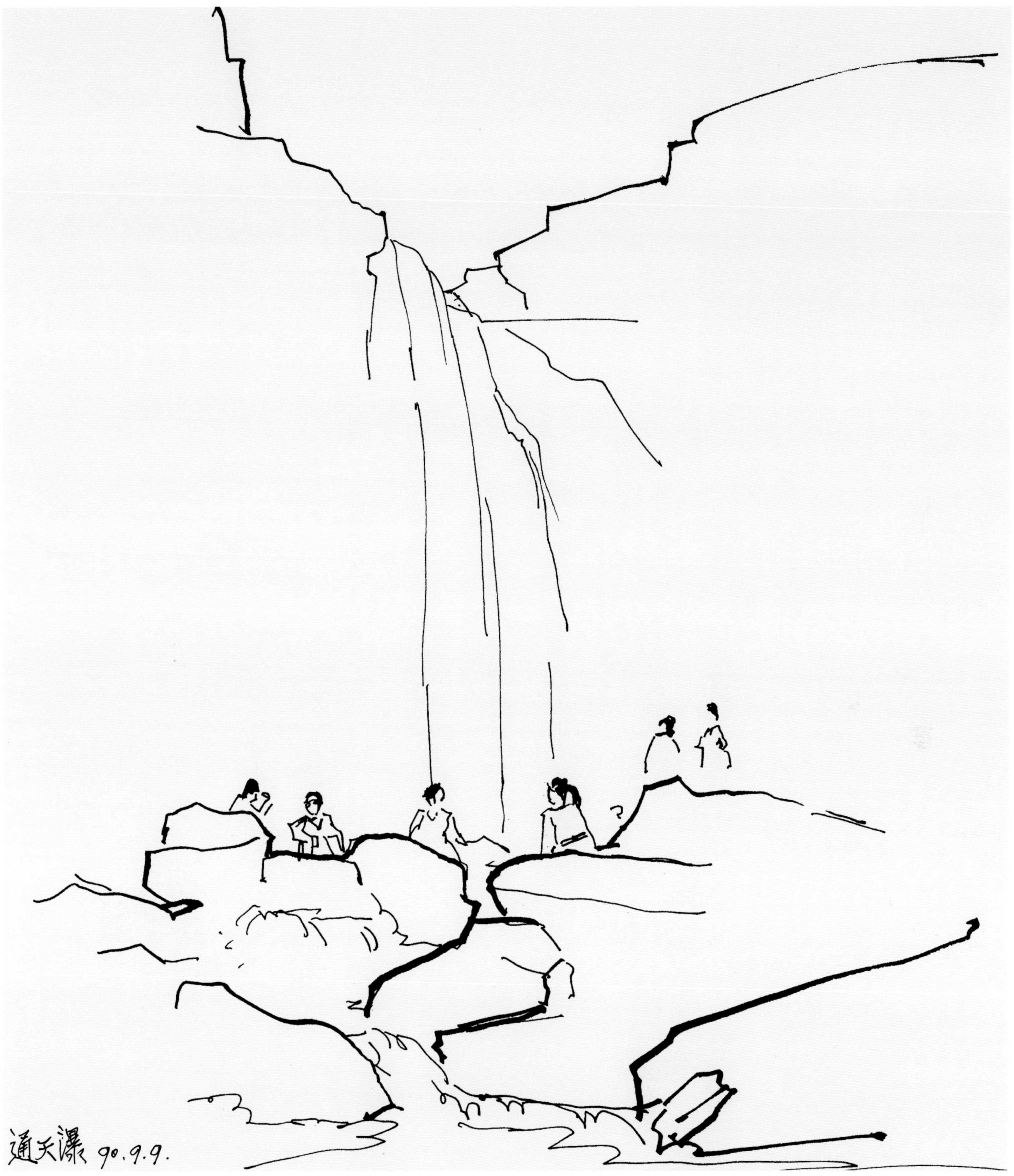

从大自然中获取创作灵感——北京黑龙潭通天瀑（1989 年速写）

潭柘寺古树速写

古树名木带来的灵感

潭柘寺 帝王树 86.7.5

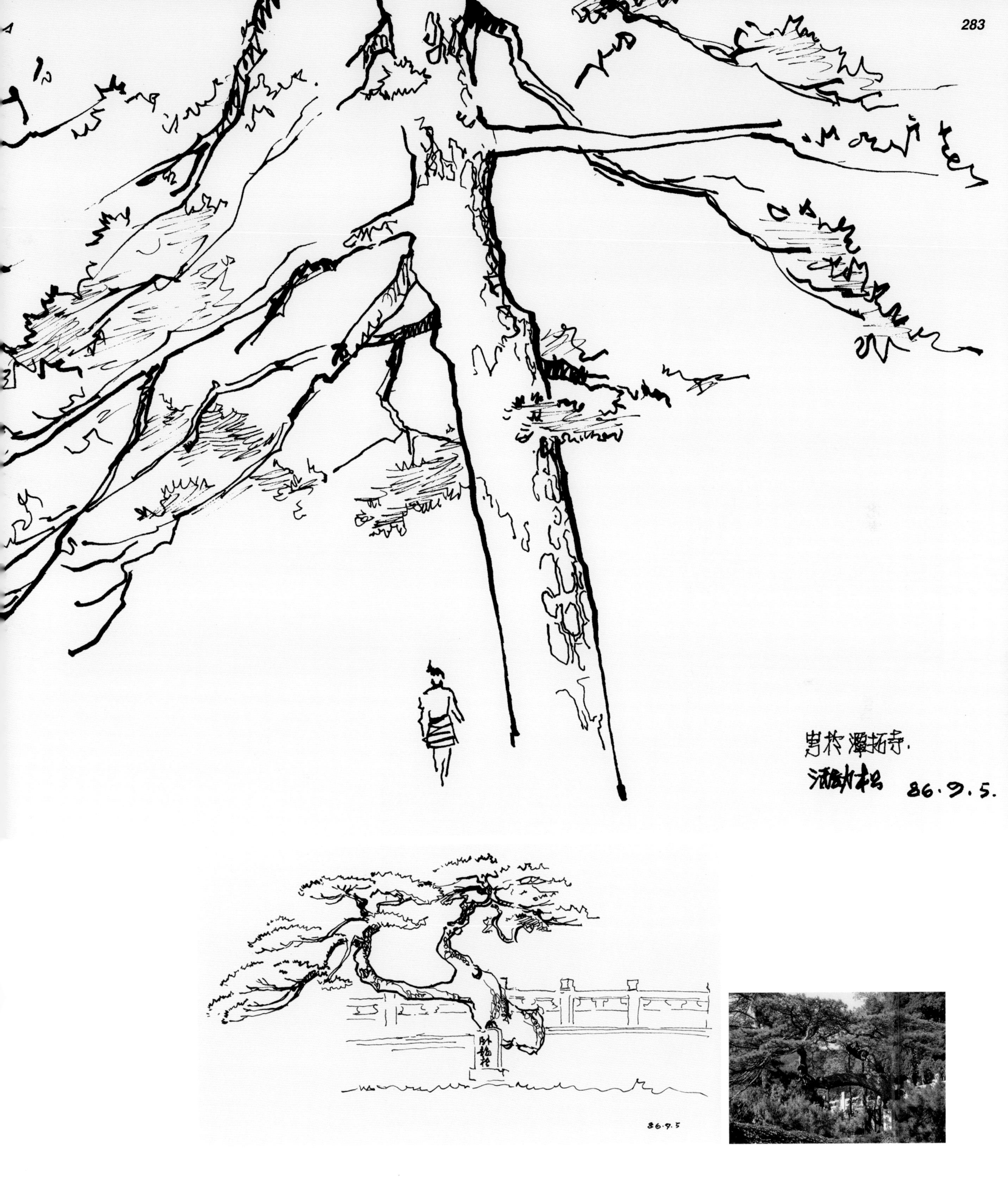
写於潭柘寺.
活動松
86.9.5.
卧龍松
86.9.5

北京华侨林（实景）

游黄山归来·创作的
黄山意境的假山

叠石瀑布方案

陶然亭醉石

东侧群峰.石笋矼.
十八罗汉.仙人峰.
T.X.

充满想象力的黄山十八罗汉仙人峰

借云南石林“出水观音”石景创作的香山饭店飞云石石组

重要发现——将军峰

北京门头沟百里画廊规划

以创造性的思维观察大自然，获取灵感。发挥想象力,就可能有意想不到的发现。

在做北京门头沟百里画廊规划时，发现酷似关公的持大刀的神像。为门头沟地区提供了一个极具影响力的文化题材。

7. 从园林走向广阔的城乡绿地

从北京城市发展的趋势看，仅仅半个多世纪，城市的生态环境就发生了明显的变化。在我们小的时候，北京只有几百万人口，城市规模在二环以外不远的地方，交通以步行、电车、自行车为主，汽车是个奢侈品。城里也没有几座大楼。从景山上俯视北京，大面积的四合院里生长着树龄有几十年、上百年的槐树、杏树、海棠、椿树、榆树。偌大的树冠，覆盖着不太高的平房。当时，人们所处的生态环境是正值，园林属于在经济、适用原则指导下的美化和文化。后来，城市发展到上千万人口时，生态环境也还可以平衡，群众对生存质量和宜居程度尚可满意。这时候，园林在实用、经济、美观前提下，进一步把对于生态环境的关注提到日程上来了。但是，最近30多年来，GDP的不断攀升，开发、招商、建设，使城市迅猛扩张，高楼林立，道路成网，立交多样，汽车飞奔，唯一减少的就是绿地。人们远离了自然，空气变坏，水质污染，见不到阳光，绿色视野少的可怜，这些使我们面临着严重的环境危机。如今，北京市的生态环境已成负值，改善生态环境成为社会关注的焦点，成了百姓最基本的诉求，成为制约经济发展的阻力。保护自然，拯救环境，成为全世界共同面对的问题。因此，环境危机的凸现，必然会将过去园林以文化、实用、美观的原则，转变成为生态优先的原则。对此，作为风景园林师，我们需要有清醒的认识、高度关注和积极参与，设计的理念也要有相应的转变，这应该也是我们的责任。如果你不能很快转变，还抱着固有的、自我清高、自我欣赏、阳春白雪的心态，就必然要落在时代的后面。

要想参与解决环境危机这样的大问题，首先就要有知识的补充，包括生态学、大尺度空间规划、自然科学、社会科学等多方面的知识。学习掌握综合分析的理论与方法，树立多专业共同协作的思想，才能应对生态环境这样的复杂问题。

我们处在社会变革的第一线，能够更直接感受到社会跳动的脉搏，并且有机会参与改善城市生态环境的实践。从2007年起，我们公司陆续参加了北京第一道绿化隔离地区——郊野公园环的建设，万亩滨水森林公园建设等，还有从2012年开始的百万亩平原造林建设。这些改善生态环境的项目，具有规模大、情况复杂的特点。应该说，这些已经不是我们传统认识上的园林了，也不是风景园林，我们称之为“大地生态”规划或“城乡绿地”规划。

这里还有一个问题，大家可能会很关心，“风景园林师能不能胜任这类的任务？怎样适应这类任务？有没有经验好谈？”我想是有的，现在，许多行业都在向解决环境危机这一社会问题靠拢，园林行业本来就是以为人类创造良好生存环境为本的专业，所以只要加以补充、学习、合作，就可以较快胜任这类任务。有个成语“触类旁通”，就是说当你精通、掌握了一门知识和学问以后，再遇到同类的问题，你就可能会比较快地理解和适应，从而得到应对、解决新问题的办法。

我们从事园林行业的人，需要既讲科学分析，又讲综合辩证，并学会触类旁通，才能运用自己的知识，去不断吸收相关、相近学科中各种有用的知识，进而获得创造性的启发。中国古典园林以“诗情画意”作为原创，在世界园林中独树一帜，曾在历史上创造了难以超越的辉煌，就是历代文人和造园家，从山水诗、山水画、山水诗文中，通过综合思维和触类旁通而获得的成就。

当前，我们的注意力，已经从园林走向城市，进而走向了城乡，我们需要应对着不同的问题，谁也不可能用单一的模式和单一的知识去应对和解决所有的问题，要学习相关的各种知识，掌握综合性的理论与方法，更重要的是要建立多专业的合作的平台，共同协作才可能去应对我们面对的环境危机。

从事园林事业的人，应该向乡土植物一样，具有一种适应性强、生命力强的先天优势，在面对生态环境恶化面前，能够比较快地拿出解决问题的办法。由于我们现在应对的不是传统意义上典型的“园林”，因此，我们看到，许多相关行业也在积极地参与这类的工作。例如，水利专业、市政专业、林业专业、农业专业等等，大有一种殊途同归的感觉。在这其中，风景园林师的核心价值就是要利用本行业源于自然而又高于自然的优势，再去学习更多相关的知识。

我想，我们这个行业，在面对生态危机的今天，一定能更好地表现出自己的优势，为实现“美丽中国”理想贡献自己的力量。

2013年延庆平原造林效果图

8. 城市园林绿化——生态文明建设的生力军

党的十八大报告将中国特色社会主义事业总体布局从经济建设、政治建设、文化建设和社会建设“四位一体”扩展为经济建设、政治建设、文化建设、社会建设、生态文明建设“五位一体”，这标志着党对中国特色社会主义建设规律从认识到实践都达到新的水平。十八大报告还特别指出：“坚持以人为本，执政为民，大力推进生态文明建设，努力建设美丽中国，为人民创造良好的生产生活环境”。建设生态文明，既是中国特色社会主义事业的目标之一，也是中国对全球生态安全的承诺与贡献。

所谓生态文明，是人类文明的一种形式。人类社会文明呈现出农业文明、工业文明和生态文明的发展阶段。我们正经历从工业文明向生态文明的过渡，修复工业文明发展带来的生态危机，重建人与自然的和谐统一。生态文明建设以尊重和维护生态环境为主旨，以可持续发展为根据，以未来人类的继续发展为着眼点。推进生态文明建设，说到底就是为了提高人民群众的生活质量，满足人民群众对良好环境、宜人气候的需求。不仅我们这一代人要过好日子，还要给子孙后代留下良好的生存发展环境。

“十八大”报告中对生态文明、美丽中国的浓墨重彩，为园林绿化行业的发展提供了无限的发展空间。

按照我国第一个国土空间开发规划——《全国主体功能区规划》对主体功能区的划分，分为优化开发、重点开发、限制开发和禁止开发4类开发方式；按开发内容，又分为城市化地区、农业地区和生态地区3类。

限制开发区域分农产品主产区和重点生态功能区。禁止开发区域是依法设立的各级各类自然文化资源保护区域，以及其他禁止进行工业化城镇化开发，需要特殊保护的重点生态功能区。

该规划为我国城市化制定了“两横三纵”为主的战略格局，该格局建设完成后，我国城市布局将形成完善的城市网络群。

风景园林是在城市人工环境中再生自然环境，在自然文化资源区域实施保护，在三大类开发内容的城市化地区和生态地区都将是生态文明建设的主力军。尤其是配合城市化发展战略，城市化地区（包括城市、城市群）的生态文明建设如何搞？回答好这些问题更是风景园林师的历史责任！

风景园林是有生命的绿色基础设施，是构建生态文明空间载体和重要实体的要素。建设美丽中国、发展生态文明是风景园林行业面临的新的发展机遇，同时也为风景园林师搭建了宽阔的舞台，风景园林师应该切实承担起生态文明建设的光荣使命，成为引领者和实践者。通过风景园林师的雕琢和打造，在不同尺度上为城市居民提供生态、美观、宜居的人居环境。

城市的迅速发展和人们回归自然的渴望使当今的风景园林拥有了更丰厚的内涵和外延，逐渐从注重外在景观转向提升城市生态功能，成为生态文明建设的主力军。

就城市建设而言，社会影响力最大的就是由政府部门主导的园林城市创建活动。

从1992年原建设部启动国家园林城市创建活动至今已有21年，各地政府积极响应参与，城市的人居环境得到极大改善和提升。全国城市园林绿地面积持续快速增长，城市建成区绿化覆盖率、绿地率和人均公园绿地面积稳步提高。

在我们国家快速城镇化的进程当中，园林城市创建对生态文明建设所起的作用是相当大的，全国现已有国家园林城市213个，但生态园林城市试点城市还只有11个。今后以生态文明建设和美丽中国建设为目标，更需要把这项工作不断深化，积极推进。

就城市园林绿化行业而言，一个非常重要的方面就是城市园林的绿地系统建设。绿地系统建设要与城镇化的发展相适应，要立足城市、统筹城市群，在理念和方法上要有创新，运用最新的科学成果研究绿地与城市总用地的关系，优化城市绿地系统结构，建立城市绿地间的相互联系，有效地解决和防止高速城市化带来的复杂城市问题，以适应生态文明建设的新要求。在城乡一体、绿道建设、湿地保护、开放空间、生态修复以及保护地的规划、研究新方法、筑建新结构，建设好城市的绿色基础设施。

就风景园林学科建设而言，在2011年风景园林学成为一级学科之后，2012年又逢十八大提出五位一体的总体布局，为风景园林学科的建设和发展提供了极好机遇。

风景园林历史悠久，作为一级学科却又十分年轻。学科理论还要继续深化，学科体系还需不断完善，学科领域还应创新开拓。在实践中，风景园林已从城市公园发展到城市开放空间进而发展到城乡绿色空间，奠定了它的城市绿色基础设施的地位。今后风景园林不仅担当生态文明建设的主力军，而且还必将在五位一体思想指导下为经济建设、政治建设、文化建设和社会建设做出自己的贡献。

就园林规划设计而言，由于在“五位一体”的布局中，生态文明始终渗透或贯穿于经济建设、政治建设、文化建设和社会建设之中，园林景观建设必然成为综合性很强的工作，不仅需要规划、建筑、生态、景观等多专业参与协作，而且需要社会、文化、美学等学科融合，这就促使园林规划设计必须要创新。

生态文明建设也需要景观。园林景观营造对于改善城市环境质量水平、丰富城市文化、提高居民生活舒适度等方面都有明显的作用。园林不仅对小环境的生态文明建设极为擅长，而且在更大的空间和时间尺度上生态系统的空间格局的规划设计中也表现出巨大的生命力。城市要美丽、宜居，美丽家园的蓝图始于设计师的笔下，面临新情况、新课题，园林景观规划设计的内涵要深化、外延要扩大。

创新公司20年的规划设计始终不渝坚持生态观，以元大都城垣遗址公园、皇城根遗址公园、大运河滨河公园为代表，经历了植物大景观、城市大尺度、城乡大生态三大阶段的创新过程，实现了从园林到城市开放空间再到城乡绿色空间的三个大跨越。在实现生态文明建设战略规划的实践中，创新公司已经向改善生态的平原造林大进军，今后还必将会在创建生态园林城市，建设城市绿色基础设施，发展学科建设，园林景观规划设计等方面做出更大的作为，继续成为生态文明建设生力军中的主力军。

檀馨谈意

附 录

1.檀馨：传统与创新（2002年2月）

2.孙爽：后现代主义——现代园林设计主流 访著名园林规划设计专家檀馨（2002年6月）

3.中国工程院院士、北京林业大学教授陈俊愉对檀馨的评价（2003年10月）

4.檀馨：中国现代风景园林60年专题访谈（2009年8月）

5.许联瑛：学古适今 继承创新——檀馨与中国当代景观园林（2011年8月）

附 录

说明：本书附录共收录5篇文章，在排列上以发表时间先后为序。这些文章主要反映了两方面的内容，一是檀馨教授本人在不同时期发表的文章和言论，二是一些人在不同时期对檀馨教授的评价与认识。我们意在通过不同的角度和侧面，使读者能够更加全面和完整地了解中国现代园林的发展过程，了解檀馨为中国现代景观园林所作出的贡献。

1. 檀馨：传统与创新（2002 年 2 月）

摘要：通过简单的历史回顾，探讨园林规划设计中的传统与创新问题。“洋为中用、古为今用、推陈出新”是处理传统与创新的指导原则。在创新过程中，学习西方现代园林设计经验，应注意与国情相结合。
关键词：传统与创新；洋为中用；古为今用；推陈出新

我想利用城市大园林理论研讨的机会，谈谈园林规划设计中传统与创新的事情。这对于首都北京的园林规划设计是非常重要的，尤其是在当前城市建设日新月异、园林事业蓬勃发展的形势下，更显得至关重要。

传统与创新的话题已经讨论了几十年，当我尚在读书时，园林界就已经在研讨“社会主义现代园林”问题。传统与创新在规划设计中是个永恒的话题，也是个技术难点。

近20年，我国的改革开放政策，使我们打开了国门，国际信息交流十分便利，我们有机会到先进的国家考察学习，大批的留学生、博士生学成归来，在近半个世纪的园林理论的研究与实践过程中，对于传统与创新的认识有了新的发展。

（1）从简单的历史回顾中寻找“创新”的浪花

我国的现代园林作为一门学科，早在1920年由陈植、章守玉、程世抚等分别在南京的金陵大学、中央大学及浙江大学等高等院校开设造园课程，并先后在有关大专院校的园艺系、建筑系培育了第一批园林专业人才。1928年曾成立中国造园学会。1951年，北京农业大学园艺系汪菊渊教授与清华大学营建系梁思成教授倡议成立了第一个造园专业，这个专业后经院系调整到北京林学院，专业名称也经多次改变，现已发展成为北京林业大学园林学院，是目前国内唯一的园林学院。在第一个五年计划期间，学习苏联把城市绿地系统列为城市总体规划中的内容。1958年提出“绿化祖国”，“实现大地园林化”的号召，园林绿化事业有了很大的发展。“文化大革命”期间，园林被戴上了“封、资、修”的帽子，加以批判，城市的公园绿地被侵占，园林事业走入低谷。1978年十一届三中全会后，改革开放的政策使园林事业重新得到了发展。国际交流、信息传递，一批批留学生回国投入园林事业，请外国景观园林大师到中国搞设计……再加上政治和经济的需要，园林、环境、生态等成了社会热门话题。环境灾害使资本主义国家受到了教训，我们在建设中未能注意生态建设，也深受其害。这些都启发教育了人们，从中央到地方，从群众到开发商，环境意识空前地提高。再加上改革开放政策，使我们国家的经济实力比过去任何时期都强，文化艺术的创新，思想上的解放，给园林事业带来了春天。在全国各城镇出现了几百座、上千座新公园，目前北京就有130多个公园。公园类型多种多样，几乎可以说国外有的类型我们几乎都有。“为人民服务”的指导思想，使我们的公园绿地从一开始就注意到要为人服务，要为群众提供休闲健身的场所。公园绿地成为城市绿地系统的组成部分，担负起改善城市生态环境的作用。

城市绿化、街道绿化、居住区绿化、工厂绿化、高速路绿化、公共建筑绿化以及别墅度假区、隔离林带、大环境绿化等等不同类型的绿化均在向着园林化快速发展。

在园林事业发展过程中，最值得我回忆的时期，是20世纪90年代初期和最近几年的新旧冲撞，用大家常说的话就是：既是挑战又是机遇。

北京城市的园林绿化事业在20世纪80年代末90年代初开始进入高潮，取得了全国瞩目的成就。城市绿化美化在设计思想上注入了新理念，如强调竖向设计，道路绿化讲究乔、灌、草复层结构，种植大树重视植物配置，三环路形成“花环”，二环路形成“绿色项链”，尤其是各种各样的立交桥的绿化设计，为城市带来了新感觉。亚运会时期城市绿化美化达到了一定水准。

公园绿地的数量和质量也有了很大提高，出现了陶然亭公园以亭为主的“华夏名亭园”，并且获得了全国优秀设计一等奖；紫竹院公园以竹为题，建造了“筠石苑”，每年举办竹文化节；龙潭公园以龙文化为题，每年举办庙会；北京植物园以植物造景为主，突出了专类园，每年举办“桃花节”；丽都公园吸收了国外的造园手法，突出了为人服务的主题；人定湖公园更加大胆地建造了欧式园林……

各区也建设了许多有特色的小公园——石景山的雕塑公园、

西城区的奇石园、朝阳区的红领巾公园、东城区的青年湖公园等等。主题公园及游乐园也各具特色，如民族园、石景山游乐园、北京游乐园、世界公园等，都得到了社会的认可。

新建公园之多，类型之全是值得我们自豪的，它们不仅给首都市民带来了实惠，也为园林事业建造了里程碑。

近几年，北京结合城市改造，房地产开发商建立了新的理念，他们认识到环境建设的重要意义及经济价值，于是把环境当成卖点，使得居住区绿化有了一个飞跃的发展。

旧城的改造、城市街道的整治及城市广场的兴起，出现了城市规划、园林、建筑、艺术等不同专业各自发挥所长，共同参与的新局面。这种变化和转折，预示北京城市建设将进入一个新的发展阶段。

（2）传统园林与现代园林

从历史发展的纵向空间看，园林分为传统园林阶段和现代园林阶段。

什么是现代园林？至今尚无确切的定义。我理解为：在古典园林沿袭了几百年以后，随着工业化革命，园林走向了大众化。19世纪，欧美国家的公园运动拉开了现代园林的序幕；20世纪30年代功能主义的设计理论提出了为人服务的原则，以使用功能为前提的审美价值被许多人接受；人类的生存危机、生态危机，使现代园林承担起了改善人类生态环境、保护自然的重任。现代园林与传统园林在内容、形式与风格上有了实质性的变化。我们把这一时期的园林称作为现代园林。

新中国成立以后，我国新建的园林均属于现代园林范畴。

现在社会上一般群众认为的现代园林泛指欧美的现代园林形式，认为很“洋气”，有“超前意识”，并不注意现代园林的实质，甚至把欧洲古典园林也认为是现代园林。

国际上的现代主义园林一般都具有时代感，它以西方设计理论为依托，抛弃传统风格，追求新技术、新形象和实用性，向国际一体化靠拢。但是，现代主义的东西久而久之又让人感到乏味，久而久之就失掉了个性，好像全世界都一样。后来出现的后现代主义思潮，他们既追求现代形象，又不放弃传统文脉，保持了民族的、地方的特色，在国际国内形成主流。

许多人都愿意谈论传统与现代。一些人排斥传统，一些人则排斥现代，有的甚至把传统视为保守，把现代视为革新。另外一些人认为，中国式的园林代表传统，西方式的园林代表现代，甚至把模仿西方几百年前的古典园林视为现代园林。我们不能把传统与现代对立起来，传统是历史的、地方的知识与智慧的积淀，在其形成过程中已被社会所认可，那些久经推敲和考验的园林已经成为经典作品。时代不同了，使用它们的主人由帝王豪门变成了人民大众，对于那么优美自然的园林环境帝王可以享受，人民大众也可以享受，例如颐和园、北海公园等。只是那些为皇帝理朝的大殿只能供人们参观罢了。传统的园林经过改造也在为现代人服务。没有传统就没有现代，现代是从传统中发展演变出来的，它与传统有着这样或那样的联系。许多现代园林大师在创作现代园林的过程中也特别讲究保护、保留文脉，发掘历史和地方特色，即“场所精神及历史文脉”，以求创造出现代的、民族的地方作品。

把现代架空，把传统束之高阁，把现代与传统对立，都是不正确的。许多成功的设计师借助于传统的形式与内容去寻找新的含义或形成新的视觉形象，既可以使设计的内容与历史文化联系起来，又可以结合当代人的审美情趣，使设计具有现代感。他们把传统的某些符号、内容借用到设计中，利用传统的点滴符号使现代园林与传统隐约联系起来；另外一些设计师，在传统的内容与形式上去创新，当然这个难度较大。我主张传统与现代相结合，可以把传统符号用于现代园林创作上，也可以把传统材料加以变形，使之具有现代感。这种创作的理论与方法，比较容易被社会接受、承认。目前在国内、国际上，这种“后现代主义”的园林仍然是主流。

在1999年昆明世博会上，从中国各省市建造的代表性园林中，可以看出传统与创新，传统与地方特色的关系，看到中国园林的主流——大多数园林都是遵循了传统的造园理论与手法，而在材料及传统符号上有所创新，给传统内容与形式赋予新的含义，产生新的感受，也带来了时代感。还有一些园林以现代园林面貌出现，园中点缀了几处传统文化的符号，使人感到既现代化又不失地方风格，如广州园。在世博会上也有几个纯现代的园林，如香港园林，还有几处国外园林。多数人不太理解，这些算是园林吗？另外，世博会的各地区园林的代表作中，手法相近的多，创新的少，后现代主义的园林占优势。这次世博会就是对国内各省市园林的大检阅，也反映了国内园林当前最高水平。

（3）古为今用、洋为中用、推陈出新

在进行园林规划设计时，我首先遵循的原则是“古为今用、洋为中用、推陈出新”。在这一原则中充满了唯物论和辩证法。按照这一原则进行的设计，特别明确地把传统与创新、源与流的关系深刻地体现出来。按照这一原则创作出的许多新园林都能被

社会承认，为群众接受。

《中国造园》中所说的“有法无式”，即造园是一种有方法而无固定模式的活动。分析一些成功的园林作品，在处理传统与创新方面有几种不同的形式：

1）借鉴传统造园要素，组成新的平面构图和空间关系，在总体上呈现一种明快的现代风格。例如紫竹院公园、玉渊潭公园、北京香山饭店庭园、长富宫庭园的设计。

2）借鉴传统自然山水园造园手法，同时融入现代设计的明快简练及冲突形式共存，创造出新的个性空间。例如北京长城饭店庭园、陶然亭公园。

3）强调建筑结合母题、建筑轴线，庭园是建筑室外客厅的原则，使园林与建筑有机相连，融为一体，共同构成现代空间。例如航华大楼庭园设计。

4）使用新的造园要素“全空间”的园林规划理念，将建筑景观、环境景观巧妙地融为一体，形成新的视觉效果。例如新东安屋顶花园、金融街规划、二十世纪中日青年交流中心。

5）学习西方现代园林设计手法，设计各种类型的广场园林。例如石景山古城广场。

6）借鉴西方现代园林设计手法，运用中国造园的理论及精神，创造耳目一新的现代园林。例如丽都公园、人定湖公园、大兴兴城广场。

7）大型综合性公园设计更为兼收并蓄、博采众长。虽以中国园林为主，但也吸收了法国、英国、美国、日本等国的优秀造园手法，将不同传统的园林以现代设计语言形式综合起来。例如北京植物园。

8）居住区园林，则因建筑形式和风格及区位的不同，也可以分为以实用为目的的园林绿化、中国造园要素现代设计手法、欧洲造园要素现代造园手法、西方几何式庭园、中国自然山水空间等多种形式。

9）借鉴西方理念，强调以自然生态环境为主要目的，如科技园区设计，创造各种为研发人员服务的个性化空间。

10）城市街道及立交桥绿化，则在中国园林美学基础上吸收西方几何美的设计手法，创造出别具特色的城市绿化景观。

11）现代化、园林化、艺术化的墓园出现，例如，天寿陵园规划设计。

以上种种都是“有法无式”在实践中的具体运用。

解决好传统与创新的认识问题，才可能产生城市的现代园林，这是一个历史发展过程，有时快，有时慢。北京与巴黎相比较，可能有些启发。二者均是具有优秀园林传统的世界历史名城，但巴黎现代园林发展得快一些，北京慢一些。巴黎是一座现代化的大都市，它的园林是多种多样的，它们具有的现代新园林类型，我们几乎都具有，但是就造园水平而言，北京的现代园林还没有达到巴黎的水平。有一种全新的、以唯物主义为指导创作出来的现代公园——拉维莱特公园形式我们不具备，这种类型的现代园林，我国在很长一段时间内不一定能够接受。在园林规划设计的理论与实践中，我们一方面要从中国传统的园林沃土中吸收营养，对于外国先进的园林规划设计的理论与方法也必须学习，兼收并蓄、为我所用，才可能创造出崭新的，具有中国特色的现代园林。

西方现代园林已经有100多年的历史，应当肯定他们比我们先进，我们应当学习那些先进的东西，那些应当加以分析、加以注意的地方。到现在为止，我认为，我们应当学习他们的创作精神和创作思想，而不要简单地模仿、抄袭他们的作品，要结合中国实际才能做出中国的现代园林。

（4）我们应当从哪些方面学习西方经验

1）学习西方现代园林设计的理论，例如现代主义、后现代主义、功能主义、立体主义、几何美、极简主义、文脉主义、解构主义、自然主义、环境与生态观点，还有许多新的艺术理论、美学思想。

2）向传统挑战，不断创新，标新立异，追求个性。

3）研究社会需求，适应市场需要，重视功能及为人服务。

4）关注整个社会，关注人类生存环境，保护自然，保护生态。他们有一整套先进的工作方法、工作标准。

5）吸收世界园林之所长，发展本国的现代园林。尤其是美国没有历史的包袱，因此发展很快。

6）借鉴现代文化艺术、美学思想，创造新的现代园林。

7）运用现代科学技术、现代新材料，使园林现代化。

8）从大众的文化期望出发，与经济生产力紧密联系，展望大众的审美观念，特别尊重经济规律。

9）面向世界，发展跨国设计集团公司。

10）追求自然简洁和几何美，研究园林与建筑如何结合得更好。

（5）学习西方现代园林应当注意的问题

1）我们是发展中的国家，他们是发达国家，国情不同，经济实力不同，文化背景不同，社会需求也不相同，体现在设计中也应当有所不同。

2）不要把不理解的东西直接模仿、照抄，否则就会犯东施效颦的错误。

3）我们国家的历史文脉、园林设计的理论有许多至今仍然很有用，这是宝贵的遗产，是值得自豪的。学习西方，但不能忘本。

4）园林设计离不开自然条件，我们国家及地区的自然条件与西方不同，应当根据中国的自然条件进行设计。

5）西方现代园林的理论基础及审美观与东方人的传统相差甚远，我们要根据社会的理解和接受程度引进使用，否则将事倍功半。

6）要清醒地认识到国际化、一体化给现代园林带来的负面影响——忽视地方的民族特色。这种思潮到一定的时期必然要受到抨击。尊重地方的、民族的文化是绝对的，国际化、一体化是相对的。我们一味追求现代化、国际化，与国际“接轨”，但失掉了我们民族许多最珍贵的东西将是极大的遗憾。

7）在寻求变革发展时，需要向别的国家和民族学习，博采众长。学习的目的不是要否定自己的优点，否定自己民族最值得自豪的东西，而是为了创造更加辉煌的中国现代园林。

传统与创新是一个永恒的主题，不同时期会有不同的核心问题，会有不同的侧重面。目前是要摆正传统与创新的辩证关系，在搞创新时不要忘记传统，在继承传统时不要忘记创新，在研究社会的需求中进行定位选择。只有这样才有可能使园林事业不断向前发展，最终形成具有中国园林体系的现代园林，重塑中国园林在世界园林中的形象。

继承与创新、传统与现代的几种设计模式

继承传统　元素创新

香山饭店庭园

继承与创新、传统与现代的几种设计模式

城市开放空间，人工植物景观与城市建筑及城市肌理更容易和谐

继承与创新、传统与现代的几种设计模式

城市开放空间的景观更关注城市整体的协调，
规则式的广场成为城市的有机构成

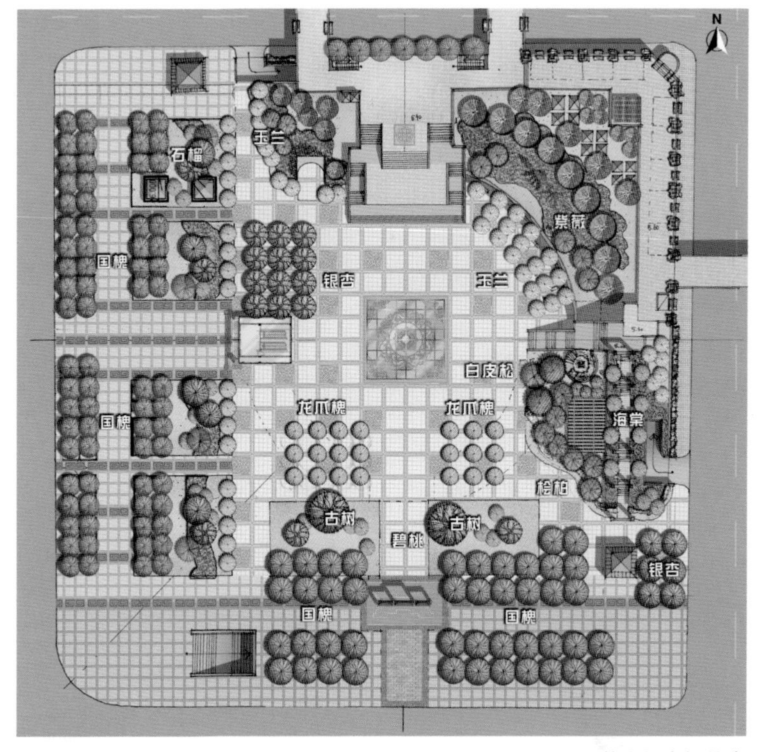

西单广场中标放案

现代公园需要现代艺术参与

南馆公园现代水景观

继承与创新、传统与现代的几种设计模式

传统主题现代表现

现代城市开放空间需要现代艺术作为地标

2. 孙爽：后现代主义——现代园林设计主流 访著名园林规划设计专家檀馨（2002 年 6 月）

现代园林人常感迷茫，古典园林辉煌盛极，却满足不了飞速发展的城市需要；国外设计公司带来风格多样的设计理念，面对日渐纷繁复杂的景观设计领域，中国园林设计将走向何方？

近日著名园林规划设计专家檀馨接受中国花卉报记者独家专访时，指出后现代主义将是现代中国园林设计的主流。檀馨认为：既有现代意识、又能重现我们国家和民族历史文脉的后现代主义创作原则，才是当今中国园林设计的主流。她主张在“旧格局”中提炼“新主题”，在继承传统文化中不断创新发展。檀馨说，中国加入世贸组织后，世界各国优秀的设计师都来了，“美国味”、“新加坡味”，五花八门各种风格的园林作品一时让人眼花缭乱。而中国现代园林到底应该做成什么样？当然不是这些作品的混合体。照搬国外风格的作品、纯现代主义的东西会使我们的城市失去自己的历史和特色，失去民族和地方个性。经济全球一体化，并不意味着文化一体化。园林是中华民族优秀文化的一个载体，民族和地方的根基是园林的“魂”，我们要用自己的文化作为现代园林的主导思想，把国外先进手段融我们的文化里，力求“洋风华魂”。檀馨说，以后现代主义为基础进行园林设计要满足五点原则：

第一，规划定性、定位是成功的关键；第二，规划设计要贯彻继承和创新原则；第三，多方位、多角度地进行城市开放空间设计；第四，突出特色，充分展现自身魅力；第五，作品必须是先进文化的体现。

为更好地说明这五点原则，檀馨以去年竣工、获得社会好评及多个奖项的皇城根遗址公园为例。皇城根遗址公园位于紫城东侧。全长2.4km，宽29m，总面积7万m^2，被誉为一条贯穿北京中心城区的“历史文化长廊”，再现了北京历史文化风貌，获得历史文化保护和现代化建设相得益彰的效果。当初为皇城根遗址公园定位时，有人极力主张仿古，重现明清文化；也有人主张着力体现现代化国际人都市的特征，使公园与王府井融为一体。檀馨认为，皇城根遗址公园所处场所具有双重特性，一是处于明清时的皇城根位置，二是处于王府井繁华商业区，檀馨把皇城根遗址公园定位为既有现代化国际大都市风韵，同时具有强烈历史文脉观的城市开放空间。当代园林设计师创作的作品，就要表现这个时代的生活特质，不断补充和吸纳先进东西。

檀馨认为，在园林设计中要贯彻继承和创新的原则，用现代材料和科技手段表现传统文化，要具有时代感。在皇城根遗址公园中可以找到很多这样的例子。比如有一组叫“时空对话”的雕塑，一位衣着时尚的女孩子坐在公园座椅上，眼睛看着膝上的笔记本电脑，一位身着长衫、梳着辫子的清代老学究背手站在她身后，躬腰看着摩登女郎膝上的“新鲜物”，满脸稀罕纳闷的神情。这组雕塑串联起历史与现在，再现曾有的文化，展现忙碌的现代生活，给人以很大的想象空间，又与皇城根遗址公园主题紧紧结合，在继承与创新中很好地找到了切入点。在时间概念上，皇城根遗址公园的景观设计延续了从明、清、民国到现在700年的历史脉络。在皇城根遗址公园建设中，檀馨选取东安门、五四路口、四合院、中法大学等节点，运用恢复小段城墙，挖掘部分地下墙基遗存等手段，再现了北京皇城的历史遗迹，使老北京的历史文脉得以充分展示。空间上，皇城根遗址公园将北京整体环境、王府井区域特色及带状场地本身紧密结合，景观林带兼具地域和皇家两种特色，以“梅兰春雨”、“玉泉夏爽”、“银枫秋色”和“松竹冬翠”命名的四季之景，像一条绿色纽带将古老的紫禁城和现代化的王府并有机连接起来。2.4km长的公园中花团锦簇，绿树成荫，雕塑、盆景、喷泉错落有致，美不胜收。在功能上，皇城根遗址公园具备了改善生态、展示遗址、完善市政、带动危改、改善交通的5大功能，成为落实北京总体规划，改善北京中心环境，保护古都风貌的重要工程。一个好的园林作品，必须有其个性，这一个性又必须与所在城市整体风格相协调。皇城根遗址公园突出皇城、遗址等特色，充分展现了自身魅力，为北京古都风貌增添了亮色。

檀馨说，现代园林必须是先进文化的体现。中国具有几千年悠久的历史文化，中国古代文化有着不可超越的高度，现代依然有自己独特的地方，这独特来源于哪里？还是几千年的传统文化积淀。顺应历史潮流，秉承传统文化，用园林书写新时代文化。以植物造景为主，是现代园林设计的重要方面，突出园林以绿色改变城市环境和生态的原则。在皇城根遗址公园中按照“立体绿化”和“把自然引入城市”的思路，公园内栽种适合北京气候条件的玉兰、银杏、油松、白皮松、国槐、元宝枫等乔木1800余株，移栽了2000多棵胸径在1cm以上的车梁木等珍贵树种，丁香、蜡梅、月季、太平花、花石榴，女贞、黄杨等4.4万余株，铺设草坪4万m^2，林下植被2万m^2。公园内尽量不搞建筑，减少硬地铺装，绿化达到90%以上，为广大市民创造了一个亲切自然、环境优雅的城市公共空间和文化休闲绿地。

据有关部门测算，这条绿色长廊每天可制造氧气6000L，吸收二氧化碳8000L，并具有防尘、减噪、杀菌诸多功能，对改善首都中心地带的生态环境将起到不可估量的作用。

檀馨说，为人服务是现代意识很重要的一部分，公园是现代城市的组成部分，是大家生活的地方，所以必须体现以人为本。有了这样的设计理念，皇城根遗址公园被建设成为开放、便利的绿色空间。比如人们需要广场，我就要设计广场；下了汽车，需要赶快穿行，我就需要设计道路；人们需要坐下来，我就搁凳子；需要照明就要放灯。此外，皇城遗址公园的设计还体现了人文关怀，沿途设有6个公共汽车站，每个车站几乎都是一个绿色广场。

3. 中国工程院院士、北京林业大学教授陈俊愉对檀馨的评价（2003 年 10 月）

檀馨同志是园林专业出身而又对建筑、文学有所钻研的园林规划设计人才，知识较全面，工作能力很强，不仅对我国传统造园艺术钻研很深，又学习了国外和时代新经验、新技艺，故能触类旁通，左右逢源，设计的作品质量高而又雅俗共赏。她有比较丰富的在国内外搞具体设计的实际经验，取得了好成绩。就我所知、所见，如北京香山饭店、北京紫竹院筠石园、皇城根遗址公园以及新竣工的元大都土城遗址公园等，都能做到将科学性与艺术性很好地结合起来，既注意植物造景，更不忘生态环境之改善与提高，既以师法自然、宛自天开为原则，又不忘切合时代精神与满足群众的多方需要。檀馨同志从事园林规划设计近40年，事实上已成为国内城市园林业务的带头人。她的专长在于学古适今、与时俱进、多方钻研、理论联系实际，故其国内外设计作品品位较高而受到普遍欢迎。

应当说，檀馨对于北京乃至全国园林设计事业与学科的发展，是一位作出了重大贡献的人。

4. 檀馨：中国现代风景园林 60 年专题访谈（2009 年 8 月）

檀馨，1961年毕业于北京林学院园林系。曾留校，并先后任教10年，后在北京园林局园林设计院工作至1993年，教授级高级工程师，曾任副院长。1993年创办北京创新景观园林设计有限公司，任董事长。获全国绿化劳动模范、有突出贡献专家称号，享受国务院政府津贴。

檀馨：我今天挺有感触，大家从不同的角度回忆这60年，好多事情我都经历过，觉得挺充实的。我在一线工作特别的体会是什么？我们其实都是被社会的潮流裹着往前走。我跟在座各位处的位置可能有些不一样，是真真切切地在市场上摸索。有人曾经问我：你们这代人能干出像颐和园、圆明园这么好的园子吗？经过这段时间的思考，好像现在能解答了。我想，我们这代人现在所做的可以称之为“现代园林”吧。

那如何看待传统园林与现代园林的关系呢？我认为，传统园林本质上具有现代的价值。回归自然的心理、天人合一的精神追求，这些传统的理念无需强加于谁，而是大家倍感亲切的内容，包括奥林匹克森林公园，仍然要归到自然山水园的范畴里面。因此说，传统园林里面有很多合理的内涵。

社会发展，观念也在不断变化。园林从一人之园到民众共享，赋予了我们新的目标和任务。除了文化、艺术的内涵，我们开始对园林生态系统展开研究和探索。这两年，我们建了7个郊野公园。现在北京又提出了建11条滨河绿化带，做一个就是1万亩。我们需要用一把新的尺子来衡量这些工作，那就是生态。现在经济效益大家都看得见，能不能让生态效益也看得见？

开放以后，我们的文化环境日渐多元，而多元文化原本也是传统园林很重要的特征，都可以包容其中。我们在看到文化多元的同时，也要看到其中的主流。我做过日本式的园林设计，也做过欧式的，可以说，这些是北京现代园林中外来的绚丽花朵，但传统园林和现代园林都能包容它们。

现代园林的特征可以列出很多：公共性、生态性、自然性、综合性、文化性、艺术性等等。开放空间是现代园林另一个很大的特征。很多人喜欢在这里用“景观”这个词，这个词不错，但不能代替园林。我希望可以用园林的实践来证明现代园林的理论。

说回来，大家只是在开创北京现代园林之路上走了几步，远没有到顶峰。我们不和颐和园比，因为还没到火候。我们能做的就是承上启下的工作。“承上”就是把前辈、专家的意见整理出来，“启下”就是教好学生。

《风景园林》：香山饭店的筹划始于1979年，1982年落成。作为香山饭店重要组成的庭院部分，您当时设计的方案受到贝聿铭的高度评价，成为北京园林建设中的一个重要里程碑。能否介绍一下当时设计的经过？

檀馨：评论香山饭店的建筑与庭园设计，首先要把它放到当时的社会及文化条件中才能发现其价值所在。1979年，国人对于外来文化及传统文化仍然不大敢触及。贝先生本是设计摩天大楼的大师，到中国选择设计一座规模不大的“饭店”，好像是有些大材小用。其实不然。贝先生谈到他的设计理念时说：我想探索一条中国建筑走向现代建筑之路。中国建筑有两条“根”，一条“根”是皇家建筑，一条“根”是民居建筑。皇家建筑已经发展到顶峰，再难超越。而中国民居，则是一片沃土，形式丰富多彩，可以借鉴之处非常多，可能走出一条使中国建筑现代化、民族化之路。香山饭店的建筑形式与风格体现了江南建筑风格，同时又是一座现代功能的饭店。

我想谈的第二点是贝先生的环境观。他将饭店建筑布局与大环境融为一体，相互借鉴，创造一座花园式的样板。当时贝先生非常希望将苏州园林的设计手法借鉴到饭店的庭园设计中，但苦于他手下的人不能体现他的设计意图，为此，我们园林设计院向他表示可以画一套方案请他看看，贝先生没有反对。经过许多专家特别是刘少宗院长的出谋划策，我画了一套方案，传给贝先生。一周后，从美国传来了贝先生的肯定意见：“你们画的正是我想的。”就这样，我们开始了香山饭店的庭园设计工作。

当然，由于东西方文化的冲突和不同的文化背景，在设计手法上和贝先生也有争论，但他非常务实，只要效果好，并不坚持固有的想法。这点对我教育很深。后来几十年中，我常以他为榜样，不以专家自居，实事求是，谁对就听谁的。我们也向贝先生学习西方的“简约”、“设计母题”、“色彩基调”和“大气”的设计手法以及创新、务实的设计理念。

两件趣事可以一谈。一是关于“清音泉”一组假山石。我们认为香山饭店庭园依山，是香山之余脉，可借大山之势做山麓，叠石引水至池中。正施工时，从纽约传来贝先生指示：“不要堆假山！”是停工还是继续堆？北京专家们支持我们继续堆，当堆出山泉形状时。又传来贝先生的指示：“我来参加堆山石。”真是180度大转弯。后来贝先生到北京时向我解释说：“我不同意堆山石，是因为好的山石过去皇帝都用光了，堆山石的师傅也很难找。你们多年没做工程，所以怕堆不好。后来得知山石堆得很好。所以我就想一起堆。”

第二件事，贝先生的代表不同意我们在一座靠水边的3层楼高的白墙前种大油松和布石。理由是“建筑是一条线，不能被其他东西隔断。”这又成为“焦点”。一天下午，我见到贝先生，向他解释：“苏州园林有许多白墙，白墙就如画纸，可‘以墙为纸，以石为绘’。”当时阳光照着大油松，阴影投到墙上，淡紫色的枝叶就像水墨画一样，陪衬着实体大油松，一虚一实。当时贝先生一看突然开朗地说：“我明白了，请你为其他大墙面也画上画吧。”由于时间关系，最后没能都这样做。前两年我去贝先生设计的苏州博物馆参观。看到他在一块大墙面前用石板、山石做了一副“山水画卷”，我会意地微笑了。

《风景园林》：您曾提出“后现代主义将是现代中国园林设计的主流”。您提出此论点的理由是什么？与建筑的后现代主义相比较，两者各有表意还是同一概念？如何界定是不是后现代园林作品？

檀馨：后现代主义产生于20世纪60年代，80年代达到鼎盛，是西方学术界的热点和主流。它是对西方现代社会的批判与反思，是在批判和反省西方社会、哲学、科技和理性中形成的一股文化思潮。

我们国家当代所产生的文化思潮与西方有许多相似之处。所以，结合本国的实际情况在学习西方文化之时，也应当了解西方现代化所产生的负面因素，避免其所带来的破坏性影响。这实际上就是后现代化，后现代化与现代化在时间上有先后之分。

园林景观也是中国文化的一部分，当社会进入工业化、现代化之后，应当去批判、反思现代化带来的弊病，以求走上正确的发展道路，那么我们就后现代化了。

我借用西方文化中的这一概念表述我的立场，即批判现代主义后的主义，是当今景观园林设计的主流。只提现代或只提倡传统都不符合当今社会的变革和需求。不能照搬西方现代主义的东西，要结合中国实际，批判性地吸收和创新，创造中国式的现代园林，这一后现代主义的思潮是客观存在的，社会性的，不以个人意志为转移。我们应当顺应历史潮流，使中国现代园林走上正确之路。

以中国第六届中国国际园林花卉博览会为例，从得奖项目和有争议的项目而言，得到社会肯定的项目，多数表现了后现代文化的思潮，它是现代中国景观园林设计的主流。有争议的项目则对于西方现代主义缺少批判，对本土文化缺少情感，所以不被社会所接受。虽然在批判中，每个人的“价值观”不同，但检验真理的标准只有一个，那就是社会、历史的评价。

我一直记着毛泽东的主张——古为今用，洋为中用，百花齐放，推陈出新。在批判吸收的过程中去创新。后现代主义思想是当代景观园设计的主流。

《风景园林》：有人评价您前期的作品更具“洋风华魂”的精神，而后期作品则引入了太多外来因素，削弱了文化延续的力量。您如何看待这些评价？您最满意哪个作品？

檀馨：社会的变革和发展，使得人们的观念产生了变化。“洋风华魂”是想表达园林要现代，风格要创新，同时具有地方、民族特色，学洋不忘本。设计理念在不断创新——它的源泉是民族传统。我们需要不断批判地吸收古今中外的优秀文化，关心社会，适应社会，永远创新，创造中国的现代园林。路也许是直的，也有时走弯路。我们的多数作品，均能被社会接受。但是也有人说太保守，也有人说太过头。其实这都是过程之中的事，几十年之后，经过一定的历史检验，才能感觉到真正的社会价值。

关于满意的作品，其实很难定论。较有影响力的作品，大多数是集体创作，园林的综合性与唱好一首歌不同。被社会接受的作品有——香山饭店庭园、华夏名亭园、碧桃园、海棠花溪、筠石园属于植物大景观。近10年面向城市的带状公园也是较成功的新尝试——北二环城市公园、西二环金融街带状公园、东二环交通商务区公园、元大都城垣遗址公园，在国内产生了一定影响。近3年的郊野公园及大运河滨水森林公园，是园林走向生态建设新方向的代表作品。

如果说我有什么成就，不如说社会发展变革需要我们做什么，社会满意，群众认同，就是我衡量作品的标准。

《风景园林》：什么是您心中的园林精神和理想？

檀馨：我认为园林应以自然为师，以山水为魂，为人们提供最佳生活环境，而园林则应以普绘大地园林、创新现代园林为理想。

《风景园林》：请您预测未来10年风景园林的发展趋势。

檀馨：为建设现代园林价值体系继续共同努力。绿色生态将成为社会最关注的问题。自然、人文、审美和实用继续提升，主流与多样并存。

《风景园林》：请用一句话概括您对这60年园林发展历程的感受。

檀馨：社会变革引领园林事业发展，园林与时代同步。

5. 许联瑛：学古适今　继承创新——檀馨与中国当代景观园林（2011 年 8 月）

檀馨作为中国当代知名景观园林规划设计师，从业已届50年，却仍然带领着她的设计团队活跃在设计创作第一线。她自出道以来，始终致力于中国景观园林继承与创新的创作实践。她学古适今，勤勉自信，多方钻研，以其国内外设计作品数量多、品位高而蜚声业界。她不仅谙熟中国传统造园理法，而且重视学习西方设计理论和技巧并善于在创作中融会贯通。她的不同类型的大量作品以及由此形成的个人创作理念和艺术风格，确立了她在中国当代景观园林建设中的贡献和地位。同时，作为成功的企业家，她又具有非凡的适应现代市场的经营能力和培养、使用人才的管理能力，尤善对众多因素的综合与复杂问题的协调。因而，在中国当代景观园林发展的不同时期，她都能获得创作良机，进而产生了理念先进、特色鲜明，具有广泛影响力的好作品，成为我国当代景观园林行业的带头人之一。

檀馨祖籍安徽安庆，1938年11月生于北京，1957年进入北京林业大学园林设计专业。1961年7月毕业后先留校，后分配到园林局工作，文化大革命中又回到学校工作，先后任教10年。1979～1993年在北京园林古建设计研究院，先后任园林设计室主任、副总工程师、副院长等职。1981年编著（合作）出版了《城市街道绿化设计》一书，1984年编著出版《怎样绘制园林图》一书，1987年晋升高级工程师，1989年破格晋升教授级高级工程师。1986年获全国绿化劳动模范，1988年获北京市有突出贡献专家和北京市劳动模范称号，从1991年7月开始获国务院特殊津贴。1993年创立北京创新景观园林设计有限责任公司并任董事长。2007年开始担任中国圆明园学术委员会副主任委员。

50年来，她主持和创作的作品涵盖城市规划、历史文化名园、现代城市景观、主题公园、大尺度国家森林公园、大学校园、住宅、别墅区以及大型公共建筑环境等领域，项目总数超过了500多个。与国际建筑大师贝聿铭合作的香山饭店庭园是她的成名之作。其代表作品还包括：早期的北京植物园（1980～1984年）获1986年建设部二等奖，1987年第三届全国优秀设计银质奖；龙潭公园（1983年）、陶然亭华夏名亭园（1985年）获1988年北京市园林优秀一等奖、1989年建设部一等奖、1990年国家优秀设计金质奖；日本天华园（1987年）获北京市园林优秀一等奖；紫竹院筠石园（1987年）获北京市园林优秀一等奖、建设部二等奖；北京金融街广场（1998年），担任北京亚运会园林设计主要主持人（1990年）；创办公司后的人定湖公园（1994年）获北京市园林优秀设计一等奖；北京经济技术开发区亦庄国际企业文化公园（2001～2004年）、皇城根遗址公园（2001年）获北京市园林局优秀设计1等奖、2003年北京市规划委员会优秀设计一等奖、2004年建设部优秀设计三等奖；菖蒲河公园（2002年）获2002北京市园林局优秀设计一等奖、2003年首都绿化委员会绿化美化优秀设计奖、2005年北京市规划委员会优秀设计一等奖；中关村科技广场（2003年）、元大都城垣遗址公园（2003年）、圆明园遗址公园山形水系修复设计（2003年）、朝阳公园（2004年）、北京东二环商务区城市景观（2008年）、北二环城市公园（2007年）、德胜公园（2007年）、大运河森林公园（2009年）获住房和城乡建设部2010年中国人居环境范例奖等等。还在苏州、沈阳、西安、石家庄、天津、河南、山西、内蒙古等十多个城市和地区主持设计了大量城市建设项目。多次获得省、部和国家大奖。奥运会后，创新公司园林景观设计业务在内蒙古鄂尔多斯市获得很大发展，目前已完成包括东胜区新城、成吉思汗陵区、三台基水库区等多个大中型项目的规划设计。此外，她还在兴致勃勃地主持占地7km^{2}的大兴区南海子公园、通州区西海子公园以及奥林匹克森林公园的主题提升方案等。

檀馨42岁时（1980年）以才华出众脱颖而出，获得与国际建筑大师贝聿铭合作设计香山饭店庭园的机会。她从“相地”入手、充分利用香山深、幽、古的自然优势，借远山近峰以成冠云落影、云岭芙蓉、烟霞浩渺；凭一池一树巧得清音泉响、金鳞戏波、曲水流觞。主庭园：水池面积不大，却曲折而收放有致。不论秋夏，水面平静开阔，使山光树形成的倒影。清音泉：就势叠石，在峭壁之上引池水之源，使瀑布自高处飞泉直下，直泻潭中，后三未而出，经溪涧水谷、汀步飞梁，注入流华池。这是成功运用中国传统的造园理法的范例。清音泉选石掇山，山墙壁油松作画，几近完美地体现了贝氏建筑设计精髓。但是当时设计的过程并不顺利，最终的呈现方式当时也并未得到一致认同。不过，当秋季到来的时候，枫叶正红，贝聿铭再次来到香山饭店时，总统套间窗前呈现出的是一幅充满禅意的立体山水画，大师的心灵被强烈地震撼着，完全折服于中国传统造园“慑心”之魅力，先前的一切质疑俱成过往而成欢颜。由此，她不拘不率的大家风范得以崭露，声名始播。所形成的冠云落影、古木清风等，尤其是“一树三影”成为“相地合宜，构园得体”的经典进入了大学专业教材。此项目获1984年国家优秀设计表扬奖和建设部优秀设计一等奖。

1993年创立的创新景观园林设计公司，成为她施展抱负、展示魄力的重要标志。此后，她的创作实践一直围绕中国当代景观园林发展之路以及传统文化的现代价值表现这样的主题，并热衷于培养新一代设计师。提出了“现代园林应该打破‘园’的界限”的设计理念。

面向城市的开放空间——作为现代景观园林的重要组成部分，成为她最近十几年来通过实践进行探索与研究的主要方向。她认为：“中国园林是中华优秀文化的载体，民族的根基是园林之魂，既有现代意识，又能体现中国传统文化和民族历史文脉的后现代主义创作原则才是当今中国园林设计的主流。”在如何运用中国传统园林理法，研究当代大众审美期望，尊重经济规律，适应市场需求上开辟中国当代景观园林新的途径，檀馨以其风格多样、数量众多、质量上乘的创作实践回答了这一命题。

创作于2001年和2002年的皇城根遗址公园和菖蒲河公园是她60岁以后的两个的作品。这两座分别位于天安门城楼以东和王府井大街以西，是居于闹市而取偏幽的开放式园林，被誉为“具有传统风格的现代新园林”。表现了檀馨臻于圆熟的景观园林设计手法、理念与风格。皇城根遗址公园景观林带兼具地域和皇家两种特色，以“梅兰春雨”“玉泉夏爽”“银枫秋色”和“松竹冬翠”命名四季之景，2.4km的公园绿地像一条绿色纽带自然巧妙地实现了古老的紫禁城和现代化的王府井连接与过渡，还有审慎选用的大量花木，出人意料的雕塑，构思独特而富有个性的实用设施等。菖蒲河公园为了古树名木而裁弯河道，其余天妃闸影、东苑小筑、天光云影、凌虚飞虹等无不成真实的梦幻佳境而使人赞叹流连。采用现代材料和科技手段应用的大型净化水设备、GRC仿真山石、现代照明系统以及人造瀑布跌水等体现了时代感。园西入口巧借天安门城楼，无论冬夏朝夕，成四时俱美之天然图画，为此园最佳。在她看来现代的社会行为应当为现代人服务，反映现代社会的需求和现代的文化与美学价值，而不是食古不化。她说：“一个成功的作品，往往能将历史的、地方的优秀传统与现实生活和美学价值有机融合，才能使现代人接受喜欢。现代园林作品尤其需要对其社会性、历史性、科学性、生态性、文化本质、现代城市尺度的开放空间以及以人为核心等诸多方面全方位考虑，使诸要素达到相对平衡。同时又有一两处精彩之笔，可为成功。”皇城根遗址公园4处，菖蒲河公园8处观赏景点，均为匠心独运之佳作。此二园在获得北京市园林优秀设计一等奖之后，又分别在2003年、2005年双获北京市规划委员会优秀设计一等奖，这使她声誉日隆。

值得一提的是，2001年，北京申办29届奥运会获得成功，为中国当代景观园林发展带来了前所未有的机遇和高潮，在皇城根遗址公园建设中，檀馨表现出了一个大家的气度，把握了这次来之不易、宝贵的竞标机会，展示出自己公司的实力。富有戏剧性是，来自风景园林行业及其他相关行业的13位专家评委，包括学界泰斗孟兆祯，竟以全票通过了檀馨在短短几天内构思的方案，专家团认为：这是一个兼顾了民族传承、现代时尚与生态环境，非常智慧地考虑了公园位于皇城根旧城墙遗址位置和现状街道旁这一独有特殊性，完美地解决了交通与游览、文物遗迹与现状地面高差近2m这个十分现实而棘手的难题。综合评价意见："这是一个极具特色、总体把握准确、水平很高的设计方案。"对此她说："对于北京的地方文脉的深入了解、理解和把握以及对北京现代园林建设的经验，是我们设计团队的最大优势。只要有机会，只要认真去做，把握继承优良传统上的创新，我们就一定会成功。"建成后的皇城根遗址公园美誉天下，确立了创新景观园林设计公司在国内外业界的地位，极大地拓展了创新景观公司的发展前景。

檀馨说："像皇城根遗址公园这样一个属于中华民族特有的文化积淀的园林，依靠西方国外设计师去完成和体现、去创新是不实际的。"孟兆祯先生也说"我们不可能依靠外国设计师为我们创造中国风景园林的特色"。诚哉斯言！

我们在对檀馨一些代表作品的解读和研究时看到，她对于中国当代景观园林有着比较清醒的认识，她注重理论联系实际，主张让作品说话。在这方面，她的确属于会抓机遇的高产设计师。陈俊愉院士认为，"檀馨设计的作品质量高而又雅俗共赏。她有丰富的在国内外搞具体设计的实际经验，所见如北京香山饭店、北京紫竹院筠石园、皇城根遗址公园以及新竣工的元大都土城遗址公园等，都能做到将科学性与艺术性很好地结合起来，既注意植物造景，更不忘生态环境之改善与提高，既以'师法自然、宛自天开'为原则，又不忘切合时代精神与满足群众的多方需要。"针对多年来园林界的"风景园林"和"景观"之争，她说："两者共性远大于差异，基本上没有本质上的差别，形为两体，本为一物。""我的公司的名称是'北京创新景观园林设计有限责任公司'，我将'园林'与'景观'并列放在了一起，这说明我从来未将两者分开，两者本来就是一家，因此我从来不关注'园林'与'景观'的讨论，更不会去参加争论。"

对于中国当代景观园林如何继承中国历史文化传统，吸收世界各国艺术精华，檀馨认为："不管它是北方历史文化、江南历史文化、还是少数民族历史文化，吸纳全世界各个国家、民族，各个主义、流派好的、优秀的东西，无论它是欧洲风格、美国流派、新加坡特色，只要是优秀的都可借鉴，融入现代美学、现代思想、现代意识、现代元素，最终要结合中国某省、某市、某地区的地域、文化、历史、地理、地貌、民风、民俗特点，并将设计者的哲学思想、艺术理念、美学观点、创新思维渗透进去，形成具有我们自己设计风格的作品。"中国传统造园有一条重要的理法："俗则屏之，嘉则收之"。鲁迅先生在对待舶来品的态度也是如此："不管新的老的，只要是好的。"诚然，交流带给我们很大的好处，但有时也使得我们很难作出正确的判断。因此，重要的是对于这些的甄别能力。

关于当代景观园林设计中的文化表达，檀馨认为随着现代人视野的扩大和文化交流，大的项目一定要有放到世界去横向比较的意识，这样会更加容易找到它的定位及文化表现。民族的、地方的特色必然成为文化表达的主要内容及形式。而对另外一些场地，要根据其特征及需要，相应地去表达。文化的表达不能脱离时代，不能脱离文化的民族属性，不能脱离文化的主体。我们应当共同努力，促进文化的成熟。

2008年，通州区园林局邀请她设计大运河两岸道路绿化项目，通过对现场的勘察，和翻阅相关史料，她发现了这条有着厚重历史积淀与深刻文化内涵的河流的重大历史和现实价值，独到的专业胆识和科学预见，使她对甲方原有设想提出了颠覆性意见：应当立足于整体的观念——使运河、绿化和道路成为城市景观整体，而不是园林只管种树，市政只管修路，水利只管河道。按照这一思路，她主动设计了一套方案，在政府会议上，顿时引出一片惊叹！这项具有方向和引导性的方案，一举成就了今天的蜚声于世的通州运河森林公园。这是她进入70岁以来，最为得意的规划设计项目之一。占地面积1万亩，总投资6.6亿元。在如此大尺度的规划项目和大运河的历史文化以及生态价值面前，她站在了改善北京城市生态环境前沿，充分把握地域的地理地貌特征和人文环境，灵活运用中国优秀的传统造园理法，以自己的才智和深厚的艺术功力，规划了"一河、两岸、五园、十八景" 的整体布局，提炼凸显出"运河平阔如镜，平林层层如浪，绿杨花树如画，皇木沉船如烟"等主要景观元素。保护了这里的自然山水，生态环境，大大提升这一方土地上珍贵的历史文化的价值。

不仅如此，她对于大运河的完整创意和规划设计引起政府的高度重视，及时带动和引导了北京市域其他10条主要河流的规划建设方向。“一河带出十条河”，国家决定首先在为北运河投资6.6亿元的基础上又投入了53亿元。如此功在当代，利在千秋之事，历史性地落在了檀馨的肩上，应当说绝非偶然，足证檀馨是一位难得的“能主之人” 其功莫大焉！今天的大运河两岸，既有江南园林的婀娜秀丽，又有北国风光开阔雄浑，实乃汇集中国南北园林大成之力作，是中国当代景观园林的重要实践，获住房和城乡建设部2010年中国人居环境范例奖，成为檀馨设计生涯的重要里程碑。

应当承认，檀馨作为对中国当代景观园林有贡献和有成就者，必然有着多方面的禀赋：绘画才能使她对于设计思想具有高超的表现力，所谓“一切园事皆是绘事”；深厚的中国园林理论功底，使其作品无不富有文化情趣而获好评；对于西方和世界许多国家园林的游历与考察，使她每有面对都能厚积薄发而应付自如；对于园林植物生物学特性方面的深厚学养，使她在植物配置与造景上能够得心应手。她性格果敢坚毅，尤善综合、提炼与协调。但是我们最应了解的当是她在艺术创作过程中所一贯秉持的重要原则——继承与创新。她以“创新”为所创办的公司命名，充分表达了对中国当代景观园林的发展的认知与理解。可以说她的主要作品都表现了很强的创新意识。菖蒲河为了保留大树而裁弯河道，东门区两柄扇子的抽象雕塑表现出的具象情境；皇城根遗址公园古代老者与时尚女性的“时空对话”雕塑，用十几个台阶就连接了历史遗迹与现代景观的经典创意；人定湖公园的中西合璧，大运河的南北兼济……

作为一位成功的企业家，她的公司建立了充满活力的股份合作体制和人才培养机制，因而公司获得了蓬勃发展。汇集和培养了一大批高素质专业技术人才。公司始终把具有方向性、创造性、带有挑战性的设计工程作为研究方向，致力于高水平的设计。尤其在处理疑难方案、解决复杂问题的能力上，得到业界的良好口碑。

如果说，以完成大运河森林公园为标志，檀馨步入70岁以来，不但精神矍铄，更以她的实力和声望获得更多大尺度的创作空间。位于北京南部大兴南海子公园曾是中国自辽代以来五代帝王狩猎的园囿，占地7km^2，是迄今北京最大的公园。檀馨承担了这个项目的总设计师。

“不仅古往今来的美好东西我都要吸纳，大自然中存在着许多天然的美好的东西，一个湖泊、一条小溪、一块山石、一棵树木、一丛竹子，我都要靠自己的眼睛和心灵去亲近、感知和热爱它们，将这些美好移植进我的作品之中。发现美、选择美、研究美、创造美、奉献美是我的天职。”

回眸她执着热爱了一生的中国当代景观园林设计事业，檀馨作如上说。

主要参考文献

- 圆明园四十景图咏[M].北京：中国建筑工业出版社，1985：52.
- 周维权.中国古代园林史[M].第3版.北京：清华大学出版社，1990：765.
- 王仲伦.中国山水审美文化[M].上海：同济大学出版社，1991：10.
- 张思荫.圆明园变迁史探微[M].北京：北京体育学院出版社，1993：10.
- 北京市园林局编.北京园林优秀设计集锦.中国建筑工业出版社，1996：122.
- 陈植.园冶注释[M].北京：中国建筑工业出版社，1999.
- 王道成主编.圆明园：历史·现状·论争（下卷）.北京：北京出版社，1999：1011.
- 刘少宗主编.中国优秀园林设计集（一）[M].天津：天津大学出版社，1999：15，40.
- 刘少宗主编.中国优秀园林设计集（二）[M].天津大学出版社，1999：113，121，162.
- 北京园林局，北京盆景协会主编.彭春生等编著.北京赏石与盆景[M].北京：中国林业大学出版社，2000：13.
- 张恩荫，杨来运.西方人眼中的圆明园.北京：对外经济贸易大学出版社，2002：29-31.
- 陈向远主编.城市大园林论文集[M].北京：北京出版社，2002：3，115-121.
- 北京市园林局编.北京优秀景观园林设计[M].沈阳：辽宁科学技术出版社，2004：71.
- 中仁.雍正御批[M].北京：中国华侨出版社，2005：956
- 张国强，贾建中主编.中国风景园林规划设计作品集3[M].北京：中国建筑工业出版社，2005：100-103.
- 汪菊渊.中国古代园林史[M].北京：中国建筑工业出版社，2006：473.
- 侯仁之等.名家眼中圆明园后记[M].北京：文化艺术出版社,2007：262.
- 中国圆明园学会.圆明园（2）[M].北京：中国建筑工业出版社,2007：56-58，60-62，72，123，138.
- 陈向远.城市大园林[M].北京：中国林业出版社，2008：5，22，27，85.
- 刘少宗编著.园林设计[M].北京：中国建筑工业出版社，2008.
- 夏成钢.湖山品题——颐和园匾额楹联解读[M].北京：中国建筑工业出版社，2009：383.
- 北京园林学会，北京市园林绿化局，北京市公园管理中心.2008北京园林绿化的理论与实践[M].北京：中国林业出版社，2009:318-326.
- 北京市规划委员会，北京城市规划学会.岁月回响——首都城市规划事业60年纪事（上）[Z].2009:0400，0414，0427，0431，0435，0437，0456，0733.
- 北京市园林绿化局，北京园林学会编.北京园林优秀设计[M].北京：中国建筑工业出版社，2010:56，80，104，110，118，157，190，210，222，337，340，384，388.
- 王向荣主编.1949—2009风景园林60年大事记[J].风景园林,2009：014.
- 何重义，曾昭奋.圆明园园林艺术[M].北京：中国大百科全书出版社，2010：188-190，268-272.
- 孟兆祯.在现代设计中传承中国风景园林的传统[J].中国风景园林师2010，9：3.
- 北京园林学会，北京市园林绿化局，北京市公园管理中心.2009北京生态园林城市建设[M].北京：中国林业出版社，2010：2-11.
- 北京园林学会，北京市园林绿化局，北京市公园管理中心.2010北京园林绿化新起点[M].北京：中国林业出版社，2011：112-118.
- 孟兆祯著.园衍[M].北京：中国建筑工业出版社，2012：15，19，133.
- 郭熙.林泉高致[M].山东：山东画报出版社，2010.

梦笔生花、永无止境

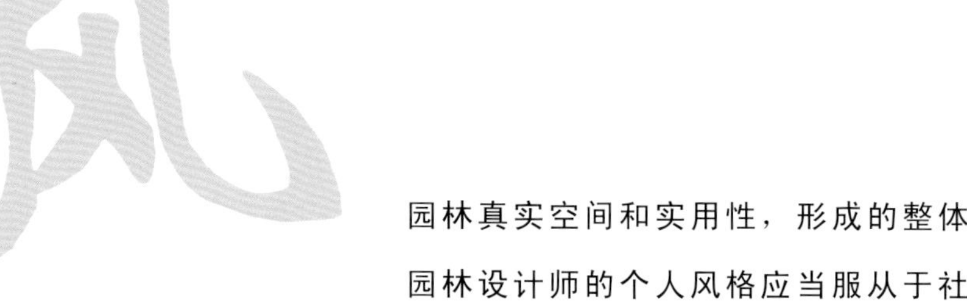

源于场地精神的不同风格的现代园林

开放的文化传承观，成为创新发展的原动力

园林真实空间和实用性，形成的整体审美体验

园林设计师的个人风格应当服从于社会责任

大运河历史的长河，仿古建筑组织的空间

香山饭店，自然山水园风格

中医药文化园，中国传统园林风格

通惠河CBD现代城市开放空间

奥林匹克森林公园五环廊

南馆中水利用，水文化园

德胜公园传统与现代结合

人定湖公园，英式自然风景园

海棠植物大景观

风格

犹抱琵琶半遮面的国家大剧院

自然生态空间，和谐的园林设施

奥林匹克花园，沿街景观

圆明园遗址修复

来福士商业区，现代城市景观

鄂尔多斯母亲公园主景

欧式下沉花园景观

大地生态，平原造林，林下经济

风格

北宫森林公园小江南景区——徽派院落建筑

多元文化，欧式喷泉景区

面对城市轴线的瞭望台

现代公园中得现代艺术

北京中轴线的标记——司南雕塑

THEASCOTT
天朝閣茶樓
古玩鑒賞

创新景观园林设计公司成立二十周年

后 记

2013年，我走过了自己75年的人生历程，这一年，也是我创立的北京创新景观园林设计公司成立20年的日子。为了纪念这些，我们编著了《檀馨谈意》、《创新景观园林》这2本书，借以表达我和公司对中国现代园林的深切情怀。

我将自己的一生都奉献给了中国现代园林这一伟大事业，我希望这2本书是一个良好的开端，期待更多的年轻设计师们用他们心中的生花梦笔，描绘出中国现代园林更加灿烂的明天。

我的师长孟兆祯院士、中国大剧院陈平院长、我的挚友张树林、我的老师杨赉丽先生、中国园林叠山大师韩建伟以及我们当年绿五七班“一串红”集体和公司的许多员工等都为本书送来了诚挚的祝辞。

为了编写这2本书，我还得到了很多人的帮助，其中，许联瑛承担了文字的整理编辑，赵杰承担了图片整理编辑，李铭除承担相关文字编辑整理以外，还为本书撰名。

书中使用的图片，绝大部分是我们自己拍摄的，但其中也有一些来自不同渠道。例如东城园林绿化局、奥林匹克森林公园、通州区园林局、延庆县园林局以及北京市园林科研所的张小丁都提供了许多珍贵的图片，我在这里对他们表示衷心的感谢。另外，还有一些图片，由于各方面条件限制，截至本书出版时，还不能与摄影者一一对应。在此，我在对他们表示感谢的同时也郑重承诺，凡得到确认的作品和摄影者，可以与编者联系获得相应稿酬。